'अंतरिक्षाचा वेध' या पुस्तकास
पुणे मराठी ग्रंथालयाचा पुरस्कार
'स्वातंत्र्यवीर सावरकर पुरस्कार २००६'

अंतरिक्षाचा वेध

सुधा रिसबूड

मेहता पब्लिशिंग हाऊस

Please contact us at **Mehta Publishing House,** Pune 411030.
✆ +91 020-24476924 / 24460313
Email : production@mehtapublishinghouse.com
Website : www.mehtapublishinghouse.com

- *या पुस्तकातील लेखकाची मते, घटना, वर्णने ही त्या लेखकाची असून त्याच्याशी प्रकाशक सहमत असतीलच असे नाही.*

ANTARIKASHACHA VEDH by SUDHA RISBUD

अंतरिक्षाचा वेध : सुधा रिसबूड / विज्ञान विषयक

Email : author@mehtapublishinghouse.com

प्रकाशक : सुनील अनिल मेहता, मेहता पब्लिशिंग हाऊस,
१९४१, सदाशिव पेठ, माडीवाले कॉलनी, पुणे - ३०.

अक्षरजुळणी : इफेक्ट्स २१/६ब, आयडिअल कॉलनी, कोथरूड, पुणे ३८.

मुखपृष्ठ : चंद्रमोहन कुलकर्णी

प्रकाशनकाल : जानेवारी, २००६ / डिसेंबर, २००८ / पुनर्मुद्रण : ऑगस्ट, २०१७

P Book ISBN 9788177666274
E Book ISBN 9789386888082
E Books available on : play.google.com/store/books
www.amazon.in

माझी आई

कै. सौ. मृदुला रानडे

हिच्या प्रेमळ स्मृतीस–

सौ. सुधा

अभिप्राय

'अंतरिक्षाचा वेध' हे पुस्तक म्हणजे डॉ. कार्ल सॅगन यांच्या 'कॉसमॉस' या पुस्तकाचा सुधा रिसबूड यांनी करून दिलेला परिचय आहे. विज्ञानावर आधारीत साहित्य सर्वसामान्य वाचकांपर्यंत पोहोचविणे.

दैनिक प्रभात, २-७-२००६

या विशाल अवकाशाची व्याप्ती किती, त्याच्या पोकळीत ग्रह-ताऱ्यांखेरीज आणखी काय दलडं आहे, आणखी सौरमाला आहेत का, अन्य ग्रहांवर जीवसृष्टी आहे का, आपल्या सौरमालेतील ग्रह कसे आहेत, डोळ्यासमोर दिसणाऱ्या ताऱ्याचा प्रकाश किती अब्ज प्रकाश वर्षांपूर्वी निघाला आहे, उल्का, युफो हे काय आहेत, गॅलॅक्सी म्हणजे काय, धूमकेतूचं रहस्य काय, ब्लॅक होल म्हणजे काय, या विश्वाची रचना कशी झाली आहे असे ग्रह-तारकांसारखे असंख्य प्रश्न आपल्याला पडतात. या प्रश्नांची उत्तरं 'अंतरिक्षाचा वेध' या पुस्तकातून बऱ्याच प्रमाणात मिळतात.

महाराष्ट्र टाइम्स, २२-५-२००६

डॉ. कार्ल सॅगन आणि 'कॉसमॉस'

'कॉसमॉस' या मूळ इंग्रजी पुस्तकाचे लेखक आहेत डॉ. कार्ल सॅगन. 'कॉसमॉस' नावाची मालिका अमेरिकन दूरदर्शनवरून प्रसारित केली होती. त्याच मालिकेवर आधारित कॉसमॉस हे पुस्तक प्रस्तुत लेखकाने लिहिले आहे. या पुस्तकातील माहिती अत्यंत रसदार आहे. जीवनाची उत्पत्ती, परग्रहसृष्टीचा वेध, पृथ्वी-आकाश आणि यामधील माणसाचं स्थान, विज्ञानाचा इतिहास, विश्वाचे रहस्य अशा अनेक कल्पना मांडून त्यांचा उहापोह या पुस्तकात केलेला आहे.

विज्ञान हे अंधश्रद्धा व चमत्कृतींपेक्षा खचितच आकलनीय आहे, शोध घेता येण्याजोगे आहे आणि म्हणूनच अधिक सुंदर आहे, असे मत लेखकाने वारंवार प्रतिपादले आहे.

विज्ञानावर आधारित साहित्य जनसामान्यांपर्यंत पोहचवणाऱ्या लेखकांमध्ये डॉ. सॅगन हे अत्यंत यशस्वी लेखक म्हणून गणले जातात. ब्रोकाज ब्रेन, मर्मर्स ऑफ अर्थ, द ड्रॅगन ऑफ एडन ही त्यांची अत्यंत गाजलेली पुस्तके आहेत. त्यातील 'द ड्रॅगन ऑफ एडन'ला 'पुलित्झर' हा अमेरिकन साहित्यातील सर्वोच्च मानला जाणारा पुरस्कार प्राप्त झालेला आहे.

व्हॉयेजर यानामध्ये जी कालकुपी ठेवण्यात आली, त्या कुपीतील माहिती तयार करण्यात डॉ. कार्ल सॅगन यांचा महत्त्वाचा वाटा होता. मरीनर, व्हायकिंग आणि व्हॉयेजरच्या मोहिमेतही त्यांचा प्रामुख्याने सहभाग आहे.

शुक्रावरील 'ग्रीनहाऊस' परिणाम, मंगळावरील वादळे, टायटन भोवतालचे ढग, जीवाची उत्पत्ती हे अनेक विषय डॉ. सॅगन यांच्या संशोधनामुळे समजण्यास मदत झालेली आहे. अंतराळ संशोधनातील ते पहिल्या प्रतीचे शास्त्रज्ञ म्हणून गणले जात होते. त्यांना अनेक मानसन्मानही मिळाले होते.

अणुयुद्ध झाले तर मागाहून उद्भवणाऱ्या 'आण्विक हिवाळा' यावर त्यांनी संशोधन केले आहे.

प्रस्तुत पुस्तक हे डॉ. कार्ल सॅगन यांच्या 'कॉसमॉस' या अतिशय सुरस पुस्तकाचा परिचय करून देण्याच्या उद्देशाने लिहिले आहे. या पुस्तकातील माहितीबरोबरच काही पूरक अनुषंगिक माहिती अन्य ग्रंथांच्या अभ्यासातून मला आढळली, तिचाही समावेश या पुस्तकात मी आवर्जून केलेला आहे.

सर्वसामान्य मराठी वाचकाची विज्ञानविषयक जिज्ञासा निश्चितच वाढीला लावेल असे हे पुस्तक आहे. मूळ पुस्तकातील अत्यंत सखोल आणि शास्त्रीय दृष्टी डोळ्यांपुढे ठेवून मांडलेले विचार माझ्या शब्दांतून वाचकांपर्यंत पोहोचविण्याचा माझा हा प्रयत्न कितपत यशस्वी होत आहे, ते आपणच ठरवायचे आहे.

सौ. सुधा रिसबूड

अनुक्रमणिका

विश्वसागराचा किनारा

आपल्या विश्वाचा आकार आणि वय या गोष्टी सर्वसामान्य माणसाच्या आवाक्यापलीकडे आहेत. या अत्यंत विशाल अन् विराट विश्वाच्या अफाट पसाऱ्यापुढे माणसाची सुखदुःखं, त्याच्या दैनंदिन गरजा कधीकधी खरोखरच क्षुद्र वाटू लागतात. पण तरीही माणसाला अनादी काळापासूनच ज्ञानाची आसक्ती आहे. या अफाट आणि प्राचीन विश्वाच्या तुलनेत ही मानवजात तरुण आहे.

गेल्या काही वर्षांमध्ये विश्व आणि त्यातील माणसाचे स्थान या बाबतीत अनेक अनपेक्षित आणि आश्चर्यकारक शोध लागलेले आहेत. या शोधांवरून एक गोष्ट निश्चित सिद्ध होते, ती म्हणजे माणूस ज्ञानाचा भुकेला आहे आणि ज्ञान संपादन करण्यात त्याला खचितच आनंद प्राप्त होतो. आपले भवितव्य हे सरतेशेवटी या शोधांवरच अवलंबून राहणार आहे.

अशी कल्पना करा, की आपल्या पृथ्वीचा पृष्ठभाग म्हणजे जणू काही या अफाट अनादी विश्वाचा किनारा आहे आणि तुम्ही आत्ता आत्ता कुठं या किनाऱ्याच्या काठाकाठाने आपली पावलं या विश्वरूपी सागराच्या पाण्याने भिजवली आहेत! समोरील विश्वरूपी सागर जणू काही आपल्याला खुणावतो आहे. आपल्या अंतर्मनाला आपण कोठून आलो, हेही ठाऊक आहे. या विश्वाचा वेध घेण्याची मानवी मनाची प्रबळ इच्छा आहे.

या विश्वाचा पसाराच इतका अफाट आहे की आपली नित्याची मोजमापे उदा. मीटर, मैल इत्यादी येथे तोकडी पडतात आणि म्हणूनच ही अंतरे आपण प्रकाशवर्षांमध्ये मोजतो. एका सेकंदात प्रकाशाचा किरण १,८६,००० मैल अथवा ३,००,००० किलोमीटर किंवा सात वेळा पृथ्वी प्रदक्षिणा करू शकतो. एका वर्षामध्ये हा प्रकाशकिरण किती अंतर जात असेल हे गणित करूनच तुम्ही काढून पाहा!

एक प्रकाशवर्ष हे काळ मोजण्याचे माप नसून, अतिप्रचंड अंतरे मोजण्याचे माप आहे. एका वर्षात प्रकाशकिरण जितके अंतर काटेल त्याला एक प्रकाशवर्ष असे म्हणतात.

आपली पृथ्वी हे एक स्थान किंवा जागा आहे. पण ते काही वैशिष्ट्यपूर्ण स्थान नाही. विश्वाच्या पसाऱ्यात खरोखरीच असे स्थान असेल तर ते म्हणजे वैश्विक पोकळी– अपार, अनंत, थंड आणि दोन तारकामंडलांमधील कधीही न संपणाऱ्या रात्रीची पोकळी!

ही पोकळी इतकी विचित्र आहे की त्या तुलनेत ग्रह, तारे खरोखरीच दुर्मिळ वाटू लागतात, आल्हाददायक वाटतात. अन् अशा या भयाण पोकळीत जर आपल्याला कुठेही सोडून दिले तर पुन्हा आपण एकमेकांना भेटण्याची अथवा अन्य ग्रहावर पोहोचण्याची शक्यता अत्यंत दुर्मिळ आहे *(एकामध्ये $१०^{३३}$ ने कमी इतकी ही शक्यता आहे.)*. आपल्या दैनंदिन जीवनात तर या गोष्टी अतर्क्यच वाटतात.

जर आपण पृथ्वीवरून दूर जाऊन विश्वाकडे पाहू लागलो तर आपल्याला अत्यंत अस्पष्ट प्रकाशलहरी दिसू लागतील. त्यांचे स्रोत अथवा उगमस्थान म्हणजे निरनिराळ्या दीर्घिका आहेत. असेही दिसून येईल, की त्यातील काही दीर्घिका भटकंती करत आहेत; काही जवळ येत आहेत तर काही एकमेकींपासून दूर जात या प्रचंड अंधारपोकळीत दूरवर पसरत आहेत.

दीर्घिका ही वायू, धूळ आणि अगणित ताऱ्यांनी बनलेली असते. त्यातील प्रत्येक तारा हा कुणाचा तरी सूर्य असू शकतो. त्यातील काहींवर विकसित जीवसृष्टीदेखील नांदत असेल.

या दीर्घिकांकडे पाहिलं की वाटतं, जणू काही अफाट सागरातील प्रवाळांची ही सुंदर बेटंच आहेत! युगानुयुगांच्या परिश्रमाने निसर्गाने ती तयार केलेली आहेत. आपल्या ज्ञात विश्वात जवळजवळ $१०^{११}$ दीर्घिका आहेत. प्रत्येक दीर्घिकेत अगणित तारे आहेत आणि येथील ग्रहांची संख्याही ताऱ्यांइतकीच अगणित आहे.

अशा या अगणित ग्रहताऱ्यांमध्ये आपला सूर्य काय एकटाच तारा असेल की ज्याभोवती जीवसृष्टी निर्माण झाली?

जेथे जीवसृष्टी विकसित झाली असा एकच ग्रह आहे. किंबहुना, ज्याबद्दल आपल्याला खात्रीलायक माहिती आहे अन् तो ग्रह म्हणजे आपली पृथ्वी!

खगोलशास्त्रज्ञ ज्याला दीर्घिकांचा गट म्हणतात, त्या गटामध्ये साधारणत: वीस दीर्घिका आहेत. हा गट जवळ जवळ अनेक कोटी प्रकाशवर्षांपर्यंत पसरलेला आहे. अँड्रोमिडामधील M-31 ही दीर्घिका तारे, वायू आणि धूळ यांचे एक प्रचंड चक्र आहे. M-31 आकाशगंगेभोवती दोन छोटे उपग्रह आहेत. उपग्रह कसले? त्या दोन लंबवर्तुळाकृती लहान दीर्घिकाच आहेत. त्या M-31 या दीर्घिकेभोवती फिरत आहेत.

आपल्या आकाशगंगेत अनेक ग्रहमाला आहेत. आपल्या सूर्यापेक्षा अजस्र तारे आहेत. काहींची घनता प्रचंड आहे; काही तारे एकटेच आहेत, तर काहींना

सूर्याप्रमाणे ग्रहांची सोबत आहे. काही ठिकाणी दोन तारे एकमेकांच्या इतक्या जवळ येतात की त्यांच्यातील द्रव्य दुसऱ्या जवळच्या ताऱ्यांमध्येही खेचले जाते. काही सुपर नोव्हा अथवा देदिप्यमान गोलक आहेत. त्यांच्या तेजावरून जणू काही सर्व आकाशगंगाच त्यांच्यात वसली आहे असे वाटते, तर काही ब्लॅक होल्स–कृष्णविवरे अदृश्य रूपात अस्तित्वात आहेत. काही तारे ठराविक गतीने चमकतात, तर काही ठराविक कालच लकाकतात. काही अत्यंत दमदारपणे स्वत:भोवती फिरतात, काही इतक्या प्रचंड वेगाने फिरतात की आत्मनाशाला कारणीभूत होतात.

काही तारे हे दृश्य किंवा अवरक्त प्रकाश बाहेर टाकतात, तर काही क्ष-किरण आणि रेडिओ लहरींचे अत्यंत शक्तिशाली स्रोत बनून चमकतात. नील तारे हे तरुण आणि उष्ण आहेत. पीत तारे हे मध्यमवयीन आहेत; तर रक्तवर्णीय तारे हे वार्धक्याकडे झुकलेले, मरणोन्मुख आहेत. लहानसे श्वेत अन् कृष्णवर्णीय तारे हे मृत्युशय्येवर पहुडलेले आहेत; अस्तंगत होत आहेत. आपल्या आकाशगंगेत वरील उल्लेखिलेले सर्व प्रकारचे साधारणत: चारशे अब्ज तारे आहेत.

प्रत्येक तारकामंडल हे या विश्वसागरातले बेटच आहे. ही सर्व बेटे एकमेकांपासून दूर आहेत. या बेटांमधून विकसित झालेल्या प्रत्येक जीवसृष्टीचे जग हे प्रथमत: त्या त्या बेटापुरतेच मर्यादित राहणार. आपणही आपल्यापुरताच असा विकास पाहिला आहे. आत्ता आत्ता कुठे आपण या अन्य बेटांची आणि विश्वांची ओळख करून घेत आहोत.

अन्य बेटांमधील आपले विश्वबांधव कसे असतील? ते कसे दिसत असतील? त्यांची भाषा, संगीत, अर्थकारण, राजकारण, इतिहास, जीव-रासायनिक व भौतिक शास्त्रे कशी असतील? कदाचित, एखाद्या दिवशी हे आपल्याला समजेलही!

आपल्या सूर्याभोवती अजस्र आकाराचे बर्फ, धूळ आणि कार्बनी कणांनी बनलेले गोळे आहेत. हे सूर्याभोवती वर्तुळाकार गतीत फिरत असतात. हे गोळे म्हणजे धूमकेतू किंवा धूमकेतूंची केंद्रे आहेत. या धूमकेतूंच्या जवळून जाणाऱ्या ताऱ्यामुळे धूमकेतू सूर्याच्या ग्रहमालेच्या आतील भागात प्रवेश करतात. सूर्याच्या उष्णतेमुळे त्यांच्यातील बर्फ वितळतो; आणि मग धूमकेतूचे अत्यंत आकर्षक शेपूट निर्माण होते.

काळ्या निरभ्र आकाशात केवळ एका ठिपक्यासारखा दिसणारा प्लूटो हा आपल्या एकुलत्या एका अजस्र उपग्रहाला *(चेरॉन)* घेऊन; स्वत: बर्फ आणि मिथेनची शाल पांघरून सूर्याच्या प्रकाशात न्हाऊन निघतो.

त्याच्यासारखेच अजस्र नेपच्यून, युरेनस आणि शनी हे तर ग्रहमालेतील जडावच आहेत. गुरूभोवती बर्फाळ उपग्रहांचे कोंदण आहे. सूर्याच्या ग्रहमालेच्या आतील बाजूस उबदार ग्रह आहेत. उदाहरणार्थ, प्रचंड दऱ्याखोऱ्यांनी, गगनभेदी

वादळांनी आणि उफाळणाऱ्या ज्वालामुखींनी व्यापलेला तांबडा मंगळ! हा कदाचित अत्यंत प्रथमावस्थेतील जीवांना घेऊन नांदतो आहे.

ही सर्व भटकंती संपवून आपण आपल्या लहानग्या, नाजूक नील-धवल जगाकडे वळतो. हे जग या अफाट विश्वसागरातील एका कोपऱ्यात जणू काही हरवून गेले आहे.

हे आपलं असं जग कदाचित आपल्यापुरतंच महत्त्वाचं आहे. सरतेशेवटी ही पृथ्वी म्हणजे आपलं घरकुल आहे, जननी आहे, वाढवणारी अन् पालन करणारी धरा आहे. इथेच आपल्या मानवजातीने यौवनात पदार्पण केलं आहे आणि इथंच आपलं विश्वाविषयीचं आकर्षण निर्माण झालं आहे. या वसुंधरेवरच आपण आपल्या नशिबाची पारख करणार आहोत; कुठल्याही सुरक्षिततेची हमी नसताना!

ही पृथ्वी कशी आहे बघा! नायट्रोजन वायूच्या निळ्याशार सुंदर आकाशाने झळाळणारी, उचंबळणाऱ्या समुद्रलाटांनी निथळणारी, शीतल हिरवी वनसृष्टी ल्यालेली अन् जीवनाला जन्म देणारी, पालन करणारी आहे! विश्वाच्या या अफाट पसाऱ्यात ती खरोखरीच विरळा आहे अन् अप्रतिम सुंदर आहे. ही पृथ्वी सगळ्यांपासून वेगळी आहे; कारण येथेच या विश्वातील निर्जीव द्रव्य सजीव आणि जागृत झालं आहे, चैतन्य ल्यायलं आहे. हिच्यासारखी अन्य जगंही या विश्वात असतील कदाचित. पण त्यांचा शोध आपण येथूनच घेणार आहोत, ज्ञानाच्या साहाय्याने; हे ज्ञान आपण लक्षावधी वर्षांची प्रचंड समयरूपी किंमत देऊन आत्मसात केलं आहे. ज्या काळात ज्ञानसाधना मोलाची मानली जाते, त्या काळात आपला जन्म झाला, हे आपले सुदैवच आहे.

पृथ्वीतलावर राहणाऱ्या, पण ताऱ्याच्या अंशापासून निर्माण झालेल्या माणसाचा एक प्रदीर्घ प्रवास सुरू झाला आहे.

◆

अंतरिक्षाचा वेध

पृथ्वी हे छोटंसं विश्व आहे याचा शोध इजिप्तमधील अलेक्झांड्रिया नावाच्या शहरात, इसवीसनाच्या तिसऱ्या शतकात लागला. त्याच शहरात एरॅटोस्थिन्स नावाचा एक गृहस्थ राहात होता. मत्सराने त्याचे प्रतिस्पर्धी त्याला बीटा या नावाने ओळखत. बीटा हे ग्रीकमधले दुसरे आद्याक्षर. जणू काही एरॅटोस्थिन्स हा जगातील दुसऱ्या क्रमांकाचाच माणूस होता. परंतु इतिहासाने हे सिद्ध केले आहे की एरॅटोस्थिन्स सर्व बाबतीत अल्फा *(म्हणजे ग्रीक आद्याक्षरातील प्रथम अक्षर)* होता. त्याने लिहिलेल्या पुस्तकांची शीर्षकं ही खगोलशास्त्र ते वेदनामुक्ती इथपर्यंत आहेत.

तो अलेक्झांड्रियातील भव्य वाचनालयाचा प्रमुख होता आणि येथेच त्याच्या वाचनात आले की सैनी या शहराच्या दक्षिण भागात, २१ जूनच्या दुपारी लंब काठ्याची सावली दिसत नाही. देवळाच्या खांबांच्या सावल्या भर दुपारी तळाशी न दिसता नाहीशा होतात आणि याच वेळी सूर्याचे प्रतिबिंब खोल विहिरीतील पाण्यात दिसते.

आता हे निरीक्षण अन्य कुणाच्या कदाचित लक्षातही आले नसते; पण एरॅटोस्थिन्स हा शास्त्रज्ञ होता, संशोधक होता. त्याच्याकडे प्रयोगशीलता होती. त्याने खरोखरच हे पाहिले की, २१ जूनला भर दुपारी लंब काठ्यांच्या सावल्या अलेक्झांड्रियात दिसतात का? तेव्हा त्याच्या असे लक्षात आले की अलेक्झांड्रियात काठ्यांच्या सावल्या दिसतात. त्याच्या निरीक्षणामुळे, त्याला प्रश्न पडला की अलेक्झांड्रियात सावल्या दिसतात; पण अलेक्झांड्रियाच्या उत्तरेस असलेल्या सैनी या शहरात सावल्या का दिसत नाहीत?

पृथ्वी सपाट आहे असे क्षणभर गृहीत धरले तर दोन सारख्या लांबीच्या काठ्यांच्या सावल्या एकाच वेळी सैनी व अलेक्झांड्रिया या दोन्ही शहरात दिसेनाशा होतील; परंतु सैनीमध्ये काठ्यांची सावली अजिबात पडत नाही तर त्याच वेळी अलेक्झांड्रियात मात्र ती ठळकपणे दिसते. याचे उत्तर 'पृथ्वी सपाट नाही, ती वक्राकार आहे' हे एरॅटोस्थिन्सने शोधले. इतकेच नव्हे तर ती जितकी अधिक

वक्राकार तितका त्या दोन काठ्यांच्या सावलीमध्ये फरक आढळून येईल, असेही मत मांडले. सूर्याचे पृथ्वीपासूनचे अंतर इतके प्रचंड आहे की त्याचे किरण पृथ्वीवर पोहोचताना समांतरच असतात. एरॅटोस्थिन्सने या काठ्या सूर्यकिरणांशी वेगवेगळे कोन करून खोचल्या व त्या सावल्यांच्या लांबीतील फरकावरून त्याने अलेक्झांड्रिया व सैनीतील पृथ्वीच्या पृष्ठभागावरचे अंतर सात अंश आहे हे शोधले. त्याचप्रमाणे त्याने या दोन शहरांमध्ये प्रत्यक्ष अंतर मोजण्यासाठी एक माणूस नेमला. या दोन शहरांमधले अंतर होते ८०० किलोमीटर. पृथ्वीचा परिघ ३६० अंशांचा आहे आणि सात अंश हे या परिघाच्या १/५० पट इतके आहे. म्हणजेच ८०० कि.मी. हे दोन शहरांमधील अंतर हे पूर्ण परिघाच्या १/५० पट इतके आहे. याचाच दुसरा अर्थ असा की पृथ्वीचा परिघ हा ८०० कि.मी.च्या ५० पट इतका आहे. यावरून एरॅटोस्थिन्सने पृथ्वीचा परिघ हा ४०,००० किलोमीटर आहे, असे शोधून काढले. हे उत्तर बरोबर आहे. पण ते सुमारे २२०० वर्षांपूर्वीचे आहे. आणि हे मोजताना एरॅटोस्थिन्सपाशी कोणती साधने होती, तर डोळे, पाय, बुद्धी आणि काठ्या! केवळ त्यांच्या साहाय्याने, त्याने पृथ्वीचा परिघ २२०० वर्षांपूर्वी मोजला.

एरॅटोस्थिन्सच्या आधी सुमारे चारशे वर्षांपूर्वी इजिप्शियन राजा फारानिकोच्या पदरी असलेल्या काफिल्याने अफ्रिकेला वळसा घातला होता. त्यांनी त्या वेळी बहुधा शिडाच्या साध्या उघड्या नौका वापरल्या होत्या. तांबड्या समुद्रापासून सुरुवात करून अफ्रिकेच्या पूर्व किनाऱ्याला खाली वळून त्यांनी अटलांटिकप्रवेश केला होता आणि तेथून ते परत भूमध्य समुद्राकडून आले होते.

या सफरीला सुमारे तीन वर्षे लागली होती *(तेवढाच कालावधी व्हॉयेजर या अवकाशयानाला पृथ्वीपासून शनीपर्यंत पोहोचण्यासाठी लागतो).*

एरॅटोस्थिन्सच्या शोधानंतर अनेक शूर दर्यावर्दींनी त्यांच्या लहानग्या जहाजातून सागरी प्रवास केला. सागराच्या शक्यतो किनाऱ्या किनाऱ्याने हा प्रवास होता. रात्रीच्या निरभ्र आकाशातील नक्षत्रांच्या स्थितीवरून त्यांना दिशा समजत असे.

तारे हे प्रवासी संशोधकांचे नेहमीच मित्र बनलेले आहेत– त्या काळातल्या सागरी संशोधकांचे नि आता अवकाश संशोधकांचे! एरॅटोस्थिन्सच्या काळातील दर्यावर्दींचा प्रवास हा जणू काही दुसऱ्या जगाचाच प्रवास होता. या दुसऱ्या वस्ती आहेत का? असल्यास आपल्याप्रमाणेच आहेत का? हे कुतूहल त्या वेळी होते.

आजही तेच कुतूहल आपल्याला परग्रहजीवसृष्टीबद्दल वाटते. आज पृथ्वीचा शोध संपलेला आहे. नवीन शोधण्याजोगे खंड वा भूमी आज पृथ्वीवर नाही; परंतु तंत्रज्ञानाच्या साहाय्याने आज आपण अवकाशातील अन्य जगांचा शोध घेऊ शकतो.

आज आपल्या पूर्वजांना ज्ञात असलेल्या माहितीपेक्षा या विश्वाविषयीची कितीतरी अधिक माहिती आपण मिळवली आहे.

आपल्या विश्वाचं वय साधारणत: १५ ते २० अब्ज वर्षे *[(हा सर्व कालावधी महास्फोटानंतरचा (बिग बँग)]* आहे. विश्वाच्या सुरुवातीला येथे ग्रह, तारे, नक्षत्र काही काहीच नव्हतं. होता तो फक्त तेजाचा सर्वव्यापी गोल!

निर्गुणापासून तो या सगुण महास्फोटापर्यंतचा मार्ग हा द्रव्य आणि शक्तीच्या एकमेकात रूपांतरीत होण्याचा होता, हे आज आपण समजू शकतो.

अन् या विश्वामध्ये जोपर्यंत अन्य सजीव सृष्टीचा शोध लागत नाही, तोपर्यंत आपण स्वत:च या प्रचंड रूपांतराचा पुरावा आहोत. या महास्फोटातूनच निर्माण झालेली मानवजात या विश्वाचे गुपित समजावून घेण्यासाठी आता सज्ज झाली आहे.

◆

पृथ्वीवरील उत्क्रांतीची वाटचाल

नैसर्गिक निवड आणि उत्क्रांती यामधील नाते शोधून काढण्याचे श्रेय चार्ल्स डार्विन आणि अल्फ्रेड वॉलेस यांना देता येईल. गेल्या शतकात या दोघांनी असा विचार मांडला की या सृष्टीमध्ये कितीतरी पटीने अधिक प्राणी व वनस्पती येथे जन्माला आल्या आणि इथल्या पर्यावरणाशी ज्यांनी जुळवून घेतले त्याच फक्त टिकाव धरून राहिल्या. निसर्ग हा सढळ हाताने प्राणिमात्रांची निर्मिती करतो.

उत्परिवर्तन किंवा अनुवंशिकतेच्या साखळीत अचानक होणारा बदल हाही येथे फलदायी ठरला. उत्क्रांतीला अनुकूल असे खाद्य या बदलांमुळे पुरवले गेले. जे बदल जीवनाच्या वाढीला पोषक ठरले तेच बदल पर्यावरणाने निवडले, स्वीकारले आणि त्यातूनच सजीवांच्या नवीन जाती अथवा त्यांच्या उत्क्रांतीची *(उदाहरणार्थ, माकडापासून माणूस)* क्रिया सुरू झाली. 'ओरिजिन ऑफ स्पेसीज' या ग्रंथात डार्विनने असे म्हटलेच आहे, की 'माणूस विविधता निर्माण करीत नाही, तर तो नकळत त्या नवीन परिस्थितींना सामोरा जातो आणि मग निसर्गच ही विविधता, बदल घडवून आणतो. पण निसर्गाने बहाल केलेली ही विविधता माणूस स्वीकारू शकतो आणि तो स्वीकारतोही. पुष्कळदा योग्य त्या मार्गाने तो ती आत्मसात करतो. उदाहरणार्थ– प्राणी पाळतो, झाडे लावतो. कधी स्वत:च्या फायद्यासाठी तर कधी आनंदासाठी! कधी तो हे अजाणता करतो तर कधी हेतुपूर्वक!'

डार्विन व वॉलेसच्या शोधावर टी. एच्. हक्सलेने काढलेले उद्‍गार खरोखरीच वाचनीय आहेत. तो म्हणतो, 'हा ज्ञानाचा, प्रकाशाचा झोत अंधारात चाचपडणाऱ्या माणसाला एक मार्ग दाखवून देईल. हा मार्ग कुठे जाईल हे सांगता येत नाही, परंतु आजपर्यंत हा शोध कसा लागला नाही? इतके स्पष्ट आणि नि:संदिग्ध अनुमान आजपर्यंत कसे काढता आले नाही? विविधतेतील सत्य, अस्तित्वाची लढाई, परिस्थितीशी सामावून घेण्याचा प्रयत्न या सर्व गोष्टी ढळढळीतपणे डोळ्यासमोर असूनही आपल्यापैकी कुणालाही डार्विन व वॉलेसने काढलेले निष्कर्ष कसे सुचले नाहीत?'

आपल्या पूर्वजांनी या पृथ्वीवरील जीवनाचे सौंदर्य पाहिले. सजीवांची रचना ही त्यांच्या कार्याला सुसंगत आहे, हे त्यांना जाणवले होते आणि या जाणिवेतच त्यांनी विश्वाच्या शिल्पकाराच्या अस्तित्वाचा पुरावा पाहिला.

अत्यंत सूक्ष्मातिसूक्ष्म सजीवाची रचना ही एका अत्यंत उत्कृष्ट दर्जाच्या छोट्याशा घड्याळापेक्षाही बिकट व गुंतागुंतीची असते. शिवाय घड्याळे काही स्वत:ची जोडणी स्वत: करीत नाहीत किंवा वाडवडिलांच्या जुन्या घड्याळांपासून ती उत्क्रांतही पावत नाहीत. घड्याळाच्या घडणीमागे कारागीर असतो. अणुरेणूंपासून उत्स्फूर्तपणे एखादा जीव निर्माण होईल; आणि तो इतक्या उत्कृष्ट रीतीने पृथ्वीवरील सर्व प्रदेशात समर्थपणे वावरू शकेल, अशी काही शक्यता आजमावता येईल असे आपल्या पूर्वजांना वाटले नव्हते. त्यातून प्रत्येक जीव हा स्वतंत्र रीतीने निर्माण केलेला आहे. प्राण्याच्या एका जातीचे रूपांतर दुसऱ्यात होत नाही. या सर्व गोष्टी आपल्या पूर्वजांच्या तुटपुंज्या अनुभवांना, माहितीला दुजोरा देणाऱ्या होत्या.

जगन्नियंत्याने प्रत्येक प्राणी काळजीपूर्वक निर्माण केला, ही कल्पनाच मुळी संपूर्ण आयुष्याला सार्थकत्व देणारी होती. विश्वाचा निर्मितीकार आहे, हे अत्यंत सहजगत्या आलेले, पटणारे आणि संपूर्णतया मानवी स्वरूपाचे उत्तर होते.

पण डार्विन आणि वॉलेसच्या सिद्धांताने हे दर्शवून दिले की सजीवांच्या उत्पत्तीचा याहूनही दुसरा मार्ग आहे, अन् तो म्हणजे उत्क्रांतीवादाची तत्त्वे! नैसर्गिक निवड, निसर्गाची निवड, की ज्यामुळे युगानुयुगे आपल्या जीवनाचं संगीत अधिक सुरेल बनत चाललेलं आहे.

मृत्यु आणि काळ ही उत्क्रांतीचीच रहस्ये आहेत. मृत्यु, अशा अगणित जीवांचा की जे या पर्यावरणाशी जुळवून घेण्यात अयशस्वी झाले आहेत आणि काळ असा की, पर्यावरणाशी अपघाताने जुळवून घेणाऱ्या लहानसहान बदलांना वाहून नेणारा, अनुकूल उत्परिवर्तनाची साक्ष देणारा! अशा अगणित अनंत काळाचे स्वरूप समजावून घेता न आल्यामुळे डार्विन आणि वॉलेसच्या सिद्धांतांना आम्ही विरोध केला. केवळ एक दशलक्षांश आयुष्य जगणाऱ्या आपल्यासारख्या माणसांना ७ कोटी वर्षे म्हणजे किती, याचा अर्थ कसा उमजणार? त्या तुलनेने आपले आयुष्य हे एखाद्या क्षणिक फडफडून उडून जाणाऱ्या फुलपाखरासारखे आहे.

पृथ्वीवर आणि अन्य विश्वावर घडून येणारी जीवनाची उत्क्रांती यामध्ये कदाचित कमीअधिक फरकाने साम्यता आढळून येईलही. पण इथल्या प्रथिनांचे रसायनशास्त्र किंवा मेंदूचे जीवशास्त्र (चेतासंस्था) संपूर्ण आकाशगंगेत केवळ पृथ्वीवरच आढळून येईल. ४.६ अब्ज वर्षांपूर्वी अंतराळातील वायू आणि धुळीच्या गोठण्याने पृथ्वी निर्माण झाली. नवजात पृथ्वीवरील समुद्रात व तळ्यात जीवनाची निर्मिती झाली. हा काळ होता सुमारे चार अब्ज वर्षांपूर्वीचा! त्या काळातील आद्यजीव, एकपेशीय

प्राण्यांसारखा विकसित नव्हता.

त्या प्राचीन काळी, वीज आणि सूर्यापासून निघालेली जंबूपार किरणे नुकत्याच जन्मलेल्या वातावरणातील रेणूंना वेगळे करीत. त्या वेळच्या वातावरणातील रेणूंमध्ये हायड्रोजनचे प्रमाण भरपूर होते. वेगळे झालेले रेणूंचे तुकडे आपोआप एकमेकांबरोबर जोडले जात व अधिकाधिक मोठे रेणू बनत. हे सर्व घटक समुद्रामध्ये विरघळले होते. हे प्रारंभीचे रसायन, द्रव दिवसेंदिवस अधिकाधिक गुंतागुंतीचे बनत चालले होते. एके दिवशी योगायोगाने किंवा अपघाताने, त्यातील एक रेणू उठला. आजूबाजूच्या द्रवातील रेणूपासून स्वतःची एक ढोबळ प्रतिमा तयार करू शकला. हा रेणू म्हणजे DNAचा[१] आद्यपूर्वज होता.

पृथ्वीवरील प्रत्येक प्राणी कसा असेल, वाढेल इत्यादी सूचना या वेगवेगळ्या आहेत. परंतु त्यांची भाषा मात्र एक आहे. प्रत्येक सजीव हा वेगळा आहे.

न्यूक्लिओटाईडमधील बदल पुढल्या पिढीत उतरवले जातात. पुष्कळदा हे आकस्मिक बदल धोकादायक असतात किंवा सर्वनाशालाही कारणीभूत होतात. या बदलांमुळे अनेक वेळा अकार्यक्षम विकर जागे होतात. दीर्घ प्रतीक्षेनंतर हे बदल जीवाच्या दृष्टीने फलदायी ठरतात. एका अतिसूक्ष्मशा *(एका सेंटीमीटरचा एक दशलक्षांश भाग लांबीच्या)* न्यूक्लिओटाईडमध्ये घडून येणारा असा फलदायी बदल ही जवळ जवळ अशक्यप्राय घटनाच वाटते. पण त्यामुळेच तर उत्क्रांतीचा प्रवाह खळाळत राहिला आहे.

चार अब्ज वर्षांपूर्वी ही पृथ्वी म्हणजे अशा कार्बनी *(ऑरगॅनिक)* रेणूंचे नंदनवनच होती. प्रथमतः स्वतःची फक्त ढोबळ प्रतिमा बनवू शकणारे रेणू कालांतराने स्वतःची अधिक चांगल्या रीतीने प्रतिमा बनवायला लागले. त्यांची पुनर्निर्मितीची क्षमताही वाढली.

निरनिराळ्या कामांमध्ये तयार असलेले रेणू एकत्र येऊन आद्य वा प्रथम पेशी बनली.

वनस्पतींच्या पेशींमध्ये आज अशा रेणूंचा लहानसा कारखानाच आहे. त्यालाच आपण क्लोरोप्लास्ट– हरितद्रव्य– म्हणतो. हे हरितद्रव्य म्हणजे जणू प्रकाशविश्लेषण प्रक्रियेचे प्रमुख असतात. प्रकाशविश्लेषण म्हणजे काय तर सूर्यप्रकाश, पाणी आणि कर्बद्विप्राणील वायू यांचे कार्बोहायड्रेट्स् व प्राणवायू यात रूपांतर!

रक्ताच्या एका थेंबामध्ये वेगळ्याच प्रकारचा कारखाना असतो, त्याला मायटोकाँड्रिया असे म्हणतात. हे मायटोकाँड्रिया अन्न व प्राणवायू यांच्या एकत्रीकरणातून आवश्यक असलेली शक्ती मिळवतात.

आज जरी हे कारखाने प्राणी, वनस्पतींच्या पेशींमध्ये असले तरी कोणे एके काळी क्लोरोप्लास्ट व मायटोकाँड्रिया या स्वतंत्र रीतीने राहाणाऱ्या पेशी असतील.

तीन अब्ज वर्षांपूर्वी बऱ्याचशा एकपेशीय वनस्पती एकत्र आल्या. याला कारण म्हणजे एका पेशीचे विभाजन झाल्यानंतर त्या वेगळ्या होण्यास उत्परिवर्तनाने प्रतिबंध केला असावा. अन् त्यातूनच पहिला सजीव निर्माण झाला. तो बहुपेशीय होता.

तुमच्या शरीरातील प्रत्येक पेशी म्हणजे जणू काही एक अशी वसाहत आहे, की जिचा प्रत्येक भाग कोणे एके काळी स्वतंत्ररित्या नांदत होता. एकमेकांच्या भल्यासाठी असे सर्व भाग एकत्र बांधले गेले. 'एकमेका सहाय्य करू, अवघे धरू सुपंथ' या न्यायाने ते एकत्र आले. तुम्ही आम्ही अशा लक्षावधी पेशींचे बनलेलो आहोत. आपल्यापैकी प्रत्येक जण हा अशा अनेक एकपेशीय जीवांचा समूह आहे.

लिंगभेदाचा शोध हा जवळजवळ दोन अब्ज वर्षांपूर्वी लागला असावा. या पूर्वीचे सजीव हे केवळ नैसर्गिक उत्परिवर्तनामुळे निर्माण झाले होते. उत्क्रांतीची वाटचाल अत्यंत धीम्या गतीने होत होती.

लिंगभेदाच्या शोधामुळे दोन जीवांच्या DNAची *(डीऑक्सिरायबोज् न्यूक्लिक ॲसिड)* अदलाबदल शक्य झाली. ज्यांना हे जमले नाही, त्या सजीवांचे प्रकार अस्तंगत झाले. अन् हे सत्य केवळ त्या काळच्या जीवाणूंपुरतेच मर्यादित नाही. आज माणसालाही DNAच्या अदलाबदलीत अत्यंत रस असतो!

एक अब्ज वर्षांपूर्वी वनस्पतींनी सहकार्याने काम करून पृथ्वीच्या पर्यावरणात एक धक्कादायक बदल करून दाखवला. हरित वनस्पती रेणूरूप प्राणवायू (O_2) निर्माण करतात. आतापर्यंत सागर प्राथमिक अवस्थेतील वनस्पतींनी व्यापून टाकले होते. अन् त्यामुळे प्राणवायू हा पृथ्वीच्या वातावरणातील प्रमुख घटक बनत चालला होता. या प्राणवायूने येथील मूळचे हायड्रोजनने विपुल असलेले वातावरण बदलून टाकले.

या बदलामुळे पृथ्वीच्या इतिहासातील एका युगाचा अंत झाला! ज्या युगात जीवन निर्जीव, अजैविक क्रियांमधून निर्माण होत होते, त्या युगाची समाप्ती झाली. प्राणवायूमुळे रेणूंचे तुकडे होतात. जरी प्राणवायू हा आपला प्राण असला तरी ज्या कार्बनी घटकांना अभेद्य कवच नाही, त्यांच्याकरता प्राणवायू हे जहाल विष बनते. त्यामुळे हा नवीन बदल *(प्राणवायूने मुबलक वातावरण)* अनेक जीवांच्या व जीवनाच्या इतिहासातील एक अत्यंत कसोटीचा क्षण ठरला. जे या प्राणवायूबरोबर जुळवून घेऊ शकत नाहीत, ते नाश पावले!

काही थोडे प्राथमिक स्वरूपातील जीवाणू हे आजही फक्त प्राणवायूरहीत वातावरणातच जगू शकतात.

पृथ्वीच्या वातावरणातील नायट्रोजन वायू हा रासायनिकदृष्ट्या बराच सुसह्य आहे. पण तोही जीवसृष्टीमुळेच येथे बांधला गेलेला आहे. पृथ्वीच्या ९९% वातावरणाचा

जन्म हा जीवसृष्टीतून झालेला आहे. आपले आकाश चैतन्यमय आहे!

जीवनाच्या प्रारंभापासून[२] ते सुमारे चार अब्ज वर्षांपर्यंत समुद्र हे सूक्ष्मतर निळ्या-हिरव्या शेवाळांनी व्यापले होते. साधारणत: साठ कोटी वर्षांपूर्वी या शेवाळांची मक्तेदारी संपली आणि अतिशय प्रचंड प्रमाणावर नवनवीन जीव निर्माण झाले. याच घटनेला 'कॅम्ब्रिअन उद्रेक' असे म्हणतात.

पृथ्वीच्या जन्मानंतर फारच थोड्या कालावधीत जीवनाची निर्मिती झाली, त्यावरून असे अनुमान बांधता येईल की पृथ्वीसदृश ग्रहावर जीवनाची निर्मिती ही एक अटळ घटना आहे[३]; परंतु जीवाणूपासून मोठ्या सजीवांपर्यंत होणारी जीवनाची उत्क्रांती, प्रगती ही एक विरळ घटना असावी, कारण निळ्या-हिरव्या सूक्ष्म वनस्पतींनंतर जीवनाची मजल तीन अब्ज वर्षांपुढे गेली नाही. (पुढील ३ अब्ज वर्षे इतर मोठे सजीव प्राणी निर्माण झाले नाहीत.)

कदाचित् असे अनेक ग्रह असतील की जेथे मुबलक प्रमाणावर जीवाणू वा विषाणू असतील, परंतु मोठमोठाले प्राणी वा झाडे नसतील. कॅम्ब्रिअन उद्रेकानंतर मात्र समुद्रांमधून नवनवीन जीवाणूंना जणू काही उधाण आले होते.

५० कोटी वर्षांपूर्वी, पृथ्वीवर एखाद्या मोठ्या कीटकाप्रमाणे दिसणाऱ्या ट्रिलोबाइट्सचे[४] थवेच्या थवे होते. समुद्रात शिकारी करणाऱ्या या कीटकांना प्रकाश ओळखण्यासाठी डोळ्यांमध्ये स्फटीक होते. आज पृथ्वीवर एकही जिवंत ट्रिलोबाइट नाही. गेल्या २० कोटी वर्षांपूर्वीही नव्हते. आज ज्याचा जिवंत अंशही आढळून येणार नाही, अशा प्राण्यांनी व वनस्पतींनी ही धरणी व्यापलेली होती. अन् आज आढळून येणाऱ्या प्राण्यांची एकही जात तेव्हा अस्तित्वात नव्हती. अतिप्राचीन अवशेषांमधून आपल्यासारख्या प्राण्यांचा ठावठिकाणाही सापडत नाही.

विविध प्रकारचे प्राणी जन्मतात आणि नष्ट होतात. कॅम्ब्रिअन काळापूर्वी या प्राण्यांच्या जाती एकामागून एक अत्यंत धीम्या गतीने उदयास येत होत्या. हे अनुमान काढण्याचे एक कारण म्हणजे जसजसे आपण पृथ्वीच्या इतिहासाचा अधिकाधिक वेध घेऊ लागतो, तसतशी आपली ज्ञात माहिती कमी कमी होऊ लागते. दुसरे असे की फार थोड्या प्राण्यांचे अवयव कठीण होते, त्यामुळे त्यांचे मोठ्या प्रमाणावर जीवाश्म तयार झाले नाहीत आणि ज्यांचे अवयव मृदू होते, त्यांचे जीवाश्म बनलेच नाहीत.

पण नवीन प्राणी उत्क्रांत होण्याचा वेग कॅम्ब्रिअन उद्रेकापूर्वी फारच कमी असावा; कारण पेशीरचना व जीवरासायनिक रचनांची उत्क्रांतावस्था जीवाश्मांमध्ये आढळून येत नाही.

कॅम्ब्रिअन उद्रेकानंतर मात्र नवनवीन बदल अत्यंत वेगाने झाले. मासा, पाठीचा कणा असलेला प्राणी एकामागोमाग एक अवतरले. वनस्पती प्रथमत: समुद्रापुरत्याच

मर्यादित होत्या, त्या जमिनीवरही वाढू लागल्या. आद्य कीटक निर्माण झाला. त्यांचाच वंशज हा जमिनीवर वस्ती करून राहणाऱ्या प्राण्यांचा आद्य पूर्वज म्हटला पाहिजे. पंख असलेली पाखरे व भूचर प्राणी एकाच वेळी निर्माण झाले. याच वेळी जमीन व प्राणी या दोहोंतही वास करू शकतील असे लंगफिशसारखे मासे, झाडे, सरपटणारे प्राणी, सस्तन प्राणी, डायनोसॉर, पक्षी, पहिले फूल निर्माण झाले. काळाच्या ओघात डायनोसॉर अस्तंगत झाले. डॉल्फिन, देवमासा यांचे पूर्वज, माकड एप *(बिनशेपटीचे माकड)* आणि माणूस यांचे पूर्वजही याच वेळी निर्माण झाले.

एक कोटी वर्षांपूर्वीच मानवसदृश प्राणी भूतलावर जन्मले. त्यांच्या मेंदूमध्ये प्रचंड वाढ झालेली होती आणि त्यानंतर काही लाख वर्षांनी पहिला खरा मानव उत्क्रांत झाला. मनुष्यप्राणी हा वनांमधून वाढला. या वनांकडे आपला नैसर्गिक ओढा असतो. आकाशाला गवसणी घालू पाहणारे वृक्ष सुंदर दिसतात. पाने हलवीत हवेशी हितगूज करणारी झाडे ही सौरशक्तीवर चालणारी यंत्रेच आहेत. ती सूर्यप्रकाशाचे विश्लेषण करतात. जमिनीतून ती पाणी शोषून घेतात आणि हवेतून कर्बद्विप्राणील वायू. या दोहोंच्या पृथ:क्करणातून त्यांचं आणि आपलंही अन्न बनवतात.

झाडे कार्बोहायड्रेट्स् त्यांच्याकरता बनवतात, तर आपण हीच कार्बोहायड्रेट्स त्यांच्याकडून मिळवतो, किंबहुना चक्क पळवतो.

शाकाहारी आहारातून घेतलेली कार्बोहायड्रेट्स् आपल्या रक्तातील प्राणवायूबरोबर आपण विरघळवतो व आपले पोषण करतो. हा प्राणवायू आपण श्वासोच्छ्वासातून घेतो अन् चयापचयाच्या क्रियेत आपण कर्बद्विप्राणील वायू बाहेर टाकतो. झाडे हाच वायू कार्बोहायड्रेट्स बनवण्याकरता शोषून घेतात.

खरोखरीच प्राणी व वनस्पती यांचे एकमेकांच्या उच्छ्वासातून निर्माण झालेले सहजीवन अप्रतीम आहे. अन् या सहजीवनाच्या चक्राला गती मिळते तरी कोठून? तर १५ कोटी कि.मी. अंतरावर असलेल्या दाहक परि संजीवक ताऱ्याकडून! अर्थात सूर्याकडून!

जवळ जवळ अब्जावधी जैविक रेणूंपैकी फक्त पन्नास प्रकारच्या रेणूरचना जीवनाकरता आवश्यक असतात. त्यांचेच अनेक साचे वेगवेगळ्या कामांकरता, पुन्हा पुन्हा चपखलतेने वापरले जातात. सजीवांच्या पेशीतल्या रासायनिक क्रियांवर ताबा ठेवणारी प्रथिने आणि अनुवंशिकतेचा गुणधर्म वाहणारे न्यूक्लिक ॲसिडचे रेणू हे वनस्पती व प्राणी या दोहोतही सारखेच असतात.

सजीव पेशी व तिची रचना ही दीर्घिका आणि तारकांइतकीच सुंदर व तितकीच बिकट व गुंतागुंतीची आहे. या पेशींमधील अंतर्गत व्यवस्था ही चार अब्ज वर्षांपासून उत्क्रांत होत आलेली आहे. ही व्यवस्था क्लिष्ट आहे.

अन्नघटकांचे पेशीयंत्रणेत रूपांतर होते. पेशीयंत्रणा स्वत:ची रचना कायम ठेवू शकते. रेणूंचे रूपांतर करू शकते, ऊर्जा साठवू शकते. स्वत:ची प्रतिमा तयार करू शकते.

पेशीच्या आतील भागात डोकावून पाहिले तर आतमध्ये प्रथिनांचे रेणू दिसतील, काही कामाच्या अत्यंत गडबडीत असलेले दिसतील, तर काही केवळ पुढील सूचनांची वाट पाहत असलेले दिसतील.

विकरे ही सर्वांत महत्त्वाची प्रथिने आहेत. याच विकरांचे रेणू हे पेशीमधील रासायनिक क्रियांवर ताबा ठेवतात. ही विकरे एखाद्या कुशल जोडणी कामगारांसारखी *(assembly lineworkers)* असतात. त्यातला प्रत्येक जण एका विशिष्ट कामात निपुण असतो. उदाहरणार्थ, टप्पा क्र. ४– न्यूक्लिओटाईड ग्वानोसाईन फॉस्फेटची रचना करणे किंवा टप्पा क्र. ११– साखरेचे रेणू अलग करणे वा विकेंद्रीकरण. ही साखर हे या रेणूरूपी कामगारांचे चलन असते. कारण पेशीच्या कार्याकरता लागणारी ऊर्जा ही साखरेच्या रेणूमधूनच मिळते.

पण ही सर्व कार्यपद्धती विकरे चालवत नाहीत, तर प्रमुखांकडून त्यांना आदेश मिळत असतात. किंबहुना त्यांची स्वत:ची बांधणी हीही त्या आदेशानुसारच झालेली असते. न्यूक्लिक ॲसिड हे त्यांचे रेणुप्रमुख आहेत आणि ते पेशीच्या केंद्रभागात, जणू काही एखाद्या बंदिस्त नगरात राहतात. जर आपण पेशीकेंद्रात डोकावलो तर एखाद्या शेवया बनवणाऱ्या कारखान्यात जर स्फोट झाला तर कसे दृश्य बघावयास मिळेल, तसे दिसून येते. तेथे अस्ताव्यस्त पसरलेले वर्तुळाकार DNA आणि RNAचे तुकडे दिसतील. यातील DNA हा आदेश देतो. RNA हा DNAने दिलेला आदेश पेशीपर्यंत पोहोचवतो. प्रदीर्घ अवधीच्या उत्क्रांतीतून जन्माला आलेली ही एक सर्वोत्कृष्ट रचना आहे. या रचनेतच पेशी कशी तयार करावयाची, माणूस अथवा झाड यांचे कार्य कसे करावयाचे, याविषयी इत्यंभूत माहिती साठवलेली असते.

माणसाच्या DNAतील माहिती जर आपण लिहू शकलो, तर त्यातून शेकडो जाडजूड ग्रंथ भरले जातील. इतकेच नाही तर या DNAच्या रेणूंना *(अत्यंत तुरळक अपवाद वगळता)* स्वत:ची प्रतिमा कशी तयार करावयाची, याचेही उत्तम ज्ञान असते. खरोखरीच त्यांना जरा जास्तच माहिती असते नाही का?

एखाद्या सर्पाकार शिडीसारखा DNAचा आकार असतो व या शिडीच्या दोन्ही बाजूंवर असणाऱ्या न्यूक्लिओटाईडची क्रमवार संगत हीच जीवनाची चैतन्याची भाषा आहे.

पुनरुत्पादनाच्या वेळी हे हेलिक्स एका विशिष्ट प्रथिनाच्या मदतीने वेगळे होतात. पेशीकेंद्राच्या भोवतालच्या भागात तरंगत असलेल्या न्यूक्लिओटाईडच्या

सुट्या भागांपासून ते एकमेकांची हुबेहूब प्रतिमा तयार करतात. एकदा का ही प्रक्रिया सुरू झाली, की DNA (पॉलीमरेज) नावाचे विकर प्रतिमा हुबेहूब बनल्या आहेत की नाही याची खात्री करून घेते. त्यामध्ये जर काही गडबड झाली, तर तिथे अशी काही विकरे आहेत की जी, ही चूक सुधारून चुकीच्या जागची न्यूक्लिओटाईड्स काढून योग्य ती न्यूक्लिओटाईड्स ठेवतात. ही विकरे म्हणजे प्रचंड शक्तिशाली रेणूरूपी यंत्रेच आहेत!

स्वत:च्या अशा हुबेहूब प्रतिमा बनवण्याव्यतिरिक्त *(यालाच आनुवंशिकता असे म्हणतात)* हा केंद्रीय DNA पेशींच्या कार्यांना दिशा देतो. ही दिशा कशी देतो? तर निरोप्या RNA या न्यूक्लिओटाईडचे एकत्रीकरण करून!

हा प्रत्येक निरोप्या RNA पेशीकेंद्राच्या बाहेरील भागात जातो आणि तेथे अचूक वेळी योग्य त्या ठिकाणी एका विकराच्या रचनेवर नियंत्रण ठेवतो. या प्रक्रियेनंतर एक विकर रेणू तयार होतो आणि विशिष्ट भागाला आदेश देण्यासाठी जातो.

माणसाचा DNA हा अब्ज न्यूक्लिओटाईड्सनी बनलेली शिडी आहे. या न्यूक्लिओटाईडच्या बहुतेक जोड्या निरर्थक असतात. त्या जोड्यांनी ज्या प्रथिनांचे संयोग केलेले असते, ती प्रथिने कुठलेच उपयोगी काम करीत नाहीत. फारच थोड्या केंद्रकाम्लांचे रेणू आपल्याकरता उपयुक्त असतात.

असे असले तरी, केंद्रकाम्ल एकत्रित करण्याच्या उपयुक्त मार्गांची संख्या, ही या विश्वामध्ये असलेल्या, एकंदरीत प्रोटॉन व इलेक्ट्रॉन यांच्या संख्येपेक्षा प्रचंड आहे. यावरून असे मानता येईल, की पृथ्वीच्या आजपर्यंतच्या लोकसंख्येपेक्षा येथे जन्माला येऊ शकणाऱ्या लोकांची संख्या प्रचंड आहे. कारण प्रत्येक व्यक्तीमधील केंद्रकाम्लांची संगती वेगळी आहे आणि अशा अनेक संगती असू शकतात.

उत्कृष्ट रीतीने काम करू शकतील किंवा आपल्याला हव्या त्या पद्धतीने जोड्या बनवता येतील, असे अनेक जोड्या बनवण्याचे मार्ग आहेत. न्यूक्लिओटाईडचे वेगवेगळे क्रम लावून, वेगवेगळी माणसे निर्माण करण्याचे ज्ञान सुदैवाने अजूनपर्यंत तरी आपल्याकडे नाही. भविष्यात कधी तरी अशा वेगवेगळ्या रचना करून हव्या त्या स्वभावधर्माची माणसे निर्माण करू शकू. अस्वस्थ करणारा विचार आहे ना?[५]

उत्क्रांती ही उत्परिवर्तन व नैसर्गिक निवडीद्वारे काम करते. प्रतिमा निर्माण करत असताना विकर DNA (पॉलीमरेज) बहुवारिकाच्या चुकीमुळे उत्परिवर्तन घडून येऊ शकते. पण अशी चूक DNA (पॉलीमरेज) बहुवारिक क्वचितच करतो. सूर्यापासून येणारे *(अतिनील)* जंबूपार किरण, किरणोत्सर्ग, वैश्विक किरण किंवा वातावरणातील रसायने यामुळेही उत्परिवर्तन घडून येते.

हा उत्परिवर्तनाचा वेग जर वाढला तर आपण प्रदीर्घ उत्क्रांतीच्या वारसाला गमावून बसू आणि वेग जर अतिशय हळू झाला, तर पर्यावरणातील नवीन बदलांना

स्वीकारण्यासाठी आवश्यक असलेली पात्रता निर्माण होणार नाही. नवनवीन प्राणिमात्रांच्या जाती निर्माण होणार नाहीत... जीवनाच्या उत्क्रांतीकरता हा समतोल साधला गेला पाहिजे. उत्परिवर्तन व नैसर्गिक निवड हा समतोल जेव्हा साधला जातो, तेव्हा सजीवांची पर्यावरणाशी जुळवून घेण्याची क्षमता विलक्षण असते.

एका न्यूक्लिओटाईडमधील बदलामुळे एका अमायनो ॲसिडमध्ये बदल होतो.[६] युरोपियन लोकांची आरबीसी रक्तपेशी ही बऱ्यापैकी फुगीर, गोलसर असते तर आफ्रिकन वंशाच्या काही जणांची रक्तपेशी ही चंद्रकोरीसारखी असते. या चंद्रकोरीसारख्या पेशींमध्ये प्राणवायू कमी असतो, त्यामुळे त्या एक प्रकारचा ॲनिमिया पसरवतात; पण त्याचबरोबर त्या मलेरियालाही प्रतिबंध करतात. मलेरियाने मृत्यु ओढवून घेण्यापेक्षा ॲनिमिया परवडला!

रक्ताच्या कार्यातील हा बदल, रक्ताच्या कार्यावरील प्रभाव हा रक्तपेशीच्या छायाचित्रातूनही आढळून येतो आणि या प्रभावाला कारणीभूत असतात न्यूक्लिओटाईडमधील बदल.

माणसाच्या पेशीतील DNAच्या १० अब्ज न्यूक्लिओटाईडपैकी एका न्यूक्लिओटाईडमधील बदल रक्ताच्या कार्यात इतका फरक पाडू शकतो. इतर न्यूक्लिओटाईडमधील बदलांचे परिणाम अजून तरी ज्ञात नाहीत. सध्या या क्षेत्रात बरेच संशोधन चालू आहे. आपण माणसे, झाडांपेक्षा खचितच वेगळी आहोत. आपली जगाकडे पाहण्याची दृष्टी ही झाडांपेक्षा निश्चितपणे वेगळी आहे; पण आपण अत्यंत खोलात अणुरेणूंच्या पातळीपर्यंत जाऊन पाहिले तर माणसे व झाडे यांच्यात साम्य आढळेल. दोघांतही न्यूक्लिक ॲसिड अनुवंशिकतेकरता वापरतात. पेशीच्या रसायनशास्त्रावर नियंत्रण ठेवण्यासाठी दोघांतही प्रथिनांचाच विकर म्हणून वापर केला जातो आणि सर्वांत महत्त्वाचे म्हणजे न्यूक्लिक आम्लातील माहिती, प्रथिनांच्या माहितीमध्ये बदलण्याकरता वापरला जाणारा संकेत, भाषा ही प्राणी व झाडे यांच्यात एकच आहे. अत्यंत थोड्या अपवादाने पृथ्वीवरील सर्व सजीवांचा हा संकेत एकच आहे *(अपवाद काही बाबतीत मायटोकाँड्रिया, यावरूनच या अनुमानाला पुष्टी मिळते की मायटोकाँड्रिया हे अति प्राचीनकाळी स्वतंत्र रीतीने जगणारे सजीव होते व जे परस्पर साहचर्यासाठी पेशींमध्ये सामावले गेले असावेत).* आपण, पशुपक्षी, झाडे या सर्वांचा उगम एकच आहे आणि म्हणूनच आपल्या प्रथिनांची भाषा एक आहे. ही उगमस्थाने किंवा आद्य रेणू कसे बनले असतील?

शास्त्रज्ञ प्रयोगशाळेत हायड्रोजन, पाणी, अमोनिया, मिथेन आणि हायड्रोजन सल्फाईड एकत्र करतात. त्यावर विजेची प्रखर ठिणगी *(स्पार्क)* टाकतात *(आज हे सर्व वायू गुरूवर अस्तित्वात आहेत आणि विजेची ठिणगीही तेथे आहे.).* शास्त्रज्ञ ही सर्व प्रक्रिया प्रयोगशाळेतील पारदर्शक काचपात्रात घडवून आणतात. या सर्व

मिश्रणावर दहा मिनिटे अशा प्रक्रिया केल्यानंतर, काचपात्राच्या कडांना एक तपकिरी रंगाचे रंगद्रव्य दिसून येते. आतील बाजू फक्त तपकिरी रंगाच्या थराने व्यापली जाते व काचपात्र हळूहळू अपारदर्शक होऊ लागते. विजेच्या ठिणगीऐवजी जर आपण अतिनील किरणे *(जंबूपार)* वापरली तर कमी-अधिक प्रमाणात हेच दृश्य आढळून येते. आतला द्रव म्हणजे क्लिष्ट कार्बनी रेणूंचे समृद्ध भांडार आहे. त्यातच प्रथिने, न्यूक्लिक ॲसिडचे घटकही आहेत. यावरून असं वाटतं की जीवनाची सामग्री, कच्चा माल फार सुलभतेने बनवता येईल.

अशा तऱ्हेचे पहिले प्रयोग १९५०च्या सुरुवातीस स्टॅनले मिलर या शास्त्रज्ञाने केले व नंतर युरीने केले. हेरॉल्ड युरी हा रसायनशास्त्राचा विद्यार्थी होता. यूरीने असे ठामपणे सांगितले की पुरातनकाळी पृथ्वीच्या वातावरणात हायड्रोजन मुबलक प्रमाणावर होता. तो पृथ्वीवरून निसटला *(गुरूवरून निसटू शकला नाही.)* आणि जीवनाची उत्पत्ती ही त्यापूर्वीच झालेली आहे. त्याला जेव्हा असे विचारण्यात आले की अशा प्रकारच्या प्रक्रियेतून *(वायूंवर ठिणगी पाडणे)* काय निर्माण होईल? त्यावर तो उत्तरला, 'बेईलस्टाईन'. बेईलस्टाईन या जर्मन भाषेतील २८ खंडांच्या प्रचंड ग्रंथामध्ये, ज्ञात कार्बनी *(ऑरगॅनिक वा सेंद्रिय)* रेणूंची यादी आहे.

प्राचीन काळातल्या पृथ्वीवर उपलब्ध असलेले वायू आणि रासायनिक बंध *(केमिकल बाँड)* तोडू शकणारा कोणताही ऊर्जास्रोत वापरून आपण, जीवनाला आवश्यक असलेली कच्ची सामग्री बनवू शकतो; परंतु आपल्या जवळील काचपात्रात, जीवनसंगीताची फक्त सरगम आहे, संगीत नाही. हे रेणूरूपी सूर योग्य संगतीनेच जोडले गेले पाहिजेत. जीवन हे प्रथिने बनवणाऱ्या अमायनो ॲसिड्स व न्यूक्लिक ॲसिड *(केंद्रकाम्ल)* बनवणाऱ्या न्यूक्लिओटाईड्सपेक्षा निश्चितच काही वेगळे आहे; वरच्या दर्जाचे आहे.

पण केवळ या रेणूंना एका लांब साखळीत बांधणे हीसुद्धा प्रयोगशाळेतील एक प्रदीर्घ प्रक्रिया आहे. ज्ञात असलेली सर्वांत सूक्ष्म जिवंत वस्तू आहे, व्हायरॉईड! *(अतिसूक्ष्म विषाणू ऊर्फ व्हायरस वेगळा; व्हायरॉईड त्यापेक्षाही सूक्ष्म आहे.)* हा व्हायरॉईड १०,००० हूनही कमी अणूंचा बनलेला असतो. तो पिकांवरील वेगवेगळ्या रोगांना कारणीभूत होतो. अन् हा व्हायरॉईड एखाद्या वरील दर्जाच्या सजीवांपासून उत्क्रांत झालेला आहे. त्याच्याहून एखादा मूलभूत सजीव असेल याची कल्पना करणं खरोखरीच अवघड आहे. व्हायरॉईड्स हे केवळ न्यूक्लिक ॲसिडने बनलेले असतात, तर विषाणूंवर प्रथिनांचा थर असतो. व्हायरॉईड ही RNAची सरळ किंवा गोलाकार बंदिस्त पट्टी आहे. व्हायरॉईड्स ही इतकी लहान असूनही जगू शकतात; कारण ती खोलवर रुतून बसणारी बांडगुळे आहेत. विषाणूंप्रमाणेच ती एका उत्कृष्ट रीतीने काम करणाऱ्या पेशीच्या रेणूरूपी कारखान्याचा ताबा घेतात अन् अधिक पेशी

निर्माण करण्याऐवजी अधिक व्हायरॉईड्स बनवतात.

लहानात लहान पण स्वतंत्र रीतीने जगणारा प्राणी आहे PPLO (Pleuropneumnoia like organisms). हा साधारणत: ५ कोटी अणूंचा बनलेला असतो. हे सजीव स्वावलंबी असल्यामुळे विषाणू व व्हायरॉईड्सपेक्षा अधिक वरच्या दर्जाचे आहेत. परंतु पृथ्वीवरील सध्याचे वातावरण हे या साध्यासुध्या जीवांना अनुकूल नाही. जगण्यासाठी येथे कष्ट करावे लागतात. शिकाऱ्यांपासून येथे सावध राहावे लागते. पण अति प्राचीन काळी येथे शिकारीही नव्हते, त्या वेळी हायड्रोजनने समृद्ध असलेल्या वातावरणात मुबलक कार्बनी रेणू बनत होते. त्यामुळे प्राथमिक अवस्थेतील सजीवांना जगण्याची संधी मिळत होती. पहिला सजीव हा स्वावलंबी व्हायरॉईडप्रमाणे काही 'शे' न्यूक्लिओटाईड लांबीचा असेल. शून्यातून अशा प्रकारचे प्राणी निर्माण करण्याचे प्रयोग या शतकाच्या अखेरीस केले जातील. जीनच्या– केंद्रकाम्लाच्या– भाषेचा उगम, जीवनाचा उगम याविषयी बरंच काही आपल्याला ज्ञात करून घ्यायचे आहे. गेल्या तीस वर्षांपासून तर कुठे आपण असे प्रयोग करायला सुरुवात केली आहे. निसर्गाची दौड अब्जावधी वर्षांपासून चालू आहे, त्यामानाने आपली सुरुवात काही वाईट नाही.

अशा प्रकारचे प्रयोग पृथ्वीपुरतेच मर्यादित नाहीत. प्राथमिक अवस्थेतले वायू व ऊर्जास्रोत विश्वात सर्वत्र आहेत. आपल्या प्रयोगशाळेच्या काचपात्रात ज्या रासायनिक प्रक्रिया झाल्या, त्याच प्रकारच्या प्रक्रियांमुळे अशनींमधील अमायनो आम्ले व अवकाशातील कार्बनी वस्तुमान निर्माण झाले असेल. आकाशगंगेत असंख्य ठिकाणी असे रसायन निर्माण झाले असेल. जीवनाच्या रेणूंनी अवघं विश्व व्यापलं आहे!

अन्य ग्रहांवरील जीवांचे मूलभूत रसायनशास्त्र आपल्यासारखेच असले तरी त्यांचे प्रकार, अवयव आपल्यासारखेच असण्याची शक्यता नाही. आपल्या पृथ्वीवरील प्राण्यांमध्येही इतकी तफावत आहे. अन्य सृष्टीवरील जीव कसे असतील याबद्दलची वर्णने विज्ञानकथा लेखक, चित्रकार इ. करतात. परंतु ती सर्व वर्णने आपल्याला माहिती असलेल्या प्राण्यांच्या प्रकारांवर अवलंबून असतात. आपल्यासारखीच जीवसृष्टी अन्य ठिकाणी आढळेल असे वाटत नाही, तिचे स्वरूप बरेच वेगळे असेल.

उदाहरणार्थ, गुरूसारख्या प्रचंड ग्रहावर जेथे हायड्रोजन, हेलियम, मिथेन, पाणी, अमोनिया यांचे प्रमाण फार मोठे आहे, तेथे कार्बनी रेणूंचा आकाशातून वर्षाव होत असेल. परंतु तेथील वातावरण अत्यंत खळबळजनक आहे, आतील भाग तप्त आहे. अशा ठिकाणच्या सजीवांना आपण खालपर्यंत पोहोचून भाजले जाणार नाही, याची काळजी घ्यावीच लागेल.

अशा प्रतिकूल परिस्थितीत टिकून राहण्याचा एक उपाय असू शकतो, अन् तो

म्हणजे अपत्यनिर्मिती किंवा पुनरुत्पादन! भाजून निघण्यापूर्वीच स्वत:चे वारस निर्माण केले तर त्यातील काही जण तरी वातावरणातील प्रवाहांमुळे वरच्या थंड थरात जातील आणि वाचतील. पण असे फारच थोडे सजीव असतील. त्यांची संख्या कमी असेल. त्यांना आपण 'सिंकर' किंवा 'बुडणारे' सजीव म्हणू शकतो. काही 'तरंगणारे' सजीवही असतील. हे सजीव हेलिअम किंवा तत्सम जड वायू बाहेर टाकतील आणि हायड्रोजनसारखा हलका वायू शरीरात ठेवतील. काही तप्त हवेच्या फुग्याप्रमाणे असतील. स्वत:चा अंतर्भाग उष्ण ठेवून ते तरंगू शकतील. ही शक्ती त्यांना अन्नग्रहणातून मिळाली असेल.

एखादा फुगा जर पाण्यात खोलवर नेला तर तो दुपटीने उसळी मारून वर येतो आणि हवेत उंच जातो, त्याचप्रमाणे हे तरंगणारे प्राणी वागतील. तयार कार्बनी रेणू हे त्यांचे अन्न असेल किंवा ते स्वत: सूर्यप्रकाश आणि हवेपासून स्वत:चे अन्न बनवतील. पृथ्वीवर वृक्ष जसे स्वत:चे अन्न स्वत:च तयार करतात, तशी त्यांची क्षमता असू शकेल. हे प्राणी आकाराने अवाढव्य असतील. डॉ. सॅगन यांच्या मते हे प्राणी कित्येक किलोमीटर लांबीचेही असू शकतील.

ग्रहाच्या वातावरणात एखाद्या यानाप्रमाणे किंवा रॉकेटप्रमाणे हे तरंगणारे प्राणी पुढे जातील. कदाचित ते थव्यांनी एकत्रितपणे राहातील. शिकाऱ्यांपासून लपून राहाण्यासाठी, निसर्गत:च त्यांच्या कातडीवर काही नवी रचना असू शकेल. *(पृथ्वीवर सरडा ज्याप्रमाणे रंग बदलतो किंवा झाडांमध्ये लपणे सहज शक्य व्हावे म्हणून प्राण्यांच्या कातडीवरही चित्रविचित्र नक्षीकाम निसर्गानेच केले आहे.)* तेथील शिकारीही वेगवान असतील, चपळ असतील. अन्न व शुद्ध हायड्रोजनचा साठा मिळावा म्हणून ते 'तरंगणाऱ्या' प्राण्यांची शिकार करतील. 'पहिले तरंगणारे' प्राणी हे 'पोकळ बुडणाऱ्या' प्राण्यांपासून उत्क्रांत झाले असतील आणि स्वत:हून पुढे जाणारे 'तरंगणारे प्राणी' हे शिकारी प्राणी म्हणून उत्क्रांत झाले असतील. तेथे 'शिकाऱ्यांची' संख्या कमी असेल. कारण त्यांनी जर सर्व 'तरंगणाऱ्या' प्राण्यांना खाल्ले तर शिकारी स्वत:च नष्ट होतील.

अशा प्रकारचे 'सजीव' हे भौतिक व रसायनशास्त्राच्या नियमांना धरून आहेत. पण निसर्ग हा काही आपल्या निकषांना, अनुमानांना बांधील नाही. पण आकाशगंगेत जर अब्जावधी वसाहती असतील तर त्यातील काही वसाहतींमध्ये असे तरंगणारे, बुडणारे शिकारी प्राणी असतील!

जीवशास्त्र हे इतिहासाप्रमाणे आहे. वर्तमान चांगल्या रीतीने समजण्याकरता येथे भूतकाळ ज्ञात असणे आवश्यक असते. अन् तेदेखील अचूक बारकाव्यासकट! भौतिकशास्त्राचे असे नसते. तेथे वर फेकलेली वस्तू गुरुत्वाकर्षणाने खालीच येते. मग ती केव्हा फेकली व तेव्हा काय झाले याच्याशी काहीच निगडीत नसते. याउलट

माणसाला दहा बोटेच का? याचे उत्तर उत्क्रांतीच्या इतिहासात मिळते. तरीही जीवशास्त्रात एकच विधान करणारा सर्वमान्य विचार नाही. इतिहासातही तो नसतो. कारण हे दोन्ही विषय अत्यंत क्लिष्ट आहेत. पण इतर घटनांमधून आपण आपला शोध घेऊ शकतो.

अन्य ग्रहांवरील *(विश्वावरील)* जीवसृष्टीच्या शोधामुळे जीवशास्त्राचे एक नवीन दालन उघडले जाईल. दुसऱ्या कुठल्या प्रकारच्या जीवसृष्टीची शक्यता आहे, हे प्रथमच जीवशास्त्रज्ञांना समजून येईल.

ज्या वेळी आपण अन्य जीवसृष्टींचा शोध घेतला पाहिजे असे म्हणतो, त्या वेळी तो शोध सहजगत्या लागेल याची खात्री देणे कठीण आहे, फक्त तो शोध घेणे महत्त्वाचे आहे!

आतापर्यंत आपण पृथ्वीसारख्या एका लहानशा जगावरील जीवनाचा आवाज ऐकत आलो आहोत. आता मात्र आपण विश्वातील अन्य ध्वनींचा वेध घेण्यास प्रारंभ केलेला आहे.

□

तळटीपा

१. केंद्रकाम्ल – एखादी शिडी थोड्याशा अंशातून पिरगळली तर कशी दिसेल, तसा डीएनए *(केंद्रकाम्ल)* चा आकार असतो.

या शिडीच्या दोन्ही बाजू या हायड्रोजनच्या बंधांनी जोडलेल्या असतात. केंद्रकाम्लाच्या (शिडीरूपी) बंधाच्या भागाचे, रेणूचे ४ भाग म्हणजे अनुवंशिकतेच्या संकेताची ४ अक्षरे आहेत. ती कशी हे थोडक्यात पाहू.

प्रत्येक *(केंद्रकाम्ल)* रेणूमध्ये दोन लांब पॉलिन्यूक्लिओटाईडच्या साखळ्या या एकमेकांभोवती गुंडाळलेल्या असतात. या रेणूचा आकार कसा असतो? एखादी शिडी थोड्या अंशातून *(कोनातून)* पिरगळली तर जसा दिसेल, तसा असतो. त्या शिडीरूपी रेणूच्या भागांमध्येच आनुवंशिकतेचे रहस्य सामावले आहे. कसे ते समजावून घेऊ. प्रत्येक DNA चा रेणू हा एखाद्या लांब धाग्याप्रमाणे असतो. हा लांब धागा एकेरी नसून दुहेरी असतो. शेवटपर्यंत हे दोन्ही धागे, एकमेकांना जोडलेले असतात. त्यातील प्रत्येक धागा हा न्यूक्लिओटाईड या छोट्या घटकांचा बनलेला असतो. एका न्यूक्लिओटाईडनंतर दुसरा न्यूक्लिओटाईड अशा रीतीने शेवटपर्यंत असल्यामुळे त्याला इंग्रजीत पॉलिन्यूक्लिओटाईड असे म्हणतात.

त्यातील प्रत्येक न्यूक्लिओटाईड हा अत्यंत क्लिष्ट रचना असलेल्या तीन रेणूंनी

बनलेला असतो. ते रेणू एकमेकांना जोडलेले असतात; पण तेही एका विशिष्ट पद्धतीने. जोडणीच्या सांध्यातील पाण्याचा रेणू *($H_2 0$)* हा काढून टाकला जातो आणि नंतर हे तीन रेणू जोडले जातात. १) डीऑक्सिरायबोज शुगर *(शर्करा)*, २) फॉस्फोरिक आम्ल आणि ३) नायट्रोजनस बेस *(नत्ररूपी अल्कली)* या नत्ररूपी अल्कलीचे पुन्हा दोन प्रकार आहेत. १) पायरीमिडीन आणि २) प्युरिन, थायमिन व सायटोसिन *(टी आणि सी)* हे पायरीमिडीन प्रकारातले आहेत, तर ॲडीनीन व ग्वानिन हे प्युरीन या प्रकारातले आहेत. त्यांना अनुक्रमे *(T.C.A आणि G या अक्षरांनी संबोधले जाते.)* DNA चे दोन लांब धागे हे वर उल्लेखल्याप्रमाणे हायड्रोजनच्या बंधांनी, एकमेकांना जोडले गेले असतात. DNAचा आकार आकृतीत दाखवल्याप्रमाणे असतो. रेणूच्या साखळ्यांच्या आतील बाजूस हे नायट्रोजनचे अल्कली असतात. एका विशिष्ट पद्धतीनेच ते एकमेकांना हायड्रोजनबंधांनी जोडलेले असतात. उदाहरणार्थ, प्युरीन हे पायरीमिडीनशीच हायड्रोजनबंध करते व त्यातही ॲडीनीन (A) हे थायमिन (T) या पायरीमिडीनशी बंध करते. तर ग्वानिन *(प्युरीन)* हे सायटोसिन (C) या पायरीमिडीनशी बंध करते. म्हणजेच A-T आणि G-C असाच बंध होतो. ATGC ही ती चार अक्षरे आनुवंशिकतेचा संकेत बनवतात.

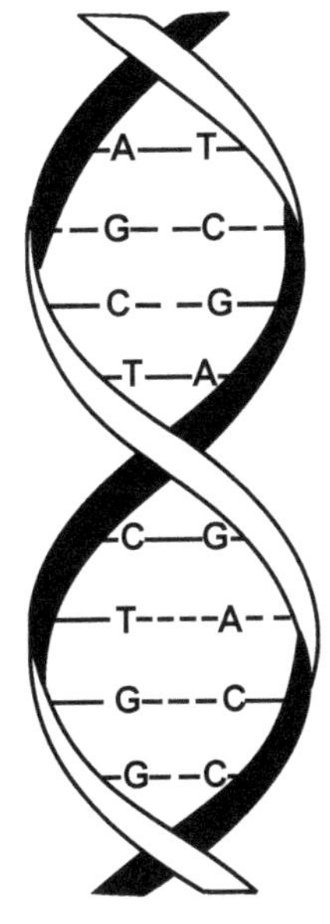

आकृती क्र. १ : सर्पाकार केंद्रकाम्ल
(The double helix)
केंद्रकाम्लाचे दोन भाग नायट्रोजन बेसच्या जोड्यांनी जोडले आहेत.
A—T आणि C—G

२. जीवाणू व उत्क्रांती – जीवनाच्या निर्मितीकरता अनुकूल असे वातावरण निर्माण झाले तर पृथ्वीवरील जीवांच्या निर्मितीप्रमाणेच, अन्य ग्रहांवरही जीवनाची निर्मिती होऊ शकते. कदाचित झाली असेलही; पण आकाराने मोठ्या असलेल्या सजीव प्राण्यांची निर्मिती होण्यासाठी लागणारा कालावधी हा प्रचंड आहे. जीवाणू ते मोठे प्राणी उत्क्रांत होण्यासाठीचा काळ अफाट आहे.

३. सजीवांची उत्क्रांती – निळसर हिरव्या, शैवाल, पृथ्वीवर निर्माण

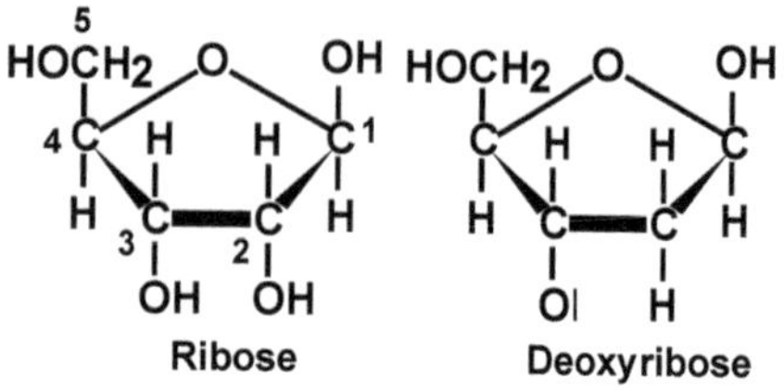

आकृती क्र. २ : पेंटोज शर्करा रेणू

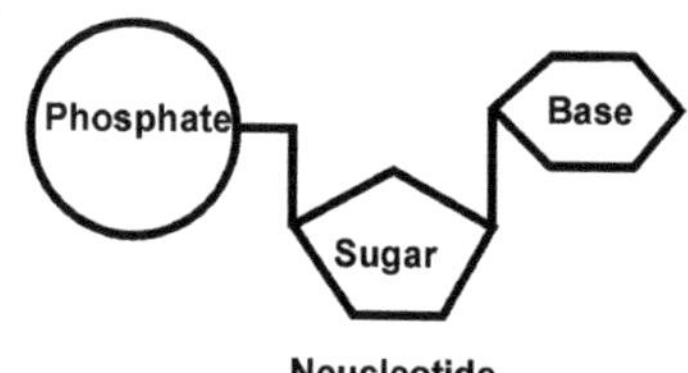

आकृती क्र. ३ :एक न्यूक्लिओटाईड

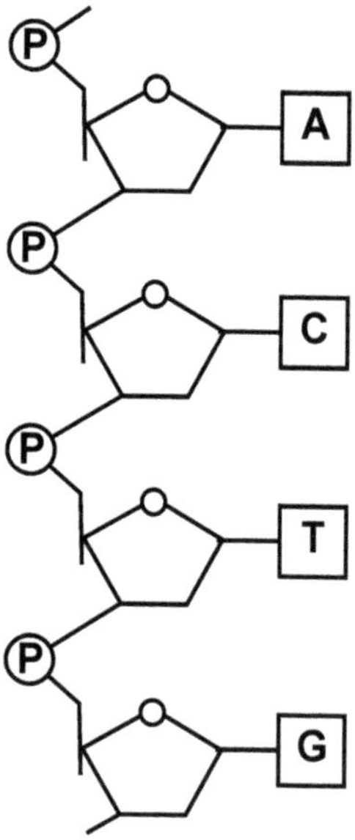

आकृती क्र. ४ : न्यूक्लिक ॲसिड किंवा केंद्रकाम्लाचा एक धागा. अनेक न्यूक्लिओटाईड मिळून केंद्रकाम्लाचा एक धागा बनतो. A C T G ही चार अक्षरे नायट्रोजनचे बेस आहेत. न्यूक्लिओटाईड = बेस + पेंटोज + फॉस्फोरिक ॲसिड

झाल्यानंतर जवळ जवळ तीन अब्ज वर्षांपर्यंत मोठे प्राणी पृथ्वीवर निर्माण झाले नव्हते. उत्क्रांत झाले नव्हते. त्यामुळे अशी शक्यता आहे की, सजीवांची खास करून एकपेशीय सजीवांची किंवा जीवाणूंची निर्मिती ही सहजगत्या होऊ शकत असेल; पण त्यानंतर क्लिष्ट रचना असलेल्या सजीवांची उत्क्रांती होणे ही क्वचितच घडणारी घटना असेल.

४. **ट्रिलोबाईट** – या प्राण्यांच्या डोळ्यातील स्फटीकामुळे ते समुद्रतळातील पोलराईज्ड प्रकाशही ओळखू शकत होते.

५. कुठला जीन कोणती माहिती दर्शवतो याबद्दल बरेच संशोधन झाले आहे. ह्यूमन जीनोम प्रोजेक्ट पूर्ण झाला आहे.

६. प्रोटीनचा लांब रेणू हा अमायनो ॲसिड या प्राथमिक एककांच्या जोडणीने बनलेला असोत. O, N, H (ऑक्सिजन, नायट्रोजन, हायड्रोजन) ही त्या अमायनो ॲसिडची मूलद्रव्ये आहेत. अमायनो ॲसिडचा क्रम हा त्या त्या प्रोटीनकरता वेगळा असतो. प्रत्येक प्रोटीनकरता DNAचा संकेत ठरलेला असतो. त्या त्या पेशीचा DNA हा संकेत नियंत्रित करतो. DNAच्या एका न्यूक्लिओटाईडमधील बदलामुळे त्याच्याशी निगडीत असलेल्या प्रोटीनमधील एका अमायनो ॲसिडमध्ये बदल होतो.

◆

खगोलशास्त्राचे शिल्पकार

ज्या ग्रहावर काहीही बदल घडून येत नाहीत, अशा ग्रहावर आपण राहिलो असतो तर शिकण्याजोगे, विज्ञानाचा वेध घेण्याजोगे काहीच उरले नसते. याउलट जर आपण अशा एखाद्या ग्रहावर राहिलो असतो, की जेथे सारख्याच काही ना काही घडामोडी घडत आहेत. अशा ठिकाणी आपल्याला विज्ञानाचा किंवा या भोवतालच्या सृष्टीचाही वेध घेणे कठीण होऊन गेले असते. पण आपण या दोहोंचा सुर्वणमध्य साधलेल्या विश्वात राहतो आणि अशा विश्वात राहतो, की जेथे घडणाऱ्या घटनांना अभ्यासून त्यातून काही नियम किंवा निष्कर्ष आपण काढू शकतो. किंबहुना असंही म्हणता येईल की, इथल्या घटना किंवा घडामोडी या काही नियमांना धरून होतात.

उदाहरणार्थ, हवेत उंच फेकलेली कोणतीही वस्तू ही नेहमीच खाली येते. सूर्य रोजच सकाळी पूर्वेला उगवतो आणि पश्चिमेला मावळतो. या सर्व घटनांमध्ये, घडामोडींमध्ये काही संगती मांडता येते आणि ह्यायोगे सृष्टीचे आकलन करता येते. माणूस आपल्या विश्वाला समजावून घेऊ शकतो.

प्राचीन काळापासून माणूस या सृष्टीचा वेध घेत आलेला आहे. शेकोटीच्या सहाय्याने त्याने अनेकदा ताऱ्यांचे निरीक्षण केलेले आहे. आकाशातील नक्षत्रांना त्यानेच कल्पनेने वेगवेगळी नावे दिलेली आहेत.

वेगवेगळ्या ऋतूंमध्ये वेगवेगळी नक्षत्रे आकाशात दिसून येतात. पण आकस्मिकपणे एखादे नवीनच नक्षत्र आकाशात उगवत नाही. इथे उगवणाऱ्या ताऱ्यांमध्येही एक संगती आहे, सातत्य आहे. त्यांचे जर काळजीपूर्वक निरीक्षण केले तर त्यावरून मोसमांचे अनुमानही माणूस काढू शकतो. किंवा असेही म्हणता येईल की, काळजीपूर्वक निरीक्षण करणाऱ्यांसाठी आणि ती निरीक्षणे मांडून ठेवणाऱ्यांसाठी आकाश ही एक दिनदर्शिकाच आहे.

माणसाचे जीवन हे सृष्टीच्या ऋतूचक्राशी निगडीत आहे आणि त्यामुळे त्या चक्राला समजावून घेणे हे माणसाला अपरिहार्य होऊन बसले. काही धान्य, काही फळे ही वर्षाच्या विशिष्ट कालावधीतच दिसून येतात. काहींची पेरणी ठराविक

हंगामातच करावी लागते, हे माणूस या सृष्टीपासूनच शिकला. त्यामुळे ताऱ्यांची व नक्षत्रांची ओळख पटणे हे अस्तित्वाच्या दृष्टीने आवश्यकच बनून गेले.

युगांमागून युगे जसजशी जात राहिली तसतशी माणसेही आपल्या पूर्वजांकडून शिकत राहिली. सूर्य, चंद्र, ताऱ्यांची गती जसजशी अचूकतेने सांगता येऊ लागली तसतसे शिकारी केव्हा कराव्यात, पेरण्या कधी कराव्यात, हे ठरवता येऊ लागले.

मोजमापातील अचूकता जसजशी वाढली, तसतशी निरीक्षणेही टिपली जाऊ लागली. एका प्रकारे खगोलशास्त्रानेच गणित, निरीक्षणे व लेखनकलेला प्रोत्साहन दिले असे म्हटले तर वावगे ठरणार नाही. पण त्याचबरोबर आणखीही एका कल्पनेचा उदय झाला, त्यात अंधश्रद्धा व गूढता यांचा अंतर्भाव होता. सूर्य, चंद्र, तारे यांचे ऋतूचक्रावर नियंत्रण दिसत होते. चंद्र भरती-ओहोटीला कारणीभूत होत होता. स्त्रियांची मासिकपाळीही या चंद्राच्या गतीवर अवलंबून असलेली दिसत होती; पण याव्यतिरिक्त आकाशात इतरही ग्रह होते; नुसत्या डोळ्यांनी दिसणारे पाच ग्रह होते अन् हे ग्रहही एका नक्षत्रातून दुसऱ्या नक्षत्रात जाताना दिसत होते.

जर आकाशस्थ सूर्य-चंद्रांचा माणसावर इतका परिणाम होतो तर या ग्रहांचा काय परिणाम होत असेल?

पाश्चिमात्य समाजात खगोलशास्त्रांवरील पुस्तकांपेक्षा ज्योतिषशास्त्रावर पुस्तक मिळणे फार सोपे जाते. हीच स्थिती सर्व जगातही आढळून येते. जवळ जवळ प्रत्येक वर्तमानपत्रामध्ये भविष्याविषयी एक तरी रकाना असतो आणि इतर कुठल्याही बातमीपेक्षा त्याला मिळणारा वाचकवर्गही भरपूर असतो.

जन्माच्या वेळी जी नक्षत्रे व त्यातील ग्रह आकाशात असतात, त्यांचा माणसाच्या भवितव्यावर प्रभाव पडतो अशी ज्योतिषशास्त्राची श्रद्धा आहे. प्राचीन काळापासूनच अशी कल्पना निर्माण झाली की, राज्ये, राजा ह्यांची भवितव्ये ग्रहांच्या गतीवर अवलंबून आहेत. ज्योतिषतज्ज्ञांनी ग्रहांच्या गतींचा अभ्यास केला आणि त्यांच्या वेळी मागे ज्या घटना घडल्या त्यांचा अभ्यास केला. हे ज्योतिषी राजाच्या पदरी असत. बंड किंवा क्रांती हा गुन्हा ठरत असे, राजद्रोह ठरत असे; पण एखादे राज्य उलथवून टाकण्याचा याहून चांगला उपाय म्हणजे राजज्योतिषाकडून राज्यावर अरिष्ट येणार असल्याचे भाकित वर्तवणे. तेही आकाशातील लेख वाचून! चीनमध्ये चुकीचे भविष्य वर्तवल्याबद्दल राजज्योतिषांना सुळावर चढवण्यात यायचे. काही ज्योतिषी पूर्वी घडून गेलेल्या घटनांची नोंद ठेवत व त्याच्याशी काही घडत असलेल्या घटना पडताळून पाहून भविष्य वर्तवीत असत.

निरीक्षणे, गणित आणि त्याचबरोबर गोंधळात टाकणारी विचारसरणी, हेतूपूर्वक निर्माण केलेला संदेह यांच्या विचित्र मिश्रणातून ज्योतिषाची उभारणी झाली. यातच असाही एक विचार उदयास आला की जर ग्रहांचा राष्ट्राच्या भवितव्यावर प्रभाव पडत

असेल तर व्यक्तीवर तो निश्चितपणे पडणार. पाश्चिमात्त्य राष्ट्रांतील असे व्यक्तिगत भविष्य अलेक्झांडरकालीन इजिप्तमध्ये निर्माण झाल्याचे आढळते व तद्नंतर ते ग्रीक व रोमन साम्राज्यात पसरले. सध्या इंग्रजी भाषेत वापरल्या जाणाऱ्या पण मूळ ग्रीक भाषेतील शब्दांची व्युत्पत्ती ही खगोलशास्त्राद्वारे समजून घेता येते.

(उदाहरणार्थ, 'डिझास्टर' या इंग्रजी शब्दाचा अर्थ आहे 'वाईट तारा'. मूळ हा ग्रीक शब्द. डिस म्हणजे वाईट व ॲस्टर म्हणजे तारा किंवा 'Bad star')

ही व्यक्तिधिष्ठित ज्योतिर्विद्या अजूनही आपल्यात आहे. दोन वेगवेगळ्या वृत्तपत्रातील एकाच दिवशी एकाच शहरात छापलेल्या भविष्यांवर नजर टाकली तर साधारणपणे असे दिसून येते की, एकात लिहिलेले असते, 'तडजोडीमुळे तणाव दूर होईल.' सल्ला निश्चितच उपयुक्त आहे पण वरवरचा आहे. दुसऱ्यात असे असते की, 'तुम्ही आग्रही राहा.' हाही उपयुक्त सल्ला आहे पण थोडासा वेगळा! ही भविष्ये, भविष्ये नसतात तर ते सल्ले असतात. ती काय घडेल हे सांगत नाहीत तर तुम्ही काय करावे हे सांगतात. त्यांची वाक्यरचना हेतुपुरस्सररित्या अशी बनवलेली असते की ती कुणालाही लागू व्हावीत. ती फार मोठ्या प्रमाणावर विसंगती दाखवतात; तरीही ती अशी का बरे छापली जातात? कुठलीही बांधिलकी न दर्शवता?

दोन जुळ्या मुलांच्या आयुष्यावरून ज्योतिषाची परीक्षा करता येईल. अशी अनेक उदाहरणे दाखवता येतील की जेथे जुळ्यातला एकजण लहानपणीच गेला किंवा अपघातात मारला गेला वा वीज पडून ठार झाला, तर दुसरा अनेक वर्षे सुखाने जगला. त्या दोघांचे जन्मस्थान एकच असते; जन्मवेळ काही क्षणांनी किंवा मिनिटांनी वेगळी असते. दोघांच्याही जन्माच्या वेळी सारखेच ग्रह किंवा नक्षत्रे आकाशात असतात. असे असताना दोघांच्या भवितव्यात इतकी प्रचंड तफावत कशी आढळून येते?

आकाशातील तारकांचा आणि नक्षत्रांचा प्रभाव केवळ ज्योतिषशास्त्रावरच पडला आहे असे नाही तर माणसाने या आकाशस्थ ग्रह-ताऱ्यांशी अनेक प्रकारे आपले नाते व्यक्त केले आहे. उदाहरणार्थ, पृथ्वीवरील बहुसंख्य राष्ट्रांचे राष्ट्रध्वज जर आपण पाहिले तर त्यात एक साम्य प्रकर्षाने जाणवते. ते म्हणजे जवळजवळ प्रत्येक ध्वजावर तारे किंवा सूर्य-चंद्राच्या प्रतिमा असतात. अनेक ध्वजांवर आकाशाचा निळा रंगही झळकत असतो. अमेरिका, रशिया, इस्त्राइल, ब्रह्मदेश, ग्रेनेडा, व्हेनेझूएला, चीन, इराक या राष्ट्रांच्या ध्वजांवर तारे आहेत तर जपान, उरुग्वे, मालावी, बांगलादेश, तैवान ह्यांच्या ध्वजावर सूर्य आहे. ह्यातून एक गोष्ट निर्विवादपणे स्पष्ट होते की, आकाशाला स्पर्शण्याची आकांक्षा मानव करत आलेला आहे आणि या सर्व प्रतिमांमधून माणूस आपले आणि या विश्वाचे नाते शोधण्याचा प्रयत्न करत

असतो. आणि ज्योतिषतज्ज्ञ समजतात त्यापेक्षाही अत्यंत मुळापासून आपण या विश्वाशी निगडीत आहोत.

आधुनिक ज्योतिषविद्येचा जनक टोलेमी (Claudius Ptolemoeus) समजला पाहिजे. तो दुसऱ्या शतकात अलेक्झांड्रियाच्या वाचनालयात काम करी. त्यानेच बॅबिलोनिअन ज्योतिषशास्त्राची परंपरा धुंडाळली. अर्थात त्या काळातील कालगणनेची पद्धत आजच्यापेक्षा वेगळी होती. टोलेमीची अशी श्रद्धा होती की स्वभाव, रूप, रंग, वागणे इतकेच नव्हे तर शरीरावरही ताऱ्यांचा, ग्रहांचा प्रभाव पडतो. जगातील सर्व संस्कृतीतून आकाश- निरीक्षण चालू होते. प्राचीन भारतीयांनी गणिताच्या सहाय्याने ग्रहताऱ्यांची निरीक्षणे प्राचीन कालापासून ग्रंथातून मांडली आहेत.

भारतीय खगोलशास्त्राच्या अभ्यासाचा पाया लगाधांनी घातला असे मानले तर फारसे वावगे होणार नाही. अज्ञात राशींपासून ज्ञात राशी शोधून काढण्यासाठी त्यांनी पहिल्याप्रथम काही सूत्रे शोधून काढली. ज्ञात आणि अज्ञात घटनांचा परस्परसंबंध आणि ज्ञात घटनांच्या आधारे अज्ञात घटना वर्तवण्याचा प्रयत्न, अशा प्रकारचा अभ्यास पहिल्याप्रथम त्यांनी केला.

वैदिक कालापासून आकाशस्थ ग्रह-ताऱ्यांची निरीक्षणे भारतीयांनी केलेली आहेत. एका वर्षाचे १२ चांद्रमास, वर्षाचे ३६० दिवस आणि एक अधिकमास, उत्तरायण आणि दक्षिणायन.

चंद्राच्या कला चित्रा किंवा फाल्गुनी नक्षत्रात पूर्ण होतात, अशा प्रकारचे उल्लेख तैतरिय संहितेत आढळतात. या वैदिक काळात सात दिवसांचा आठवडा मानला नव्हता, पण एका महिन्यात पूर्वनक्षत्रातील पंधरा व पर पक्षातील पंधरा दिवसांना नावे दिलेली होती. चंद्र कलेकलेने वाढतो आणि पौर्णिमेपासून ऱ्हास पावू लागतो, हे सर्व उल्लेख अतिप्राचीन ग्रंथात– ऋग्वेदात– आढळतात. आपल्या पूर्वजांनी महिन्याचे ३० दिवस मानले होते. प्रत्येक दिवसाचे ३० मुहूर्त आणि प्रत्येक मुहूर्ताचे १५ उपमुहूर्त मानले होते.

ज्योतिर्विद्या ही प्राचीन भारतीयांच्या दृष्टीने अत्यंत महत्त्वाची विद्या होती.

वेदांच्या अभ्यासासाठी ज्या पद्धतीचा अभ्यास करणे आवश्यक गणले गेले होते, त्या पद्धती अशा होत्या– १) शिक्षा, २) कल्प, ३) व्याकरण, ४) निरुक्त, ५) ज्योतिष ६) छंद.

लगाध हा वेदांत ज्योतिषाचा मूळ लेखक मानता येईल. त्यात सत्तावीस नक्षत्रांची साद्यंत माहिती मिळते. प्राचीन भारतीयांची अशी समजूत होती की सूर्य पृथ्वीभोवती फिरतो. त्याच्या वार्षिक गतीचे मापन करण्यासाठी त्यांनी आकाशात राशिचक्र कल्पिले.

लगाध हा साधारणतः इ.स. पूर्व ९०० मध्ये होऊन गेला असावा. तो

ग्रहताऱ्यांचा मान्यताप्राप्त निरीक्षक होता.

वैदिक काळातील प्रमुख खगोल-निरीक्षक म्हणून विश्वामित्राचा उल्लेख करता येईल. अजिगर्ताचा मुलगा श्युन:शेप हा विश्वामित्राच्याच परंपरेतील! ऋग्वेदात त्याच्या सूक्तात त्याने म्हटले आहे की, 'ही नक्षत्रे *(आकाशात उंच स्थानावर असलेली)* रात्री दृष्टीला पडतात आणि दिवसा अन्य कुठेतरी जातात.'

गुरूचा प्रथम उल्लेख ऋग्वेदात आलेला आहे. गुरूला ओळखण्याचे श्रेय वामदेवाकडे जाते.

शुक्राला प्रथमत: ओळखण्याचे *(शोधण्याचे)* श्रेय भृगूंचा मुलगा वेनभार्गव याला दिले जाते. ऋग्वेदामध्ये शुक्रासंबंधी वेनभार्गवाची वीस सूक्ते आहेत.

या सर्व गोष्टींचा उहापोह करण्याचा हेतू हा की, भारतात फार प्राचीन काळापासून ग्रहताऱ्यांची निरीक्षणे केलेली आहेत. पाश्चिमात्त्य संस्कृतीच्या खगोलशास्त्रीय परंपरेपेक्षा आमची खगोलशास्त्राच्या अभ्यासाची परंपरा ही प्राचीन आहे. आज जरी त्यावर दंतकथांचे धुके पसरलेले असले तरी विज्ञानाच्या इतिहासातील हा एक महत्त्वाचा टप्पा आहे.

आज खगोलशास्त्र व ज्येतिर्विद्या यातील फरक स्पष्ट आहे. हे विश्व जसे आहे, तसा त्याचा अभ्यास म्हणजे खगोलशास्त्र.

इ.स. १५४३ मध्ये ग्रहांची गती सांगण्याचा, समजवण्याचा रूढ पद्धतीपेक्षा वेगळा प्रयत्न केला तो निकोलस कोपर्निकस याने. पृथ्वी हा विश्वाचा केंद्रबिंदू नसून सूर्याभोवती पृथ्वी फिरते व पृथ्वी हा सूर्यापासूनचा तिसरा ग्रह आहे आणि ती पूर्णपणे वर्तुळाकार गतीत फिरते, असे कोपर्निकसने ठामपणे प्रतिपादन केले.

कोपर्निकसच्या या सिद्धांतामुळे ग्रहगती समजावून घेण्यामध्ये मदत झाली खरी, पण त्यामुळे अनेकजण त्याच्यावर रुष्ट झाले. इ.स. १६१६ मध्ये कोपर्निकसच्या पुस्तकावर बंदी घालण्यात आली आणि त्याच्या पुस्तकांची रवानगी काळ्या यादीतील पुस्तकात केली गेली. ही बंदी १८३५ पर्यंत होती.

मार्टिन ल्यूथरने त्याची भरपूर निंदा केली. एवढेच काय पण कोपर्निकसच्या चाहत्यांनीही असं सावरून घेतलं की त्याने मांडलेला सिद्धांत हा ग्रहगती मोजणे सोपे व्हावे म्हणून मांडला होता. प्रत्यक्षात मात्र त्याचा सूर्य हा विश्वाचा केंद्रबिंदू आहे यावर विश्वास नव्हता *(तत्पूर्वी कोपर्निकसने असे स्पष्टपणे म्हटले आहे, की सूर्य हा विश्वाचा केंद्रबिंदू आहे.)*.

सूर्यकेंद्रीत विश्व व पृथ्वीकेंद्रीत विश्व या वादाने आणखी एका माणसाच्या मनात कल्लोळ उठवला होता. इ.स. १६व्या-१७व्या शतकाच्या जवळचा कालावधी होता. हा माणूस खगोलतज्ज्ञही होता आणि ज्योतिर्विद्यातज्ज्ञही! तो काळच असा होता की जेव्हा विचारस्वातंत्र्य पूर्णपणे लोपले गेले होते. पूर्वापार चालत आलेल्या

समजुती या सद्यस्थितीत लागलेल्या शोधापेक्षा अधिक ग्राह्य मानल्या जात होत्या. जे कोणी नवीन कल्पना किंवा नवा विचार मांडतील, त्यांचा छळ केला जात होता, त्यांना शिक्षा दिली जात होती.

युरोपातील नव्या विचारांच्या मंथनाचा तो काळ होता. देवदेवता, राक्षस यांच्या वास्तव्याने स्वर्ग-नरक भरलेले आहेत. त्यांच्याच कृपेने ग्रहतारे फिरत आहेत, ही कल्पना रूढ होती. विश्वातील घटनांमागे भौतिकशास्त्रातील काही नियम असतील अशी पुसटशी कल्पनादेखील त्या काळच्या विज्ञानाला नव्हती.

आणि अशा वेळी या एका माणसाच्या एकाकी पण झुंजार लढतीमुळे आधुनिक विज्ञानाच्या क्रांतीची ठिणगी चेतवली गेली. हा माणूस होता योहानेस केप्लर!

योहानेस केप्लरचा जन्म इ.स. १५७१मध्ये जर्मनीमध्ये झाला. लहान वयातच धर्मोपदेशकाचे शिक्षण घेण्यासाठी त्याला मॉलब्रॉन येथील प्रोटेस्टंट शाळेत दाखल करण्यात आले.

केप्लर मुळातच स्वतंत्र बुद्धीचा, जिद्दी आणि अत्यंत बुद्धिमान होता. शालेय जीवनात तो एकाकी बनला आणि स्वत:च्याच विश्वात दंग राहिला. पण केप्लरचा देव हा पापपुण्याचे मोजमाप देणारा देव नसून तो विश्वाचा निर्मितीकार होता. केप्लरच्या मनात त्याच्याविषयी भीती होती आणि प्रचंड उत्सुकताही होती. अखेरीस त्याच्या ज्ञानलालसेने त्याच्या भीतीवर मात केली आणि केप्लरने खगोलशास्त्राच्या अभ्यासाला सुरुवात केली.

युरोपात हजारो वर्षांपूर्वीचे हे शास्त्र लोप पावले होते; पण अरबांनी त्या शास्त्राचे काही धागे जिवंत ठेवले होते. अभ्यास करताना केप्लरचे लक्ष या पुरातन शास्त्राकडे वेधले गेले. युक्लीडच्या भूमितीने तो भारावून गेला. इतका की, त्याने असे लिहून ठेवले आहे की, 'भूमिती ही विश्वाच्या निर्मितीच्याही आधीची आहे.'

अंधश्रद्धा, रूढी आणि परंपरागत चालीरीतींनी बोकाळलेल्या समाजात केप्लरचे चिंतन चालू होते. हे संपूर्ण विश्व जर देवाची निर्मिती आहे तर त्या विश्वात नक्कीच काही सुसूत्रता असणार, ह्यावर त्याचा विश्वास होता.

इ.स. १५८९ साली केप्लरने धर्मोपदेशकाच्या पुढील अभ्यासासाठी मॉलब्रॉन सोडले आणि तो ट्युबिनजेन येथील विद्यापीठात दाखल झाला. त्याच्या बुद्धिमत्तेची चुणूक थोड्या अवधीतच त्याच्या शिक्षकांच्या लक्षात आली. तेथेच त्याला कोपर्निकसच्या सिद्धांताशी ओळख करून देण्यात आली.

कोपर्निकसने मांडलेली विश्वाची कल्पनाही केप्लरच्या कल्पनेशी मिळतीजुळती होती.

पृथ्वीऐवजी सूर्य हा या विश्वाचा *(की ग्रहमालेचा?)* केंद्रबिंदू असून अन्य विश्व

त्याच्याभोवती फिरते आहे, अशी केप्लरची कल्पना होती.

केप्लर शिक्षण संपल्यानंतर ऑस्ट्रियातील ग्राझ येथे गणिताचा अध्यापक म्हणून नोकरीत रुजू झाला. तेथेच त्याने ज्योतिर्विद्येचा व पत्रिका मांडण्याचा अभ्यास सुरू केला. केप्लर अत्यंत बुद्धिवान होता, उत्तम दर्जाचा लेखक होता; पण वर्गशिक्षक म्हणून तो सपशेल अयशस्वी होता. परिणामत: त्याच्या हाताखालील विद्यार्थ्यांची संख्या दिवसेंदिवस घटतच चालली.

अशाच एके दिवशी रोजच्याप्रमाणे तास घेत असताना, त्याच्या मनात एक अभिनव कल्पना चमकून गेली. आकाशात केवळ सहाच ग्रह का? आठ का नाहीत? वीस का नाहीत? *(केप्लरच्या काळी केवळ सहाच ग्रह ज्ञात होते; बुध, शुक्र, मंगळ, पृथ्वी, गुरू आणि शनी.)*

पायथॅगोरसपासूनच्या प्राचीन ग्रीकांना पाच आकृतीबंध ज्ञात होते.

केप्लरला या पाच आकृतिबंधामध्ये आणि ग्रहांच्या संख्येमध्ये काहीतरी संबंध जाणवला. या पाच पूर्णाकृतीच्या आधारावर ग्रहांचे एकमेकातील अंतर काढता येईल, असे त्याला वाटू लागले. ग्रहाची स्थिती आणि पायथॅगोरसच्या पूर्णाकृती यामध्ये ईश्वरी संबंध आहे, असे केप्लरला वाटले.

त्याने वूर्टमबर्गच्या सरदाराकडे भूमितीतल्या या पूर्णाकृतीच्या अभ्यासाकरता अनुदान मागितले. आपल्या अर्जवजा पत्रात त्याने असेही प्रतिपादन केले की, त्याकरता त्याला चांदी व इतर अनमोल रत्नेही लागतील. अर्थातच त्याची ही सूचना नाकारली गेली आणि त्याचबरोबर त्याने या आकृती प्रथम कागदापासून बनवाव्यात, असा सल्लाही त्याला देण्यात आला.

केप्लरने अत्यंत उत्साहाने अशा कागदी आकृती बनवल्या आणि कोपर्निकसने मांडलेल्या ग्रहांच्या कक्षांशी त्यांचा काय संबंध येतो हे पडताळून पहाण्यासाठी दिवसरात्र एक करून अनेक बेरजा, वजाबाक्या, ताळे, गणिते करून पाहिली. पण त्यात तो अयशस्वी झाला. आणि कदाचित ही निरीक्षणेच चुकीची असतील या निष्कर्षावर तो आला.

टायको ब्राहेजवळ ग्रहाविषयीच्या निरीक्षणाची अचूक नोंद होती. त्याने केप्लरला प्राग येथे बोलावले. टायको ब्राहे हा रोमन राजा रुडॉल्फच्या दरबारातील नामवंत गणिततज्ज्ञ होता. त्याच वेळी केप्लरला प्रोटेस्टंटांच्या विरुद्ध माजलेल्या असंतोषाच्या वणव्यातच ग्राझ सोडावे लागले. त्याचे विद्यालय बंद करण्यात आले. प्रोटेस्टंटांची पुस्तके, प्रार्थना यांवर बंदी घालण्यात आली. प्रत्येकाची तपासणी करण्याचे आदेश देण्यात आले आणि ज्यांनी रोमन कॅथलिक चर्चशी निष्ठा राखण्याचे नाकारले, त्यांना वेगवेगळे दंड सुनावण्यात आले. त्यामध्ये संपत्तीचा एकदशांश वाटा देणे, मृत्यूदंड किंवा कायमची हद्दपारी असे दंड होते. केप्लरने कायमची हद्दपारी पत्करली

आणि टायको ब्राहेच्या निमंत्रणावरून त्याने प्रागकडे प्रयाण केले. सोबत त्याची पत्नी व सावत्र मुलगी होती.

केप्लरचे वैवाहिक जीवन काही सुखावह नव्हते. त्याची पहिली दोन अपत्ये लहानपणीच दगावली होती आणि या घटनेचा त्याच्या पत्नीच्या मनावर परिणाम झाला होता. तिला आपल्या पतीच्या कार्याची काहीच जाण नव्हती. तिचे बालपणही सुसंस्कारित अवस्थेत गेलेले नव्हते, त्या दोघांच्या तारा कधीच जुळल्या नव्हत्या. केप्लरने स्वत:ला कामामध्ये गुंतवून ठेवून अलिप्त राखले होते.

त्याला टायको ब्राहेच्या व्यक्तिमत्वाबद्दल विशेष औत्सुक्य वाटत होते; पण त्याच्या कल्पनेपेक्षा टायकोचे व्यक्तिमत्व फारच निराळे निघाले. टायको हा भपकेबाज छानछोकीची आवड असणारा होता. त्याच्या भोवताली सदैव हांजी हांजी करणाऱ्या मित्रांचा गराडा होता. हे मित्रही अत्यंत मत्सरी होते व एकमेकांवर कुरघोडी करण्यात सदैव तत्पर असत. हे सर्व दृश्य पाहून केप्लर मनोमन व्यथित झाला. त्याने असे लिहून ठेवले आहे की, 'टायको हा गर्भश्रीमंत आहे; पण संपत्तीचा विनियोग कसा करायचा याची मात्र त्याला जाणीव नाही. त्याच्याकडील कोणत्याही एका यंत्राची किंमत ही माझ्या सर्व कुटुंबाच्या संपत्तीपेक्षा अधिक आहे.' टायकोने केलेल्या नोंदी बघण्यासाठी केप्लर अत्यंत उत्सुक होता. पण टायकोने त्याला सहजासहजी दाद लागू दिली नाही. केप्लर म्हणतो. 'टायकोने त्याच्या अनुभवात किंवा प्रयोगात भागीदार होण्याची एकही संधी मला दिली नाही. क्वचितच तो त्याच्या नोंदीचा उल्लेख करावयाचा; त्याच्याकडे उत्तम नोंदी होत्या. त्याची निरीक्षणे अचूक होती. वाण होती ती एखाद्या शिल्पकाराची, की ज्याने या सामग्रीतून निष्कर्षरूपी शिल्प निर्माण केले असते.'

टायको आणि केप्लर या दोघांनाही एकमेकांच्या सामर्थ्याची जाण होती. दोघेही पूर्णपणे ओळखून होते की, एकमेकांच्या सहकार्याशिवाय पुढील अभ्यास निरर्थक आहे. पण दोघांचा अहंकार आणि एकमेकांबद्दलचा अविश्वास त्यांना एकत्र येऊ देत नव्हता.

टायको हा नंतर आजारी पडला आणि आपल्या आयुष्याच्या संध्याकाळी, मृत्यूशय्येवरील टायकोने आपली सर्व निरीक्षणे केप्लरच्या स्वाधीन केली. त्याच्या मृत्यूनंतर केप्लर राजदरबारातील गणिततज्ज्ञ बनला.

केप्लरने मांडलेले सिद्धांत टायकोच्या निरीक्षणाशी अजिबात जुळत नव्हते. ग्रहांच्या कक्षांचा आणि पायथॅगोरसच्या पाच आकृतींचा काहीही संबंध नाही, हे त्याला कळून चुकले. मंगळ व इतर ग्रहांच्या राशीतील भ्रमणाच्या नोंदी टायकोने अचूकरित्या वर्तवल्या होत्या. तोपर्यंत *(पायथॅगोरसच्या काळापासून)* सर्वच जण असे मानत आले होते की ग्रह हे वर्तुळाकार कक्षेत फिरत आहेत. हे विश्व देवाने

बनवले आहे, त्यामुळे ते अचूकच असणार आणि अचूकता साधण्यासाठी ग्रह वर्तुळाकार गतीतच फिरणार, हा विश्वास दृढ होता. पण जसजसा टायकोच्या निरीक्षणांचा अभ्यास केप्लरने सुरू केला तसतसे त्या श्रद्धेत काही मुळातच चूक आहे की काय, असा संशयही त्याला येऊ लागला. सतत तीन वर्षे जी प्रदीर्घ गणिते त्याने सोडवली ती ग्रहांच्या कक्षा वर्तुळाकार आहेत असे गृहीत धरूनच! या तीन वर्षांच्या कालावधीनंतर त्याला असे वाटू लागले की मंगळाच्या कक्षेची अचूक मापे त्याला मिळाली. या बाबतीत टायकोची दहा निरीक्षणे त्यांच्या निरीक्षणाशी दोन मिनिटांच्या कमीअधिक फरकाने जुळत होती *(एका कोनाच्या अंशाची किंवा एका अंशात्मक कोनाची ६० मिनिटे असतात आणि क्षितिजापासून ख मध्यापर्यंत ९० अंशाचा कोन होतो.)* त्यामुळे दुर्बिणीच्या सहाय्याशिवाय मापाची *('ज्या'ची)* काही मिनिटे मोजणे हे अत्यंत कठीण काम आहे. पृथ्वीवरून दिसणाऱ्या पौर्णिमेच्या चंद्राच्या व्यासाच्या एकपंधरांश इतके हे अंतर भरेल. पण त्यानंतर मात्र केप्लरच्या उत्साहावर पाणी पडले. कारण टायकोची पुढील दोन निरीक्षणे केप्लरच्या गणितांशी जुळत नव्हती. या दोहोंत फरक होता फक्त आठ मिनिटांचा!

आता वर्तुळाकार कक्षा आणि खरी कक्षा यांमधला फरक ओळखण्यासाठी दोन गोष्टींची आवश्यकता होती. एक म्हणजे अचूक मोजमाप आणि दुसरे म्हणजे टायकोची निरीक्षणे जशी आहेत तशी स्वीकारण्याचे धैर्य!

या बाबतीत केप्लरने स्वत:च लिहिले आहे की, मी जर हा आठ मिनिटांचा फरक दुर्लक्षित केला असता आणि देवाच्या निर्मितीत काहीच चूक नाही, असे मानले असते तर मी माझे संशोधन कार्यही केव्हाच गुंडाळले असते; पण टायकोची निरीक्षणे इतकी अचूक होती की आठ मिनिटांचा फरक दुर्लक्षित करणे शक्य नव्हते! ह्याच फरकामुळे संपूर्ण खगोलशास्त्राच्या आजवरच्या कल्पनांना धक्का दिला गेला.

पूर्वापार श्रद्धांना तडा देण्याच्या कल्पनेने केप्लर हादरून गेला. टायकोची निरीक्षणे खरी मानली तर आता ग्रहांच्या कक्षा वर्तुळाकार नसून काहीशा अंडाकृती असाव्यात असे मानणे क्रमप्राप्तच होते आणि पृथ्वीही त्याला अपवाद नव्हती.

ग्रहांच्या कक्षा कशा असतील यावर त्याने अनेक विचार मांडले व सरते शेवटी लंबवर्तुळाच्या (Elipse) गुणधर्मात टायकोची निरीक्षणे अचूकपणे बसतात, हे त्याला कळून चुकले. अलेक्झांड्रियाच्या वाचनालयात उद्‌धृत केलेले अपोलोनिअसच्या लंबवृत्ताचे सूत्र केप्लरने वापरले आणि त्याच्या असे लक्षात आले की, मंगळाची गती वर्तुळाकार नसून वृत्ताकार आहे *(लंबवृत्ताकार)*. सर्वच ग्रह असे लंबवृत्ताकार गतीत फिरत आहेत आणि सूर्य हा त्यांच्या केंद्रस्थानी नसून केंद्रबिंदूपासून दूर आहे. त्याला असेही आढळून आले की जेव्हा एखादा ग्रह हा सूर्याच्याजवळ जातो, तसतसा त्याचा वेग हा वाढतो व जसजसा तो सूर्यापासून दूर जातो, तसतसा त्याचा

वेग कमी होतो. ग्रह हे सूर्याभोवती लंबवृत्ताकार कक्षेमध्ये फिरतात व त्या लंबवृत्ताचा एक केंद्रबिंदू सूर्य आहे. हाच केप्लरचा पहिला सिद्धांत!

कुठलीही सम वर्तुळाकर गतीत फिरणारी वस्तू ही समान कोन किंवा वर्तुळाच्या चापाचा भाग हा समान कालावधीतच काटते. पण लंबवृत्ताकार गतीत मात्र असे होत नाही. या दोन्हीतले वेगळेपण केप्लरला जाणवले.

जेव्हा एखादा ग्रह लंबवृत्ताकार गतीत फिरताना सूर्याच्या जवळ येतो, त्या वेळी एका ठराविक कालावधीत तो कक्षेची बरीच मोठी ज्या (चाप / Arch) पार करून जातो. परंतु त्या 'ज्या'खालील क्षेत्रफळ हे तो ग्रह सूर्याच्या जवळ असल्यामुळे एवढे मोठे नसते. ज्या वेळी हा ग्रह सूर्यापासून अधिक अंतरावर असतो, त्या वेळी हेच क्षेत्रफळ अधिक असते, पण ग्रहाने त्याच कालावधीत काटलेली ज्या कमी असते. याचाच निष्कर्ष केप्लरने असा काढला की, ग्रहाला लंबवर्तुळाकार कक्षेत फिरत असताना ठराविक क्षेत्रफळ काटण्यासाठी लागणारा वेळ हा नेहमीसारखाच असतो.

प्रथमदर्शनी केप्लरने मांडलेले हे नियम म्हणजे केवळ गणितातील काहीतरी करामती वाटतील, परंतु तसे नाही. केप्लरचे दोन्ही नियम हे सर्व विश्वाच्या बाबतीत लागू आहेत आणि गुरुत्वाकर्षणामुळे पृथ्वीला जखडलेली आपली जीवसृष्टीसुद्धा हेच नियम पाळत आलेली आहे.

त्यानंतर अनेक वर्षांनी केप्लरने आपला तिसरा व शेवटचा सिद्धांत मांडला. त्याने हे तिन्ही सिद्धांत आपल्या 'हार्मनीज् ऑफ द वर्ल्ड' या पुस्तकात मांडले. या नावामध्ये केप्लरला ग्रहांच्या परिभ्रमणातील सुसंगती अपेक्षित होती.

मंगळ व बुध हे दोनच ग्रह सोडले तर इतर सर्व ग्रहांच्या कक्षा या वर्तुळाकार कक्षेच्या अत्यंत जवळ आहेत. अत्यंत अचूक रीतीने काढलेल्या छायाचित्रांवरूनही या ग्रहांच्या कक्षा वर्तुळाकार नसून लंबवर्तुळाकार आहेत हे सांगणे फार कठीण आहे. पृथ्वीवर उभे राहून आपण ग्रहताऱ्यांची गती मोजतो. पृथ्वी व सूर्याच्या मधील ग्रह हे अधिक वेगाने फिरतात, तर बाहेरील ग्रह हे त्यांच्या कक्षांमधून कमी गतीने फिरतात.

कुठल्याही ग्रहाला त्याच्या कक्षेतील एक प्रदक्षिणा पूर्ण करण्याकरता लागणाऱ्या वेळाचा वर्ग हा त्या ग्रहाच्या सूर्यापासूनच्या सरासरी अंतराच्या घनाच्या प्रमाणात असतो. हा केप्लरचा तिसरा नियम!

थोडक्यात, गणिताच्या भाषेत असे मांडता येईल की ($p^2 = a^3$) $p^2 = a^3$
P → सूर्याभोवती एक प्रदक्षिणा पूर्ण करण्यास लागणारा कालावधी. हा मोजण्याचे एकक आहे वर्षे, a → सूर्यापासूनचे त्या ग्रहाचे असलेले अंतर. त्याचे एकक आहे 'खगोलशास्त्रीय एकक'. पृथ्वी व सूर्य यांच्यातील अंतराला एक खगोलशास्त्रीय एकक म्हणता येईल.

उदाहरणार्थ, गुरू हा सूर्यापासून पाच एकक अंतरावर आहे, तर याचा प्रदक्षिणाकाळ हा किती वर्षांचा असेल?

केप्लरच्या नियमाप्रमाणे $p^2 = a^3$ येथे $a = 5$ आहे,

$a^3 = p^2$

i.e. $(5^3) = p^2$

$p^2 = 125$

p 11

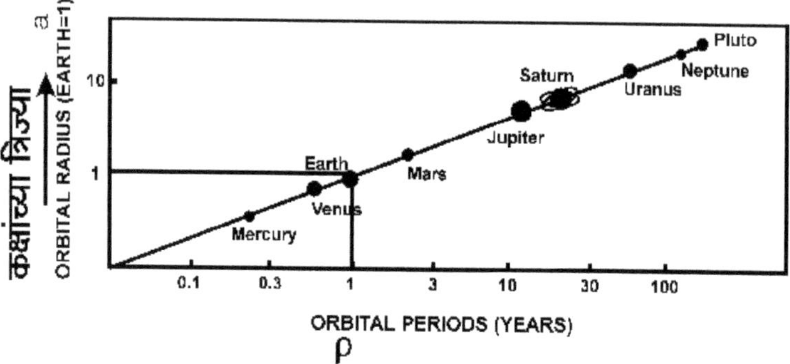

आकृती क्र. १ : कक्षेतून भ्रमणाचा काल-वर्षे

केप्लरचा तिसरा नियम : ग्रहाच्या कक्षेचा आकार व त्याला सूर्याभोवती फिरण्यासाठी लागणारा वेळ यामधले नाते गणिताच्या समीकरणातून मांडता येते.

$p^2 = a^3$

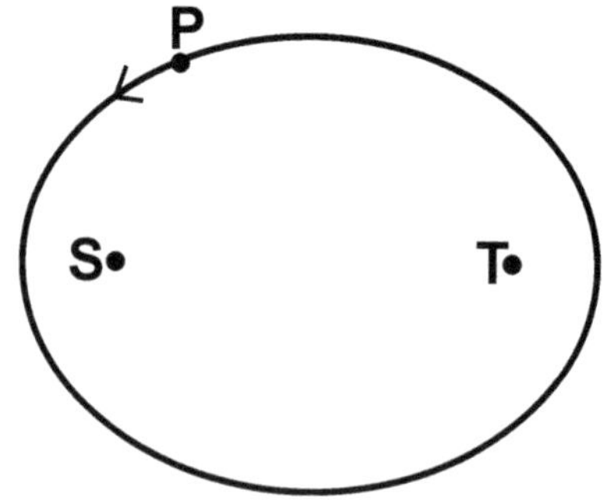

आकृती क्र. २

केप्लरचा पहिला नियम : P हा ग्रह सूर्याभोवती लंबवर्तुळाकार (Elliptical) कक्षेतून फिरतो. सूर्य एका नाभीस्थानावर असतो.

आकृती क्र. ३

केप्लरचा दुसरा नियम :

ग्रह समान कालावधीत समान क्षेत्रफळ काटतात.

B→A, F→E, D→C कडे जाण्यासाठी लागणारा वेळ समान आहे.

क्षेत्रफळ BSA = FSE = DSC

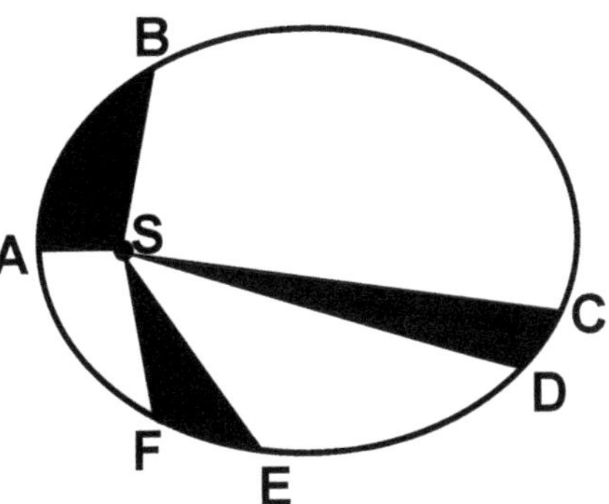

आता 125 हा कशाचा वर्ग आहे? 11 चा वर्ग 121 आहे. 125 च्या तो जवळपास आहे, म्हणजेच $p > 11$

तेव्हा गुरूचा प्रदक्षिणाकाल हा ११ वर्षांपेक्षा थोडा अधिक आहे.

अशाच प्रकारचे विधान हे सूर्यमालेतील सर्व ग्रह, उल्का व धूमकेतूंना लागू आहे.

केप्लर एवढ्यावरच थांबला नाही तर सूर्याचा ग्रहांच्या गतीवर काय परिणाम होतो हे शोधण्याचाही त्याने प्रयत्न केला. त्याच्या जेव्हा असे लक्षात आले की सूर्याजवळ जात असताना ग्रहांचा वेग वाढतो, तर दूर होत असताना तो कमी होतो; तेव्हा त्याला असे वाटले की कदाचित चुंबकत्वामुळे हा प्रभाव पडत असेल. गुरुत्वाकर्षणाची कल्पना तोपर्यंत पुढे आलेलीच नव्हती. पण तरीही केप्लरचे विचार हे त्या काळी सर्वार्थाने अभिनव होते. आजवरच्या रुढींना, श्रद्धांना जोरदार धक्का देणारे होते. पृथ्वीच्या गतीला लागू असणारे नियम हे त्या विश्वाच्याही गतीला लागू आहेत असे मानणे म्हणजे पृथ्वी हा या विश्वाचाच एक भाग आहे असे मानणे होते. केप्लरच्या सिद्धांतांना पूर्णपणे शास्त्रीय बैठक लाभलेली होती. त्यांना दैवी कल्पनांचा कुठलाही आधार नव्हता. याही पुढे जाऊन केप्लरने असे सांगितले की, खगोलशास्त्र हा भौतिकशास्त्राचाच एक भाग आहे. केप्लर हा शेवटचा जोतिषशास्त्रज्ञ आणि पहिला खगोलशास्त्रज्ञ होता.

केप्लरने असे लिहून ठेवले आहे की 'माणसाचे जीवन हे क्षणिक आहे आणि क्षणिक जीवनात माणूस देवाच्या अस्तित्वाची केवळ एखादीच झलक पाहू शकतो. मी हे आज लिहीत आहे, ते आजच्या घटकेला कोणी वाचो अथवा न वाचो, कदाचित या लिखाणाला वाचकाच्या अभावी १०० वर्षेही प्रतीक्षा करावी लागेल. पण देवही नाही का पुराव्याकरता ६००० वर्षे थांबला.' केप्लरने त्याचा तिसरा सिद्धांत मांडल्यानंतर बरोबर आठ दिवसांच्या आतच प्रागमध्ये युद्धाचा डोंब उसळला. हजारो लोकांची त्यात अपरिमित हानी झाली. सैन्याने सुरू केलेल्या धरपकडीत

केप्लर आपला मुलगा व पत्नी यांना गमावून बसला. चर्चच्या मान्यताप्राप्त सिद्धांताविरुद्ध मतप्रदर्शन केल्यामुळे केप्लरला पुन्हा एकदा निर्वासित जीवन जगण्याची वेळ आली. कॅथलिक्स आणि प्रोटेस्टंट यांच्यामधील धर्मयुद्धाने उग्र स्वरूप धारण केले. धर्माच्या नावाखाली सत्ता आणि प्रदेश काबीज करण्याचे प्रयत्न या युद्धाद्वारे केले गेले. पण त्यात भरडली गेली ती सामान्य जनता! भीतीची गडद छाया साऱ्या युरोपभर पसरली. एकट्या राहणाऱ्या कित्येक वयोवृद्ध स्त्रियांना त्या चेटूक करतात या आरोपाखाली पकडण्यात आले.

त्यातच केप्लरची आईही सापडली. आपली आई कॅथरिना केप्लर हिच्या अटकेला आपण कारणीभूत झालो, अशी सदैव रुखरुख केप्लरला लागून राहिली आणि त्याला कारणीभूत ठरली त्याची विज्ञानकथा. त्या कथेचे नाव होते– स्वप्न *(Somnium)*. त्या कथेत त्याने चंद्राकडून पृथ्वीकडे पहात असलेले मानव कल्पिले होते. तसेच चंद्रावर डोंगर, दऱ्या आहेत, तेथे वस्ती आहे, असाही उल्लेख केलेला आहे. चंद्रावरील दोन ठिकाणच्या तापमानात अत्यंत तफावत असल्याचे तो म्हणतो. त्याच्या कथेतील काही भाग हा आत्मकथानात्मक आहे. त्यातला नायक हा टायको ब्राहेची गाठ घेतो आणि त्याची आई ही चेटूक यंत्रतंत्र यावर विश्वास ठेवणारी आहे. कथेमध्ये आईबद्दल मांडलेल्या कल्पनेला पुरावा मानून केप्लरच्या आईला मंत्रतंत्र करण्याच्या आरोपावरून पकडले.

आईच्या अटकेच्या वृत्तानंतर केप्लर तातडीने वुर्टमबर्ग येथे आला. तेथे त्याला त्याची वृद्ध ७४ वर्षांची आई साखळदंडाने बांधलेली दृष्टीस पडली. तिला मृत्यूदंडाची सजा सुनावण्यात आली होती. हे सर्व पाहिल्यावर केप्लरमधला वैज्ञानिक जागा झाला. त्याने शास्त्राच्या आधारे यंत्रतंत्रांनी करण्यात येणाऱ्या सर्व घटनांचे स्पष्टीकरण तेथील अधिकाऱ्यांना दिले. याचा परिणाम म्हणून केप्लरच्या आईची मृत्यूशिक्षा कमी होऊन तिला हद्दपार होण्यास फर्मावले गेले. केप्लरचा हा फार मोठा विजय होता. विज्ञानाधिष्ठित सत्याने अंधश्रद्धेवर मात करून दाखवली होती. याचा दुसरा चांगला परिणाम असा झाला की इतक्या त्रोटक पुराव्यावरून 'यांत्रिकी करतो' म्हणून खटले भरल्याबद्दल तेथील अधिकाऱ्यांना तंबी देण्यात आली.

युद्धामुळे केप्लरची आर्थिक स्थिती पार खालावली. त्याच्या अखेरच्या दिवसांत त्याच्यावर मित्रांकडून सहाय्य घेण्याची वेळ आली. अर्थार्जनाकरिता तो परत ज्योतिष्याकडे वळला व त्याने सरदारांच्या कुंडल्या मांडून देण्यास सुरुवात केली.

आपल्या अखेरच्या वर्षात तो सेलेशिअन या गावात 'सॅगन' म्हणून ओळखला जाऊ लागला. स्वत:च्या थडग्यावर चितारण्यात येणाऱ्या ओळी त्याने स्वत:च रचून ठेवल्या; त्या अशा–

'मी इतके दिवस आकाशाचे मापन केले आणि आज मी सावल्या मोजतो आहे.

माझ्या मनाला गगनाच्या परिसीमा होत्या तर हा मर्त्य देह पृथ्वीच्या सीमेत विसावणार आहे.'

योहानेस केप्लरचा असा विश्वास होता की, एके दिवशी या पृथ्वीवरून अवकाशयाने भराऱ्या मारतील आणि त्यातील संशोधक हे अत्यंत निर्भीडपणे या विश्वाचे कुतूहल शोधण्याकरता सज्ज होतील. केप्लरच्या पूर्ण आयुष्याच्या संशोधनाचे प्रतिबिंब त्याच्या मृत्यूनंतर ३६ वर्षांनी आयझॅक न्यूटनच्या संशोधनात उमटले.

आयझॅक न्यूटनचा जन्म २५ डिसेंबर १६४२ रोजी झाला. लहानपणापासूनच तो अत्यंत दुबळा, एकलकोंडा आणि भांडखोर होता. आपल्या आईवडिलांनी आपल्याकडे लक्ष दिले नाही याची खंत बाळगत तो जगला. आयुष्याच्या अखेरपर्यंत त्याने विवाह केला नाही.

त्याचा स्वभाव पहिल्यापासूनच उतावळा आणि चिकित्सक होता. लहान वयातच त्याने अनेक प्रश्न विचारण्यास सुरुवात केली होती; परंतु तो केप्लरप्रमाणे पूर्ण वास्तववादी नव्हता. त्या काळातील अंधश्रद्धांचा पगडा त्याच्यावर होता.

१६६३ साली स्टूरब्रिजच्या *(Stourbridge)* जत्रेत त्याने ज्योतिर्विद्येवरील एक पुस्तक विकत घेतले. त्या वेळी तो वीस वर्षांचा होता. ते संपूर्ण पुस्तक त्याने वाचून काढले. पण त्यातल्या त्रिकोणमितीविषयीच्या मजकुरासंबंधी तो अडला. कारण त्याला त्रिकोणमितीची काहीच माहिती नव्हती. म्हणून त्याने त्रिकोणमितीवरील पुस्तक विकत घेतले; पण त्याच्या लगेचच लक्षात आले की भूमितीमधील प्रमेये त्याला माहिती नाहीत, म्हणून यूक्लिडस्चे 'Elements of Geometry हे पुस्तक घेऊन वाचायला सुरुवात केली. या घटनेनंतर दोनच वर्षांनी याने 'डिफरन्शिअल कॅलक्यूलस'चा शोध लावला.

विद्यार्थीदशेतच न्यूटनला प्रकाशाने मोहून टाकले होते. तो भिंगातून तासन्तास सूर्याकडे टक लावून बघायचा. परिणामतः त्याचे डोळे अधू झाले. वयाच्या तेविसाव्या वर्षी म्हणजे इ.स. १६६६ साली न्यूटनला प्लेगच्या उद्रेकामुळे एक वर्ष त्याच्या जन्मगावी घालवावे लागले. या वेळी तो केंब्रिज विद्यापीठाचा विद्यार्थी होता. तेव्हा त्या रिकाम्या वर्षी त्याने Differential आणि Integral Calculus, प्रकाशाचे स्वरूप, वैश्विक गुरुत्वाकर्षणाच्या सिद्धांताचा पाया, हे शोध लावून स्वतःला गुंतवून ठेवले!

भौतिकशास्त्राच्या इतिहासात यासारखे दुसरे चमत्कृतीपूर्ण असे एकच वर्ष आहे आणि ते म्हणजे आईन्स्टाईनच्या शोधाचे वर्ष १९०५!

न्यूटनचे काम इतके प्रभावी होते की, त्याचे अध्यापक आयझॅक बॅरो यांनी आपली गणिती न्यासाची खुर्ची रिकामी करून न्यूटनला दिली. न्यूटनबद्दल त्याच्या नोकराने लिहून ठेवलेले वाचनीय आहे. तो म्हणतो की, न्यूटनला त्याने कधीही

बाहेर हिंडायला जाताना, काही व्यायाम वगैरे करताना कधीही पाहिलेले नाही. जो काही रिकामा वेळ मिळे तो; तो चिंतनात घालवी आणि ज्या वेळी तास घ्यायचा असेल त्या वेळी तो बऱ्याचदा रिकाम्या भिंतीनाच शिकवी. कारण त्याच्या तासाला फारच थोडी मुले हजर असत. खरोखरीच आपण काय गमावतो आहोत, हे न्यूटन व केप्लरच्या विद्यार्थ्यांना ठाऊक झाले नसेल.

न्यूटनने आता सर्वपरिचित असलेले गतीचे तीन नियम मांडले. त्याकरता त्याने केप्लरच्या तिसऱ्या नियमाचे सहाय्य घेतले; परंतु त्याच्या ग्रंथात मात्र त्याने हे श्रेय केप्लरला दिलेले नाही. पण १६८६ मध्ये एडमंड हॅलेला लिहिलेल्या पत्रात तो म्हणतो की, 'सुमारे वीस वर्षांपूर्वी केप्लरच्या प्रमेयावरून मी गुरुत्वाकर्षणीय सिद्धांत मांडला.'

चंद्र पृथ्वीभोवती फिरतो किंवा वर फेकलेली वस्तू परत खालीच येते, हे सर्वांनाच ज्ञात होते; परंतु त्याला कारण गुरुत्वाकर्षण आहे, हे पुराव्यानिशी मांडणारा न्यूटन हा पहिलाच!

हे गुरुत्वाकर्षणाचे नियम सर्व विश्वाला लागू आहेत. दोन वस्तूंमधील अंतराचा वर्ग जसजसा वाढत जाईल, तसतसे त्यातील गुरुत्वाकर्षणही कमी कमी होत जाईल. आणि तसे जर नसते, तर हे सारे विश्व एका गोळ्यामध्ये सामावले गेले असते. कारण अत्यंत दूरच्या वस्तूवरील गुरुत्वीय आकर्षण प्रचंड वाढले असते.

गुरुत्वाकर्षण हे वाढत्या अंतराबरोबर कमीच झाले पाहिजे आणि म्हणूनच ग्रह किंवा धूमकेतू हे सूर्यापासून लांब असताना कमी वेगाने फिरतात.

केप्लरचे तीनही नियम हे न्यूटनच्या नियमांवरून सिद्ध करता येतात. केप्लरचे नियम हे टायको ब्राहेच्या निरीक्षणावरून मांडलेले आहेत, तर न्यूटनचे नियम हे पूर्णपणे गणिताच्या आधारे सिद्ध केलेले होते.

पुढे न्यूटन हा रॉयल सोसायटीचा सदस्य बनला; टांकसाळीचा प्रमुख बनला. आयुष्याच्या अखेरीस तो अत्यंत निराश झालेला होता. त्याच्या नैराश्याचे कारण हे मानसिक रोग नसून धातूंमुळे झालेला विषप्रयोग हे होते. कारण शेवटपर्यंत त्याचे रसायनाचे प्रयोग चालूच होते. त्या काळातील शास्त्रज्ञ ही रसायने चाखून परीक्षा करत. साहजिकच, त्यातले काही प्रमाण पोटात जात असे. पण तरीही न्यूटनची बौद्धिक क्षमता अखेरपर्यंत शाबूत होती. बुद्धी तल्लख होती.

१६९६ साली स्विस गणिततज्ज्ञ जोहॅन बर्नोलीने एक कोडे सोडवून दाखवायचे आव्हान आपल्या सहकाऱ्यांना दिले. मूळ कोडे असे होते– दोन बिंदूंना जोडणाऱ्या वक्रावरील वस्तू केवळ गुरुत्वाकर्षणामुळे कमीत कमी किती वेळात पडेल?

हे कूट सोडवण्यासाठी बर्नोलीने सहा महिन्यांची मुदत जाहीर केली होती. पण लेबनिझच्या विनंतीवरून त्याने ती मुदत दीड वर्षांपर्यंत वाढवली *(लेबनिझने*

स्वतंत्ररित्या डिफरन्शिअल आणि इंटिग्रल कॅलक्यूलस शोधून काढले होते.). २९ जानेवारी १६९७ रोजी दुपारी ४ वाजता न्यूटनसमोर हे कोडे टाकले गेले. दुसऱ्या दिवशी सकाळी कामाला निघण्यापूर्वी न्यूटनने गणिताची एक संपूर्ण नवीन शाखा शोधून काढली. 'कॅलक्यूलस ऑफ व्हेरीएशन' आणि ते कूट सोडवण्यासाठी ही पद्धत न्यूटनने वापरली व उत्तर प्रसिद्धीला पाठवून दिले. न्यूटनच्या विनंतीवरून प्रसिद्ध करताना निनावी प्रसिद्ध केले गेले. पण त्या उत्तरातील प्रगल्भता आणि त्याचे मूलभूत स्वरूपच इतके स्पष्ट होते की, या संशोधकाची ओळख आपोआपच जगाला झाली.

बर्नोलीने हे उत्तर पाहिले तेव्हा तो म्हणाला की, 'आम्ही सिंहाला त्याच्या नख्यांवरून ओळखले आहे.' त्यासमयी न्यूटन पंचावन्न वर्षांचा होता.

केप्लर आणि न्यूटन हे मानवी इतिहासातील एक वेगळेच परिवर्तन दाखवतात; विज्ञानाच्या इतिहासातील एका महत्त्वाच्या टप्प्यांवरील हे दोन आदर्श आहेत. ही सृष्टी काही विशिष्ट नियमांनी बद्ध आहे आणि हे नियम विश्वव्यापी आहेत, हे त्या दोघांच्या संशोधनावरून स्पष्ट होते. या सृष्टीचा व्यापार व आपण करत असलेले विचार यात काही संगती आहे, ती मांडता येते, शोधता येते, हे त्यांच्या संशोधनामुळे सिद्ध झाले. त्या दोघांनीही निरीक्षणात्मक नोंदींचा नेहमीच आदर राखला होता.

आपल्या संशोधनाविषयी न्यूटनने नेहमीच प्रचंड स्पर्धा केली. गुरुत्वाकर्षणाचा शोध प्रसिद्ध करण्यासाठी तो जवळ जवळ वीस वर्षे थांबला आणि इतका कालावधी थांबल्याबद्दल त्याला जराही खंत नव्हती.

पण तरीही या सृष्टीच्या बाबतीत तो सदैव लीनच राहिला. त्याच्या मृत्यूच्या आधी त्याने लिहून ठेवले आहे की 'जगाच्या दृष्टिकोनातून मी कसा आहे ते मला माहिती नाही. पण माझ्या दृष्टीने मी समुद्रकिनाऱ्यावर खेळणाऱ्या मुलासारखा आहे, एखादा गुळगुळीत सुंदर शिंपला किंवा गारगोटी माझे लक्ष वेधून घेते; पण त्याच वेळी मला न उकललेला सत्याचा अथांग सागर माझ्यापुढे उचंबळत असतो.'

आपले आधुनिक तंत्रज्ञान, आपला विश्वाविषयी चालू असलेला शोध आणि कल्पना या सदैव केप्लर आणि न्यूटनच्या ऋणी राहतील.

◆

सूर्याची ग्रहमाला

पृथ्वी आपली जन्मभूमी आहे, कर्मभूमी आहे! इथे आपण आपले बरेचसे आयुष्य शांतपणे व्यतीत करू शकतो. तसे इथेही बदल घडतात, नाही असे नाही! वादळ, भूकंप, महापूर, क्वचित प्रसंगी ज्वालामुखीचा उद्रेक आणि कोरडा दुष्काळ; पण याव्यतिरिक्त महाभयंकर अशा नैसर्गिक आपत्तींना माणसाला सहसा तोंड द्यावे लागत नाही. पृथ्वीबाहेरील विश्वाची फारशी दखल न घेताही आपण आपले आयुष्य जगू शकतो. पण या सृष्टीचा इतिहास मात्र काही वेगळेच दर्शवतो. तो प्रचंड तारकापुंज, अनेक ग्रहमाला नष्ट झाल्याचे दाखले देतो *(अणुशक्तीच्या रूपाने, माणसाच्या हातातही या पृथ्वीला नामशेष करण्याची अघोरी शक्ती आली आहे.)*.

अन्य ग्रहांवर जे प्रचंड उल्कापात झाले, त्याचे अवशेष निसर्गाने अजूनही जपून ठेवले आहेत. पृथ्वीवरही असे उल्कापात घडलेले आहेत; कदाचित पुढेही घडतील; काळाच्या अनादी प्रवाहात अशा घटना घडतच राहाणार. जी घटना शंभर वर्षांपूर्वी अशक्यप्राय वाटत असेल, ती पुढील लक्षावधी वर्षांच्या कालावधीत कदाचित अटळही बनेल.

पृथ्वीवरदेखील या शतकाच्या प्रारंभीस अशीच एक भयंकर घटना घडली होती.

३० जून १९०८ रोजी पहाटे, मध्य सैबेरियात एक प्रचंड अग्निगोल अत्यंत वेगाने आकाशातून फिरू लागला; आणि क्षितिजावर पोहोचताक्षणी त्याचा महाभयंकर स्फोट झाला! ज्या ठिकाणी ही घटना घडली तेथील २००० चौ.कि.मी. मधील जंगले अक्षरश: बेचिराख झाली. यामुळे वातावरणात निर्माण झालेल्या धक्का लहरीने *(Shock Wave)* पृथ्वीभोवती दोन प्रदक्षिणा पूर्ण केल्या. वातावरणात तर इतकी प्रचंड धूळ जमा झाली की, तेथून १०,००० कि.मी. दूर असलेल्या लंडन शहरात रात्री रस्त्यावरील दिव्यांच्या उजेडात वर्तमानपत्र वाचणेही शक्य झाले *(धुळीमुळे प्रकाशकिरण पसरतात)* इतका प्रचंड उत्पात होऊनदेखील त्या काळच्या रशियातील झारच्या राजवटीला मात्र या घटनेची अजिबात दखल घ्यावीशी वाटली

नाही *(सैबेरियाचा हा भाग झारच्या दृष्टीने अत्यंत मागासलेला होता.)*. रशियन राज्यक्रांतीनंतर सुमारे दहा वर्षांनी या घटनेचे संशोधन करण्याकरता एक पथक त्या जागी आले. त्यांनी तिथल्या लोकांच्या साक्षी घेतल्या. त्या अशा होत्या.

पहिली साक्ष – 'पहाटे सर्वजण तंबूत झोपले असता, संपूर्ण तंबूच आतील माणसांसह हवेत फेकला गेला. ज्या वेळी तो परत जमिनीवर आदळला, त्या वेळी आतील सर्वांनाच थोडीफार इजा झाली होती. पण इव्हान आणि अकुलिना मात्र बेशुद्ध झाले होते; ज्या वेळी ते शुद्धीवर आले, त्या वेळी एक प्रचंड आवाज कानी पडला आणि समोरचे जंगल आगीच्या ज्वालांनी वेढले गेले.'

दुसरी साक्ष – 'मी माझ्या व्हॅनोव्हर येथील घरासमोरील पोर्चमध्ये नाश्त्याच्या वेळी बसलो होतो आणि उत्तरेकडे बघत होतो. मी माझी कुऱ्हाड उचलली, त्याच वेळी आकाश दुभंगले गेले आणि जंगलाच्या वरचा आकाशाचा उत्तर भाग, आगीत सामावला गेला. त्याच वेळी मलाही प्रचंड उष्मा जाणवला. जणू काही माझा शर्टच आगीने वेढला गेला होता. मला माझा शर्ट ओढून फेकायचा होता, पण त्याच क्षणी आकाशात कसला तरी प्रचंड आवाज झाला. मी जमिनीवर फेकला गेलो आणि बेशुद्ध झालो. माझी पत्नी धावत बाहेर आली आणि तिने मला झोपडीत ओढून नेले. त्या प्रचंड आवाजानंतर बंदुकीतून फैरी झाडल्यासारखे किंवा आकाशातून दगडांचा वर्षाव होत असल्यासारखे आवाज येऊ लागले, जमीन थरथरली. आणि मी जेव्हा जमिनीवर पडलो, तेव्हा माझे डोके मी झाकून घेतले, कारण दगड डोक्यात पडण्याची मला भीती वाटत होती. त्याच सुमारास जेव्हा आकाश मोकळे झाले, गरम वाऱ्याचे प्रचंड झोत वाहू लागले..'

तिसरी साक्ष – नांगराशेजारी मी न्याहारीला बसलो होतो, त्याच वेळी मी अचानक बंदुकीच्या फैरी झाडल्यासारखा धडधडाट ऐकला. माझा घोडा गुडघ्यावर आदळला. उत्तरेच्या बाजूने जंगलाच्या वरून एक पेटती ज्योत वर गेली... त्यानंतर मी जेव्हा पाहिले तेव्हा फरचे जंगल वाऱ्यामुळे वाकले होते; ते पाहून मला चक्रीवादळ येत आहे असे वाटले. मी माझा नांगर त्या वाऱ्याबरोबर जाऊ नये, म्हणून दोन्ही हातांनी धरून ठेवला. वाऱ्याचा जोर इतका होता की जमिनीवरील माती वाऱ्याने उधळली गेली. आणि नंतर वादळामुळे अंगाराच्यावर पाण्याची भिंत ढकलली गेली. मी टेकडीच्या बाजूस असल्यामुळे मी ते सर्व नीटपणे पाहू शकलो. '...त्या आवाजाने घोडे इतके घाबरले, की ते भयामुळे इतस्तत: उधळले गेले. त्यांच्या बरोबर नांगरही फेकले गेले; काही घोडे खाली कोसळले... सुतार इतके घाबरले होते; की मला त्यांना शांत करावे लागले. आम्ही आमची कामे टाकून गावात गेलो, तेथे सर्व गावकरी आत्ताच घडलेल्या भयंकर घटनेची घाबरून चर्चा करीत होते...'

चौथी साक्ष – ‘मी शेतात दुसऱ्या घोड्याला जुंपत होतो. तेवढ्यात उजव्या बाजूने एक प्रचंड आवाज आला. मी तात्काळ वळलो; आणि पाहिले की एक लंबाकार वस्तू आकाशातून जळत जात होती. तिचा पुढील भाग, शेपटापेक्षा जास्त रुंद होता आणि दिवसाउजेडी तिचा रंग आगीच्या ज्वालेसारखा होता. तिचा आकार सूर्यापेक्षा प्रचंड होता, पण तरीही ती सूर्याइतकी तेजस्वी नव्हती, कारण नुसत्या डोळ्यांनी तिच्याकडे पहाणे शक्य होते, आगीच्या ज्वाळांच्या पाठीमागे धूळ उडत होती... ज्वाळा नाहीशा झाल्यानंतर बंदुकीच्या फैरींच्या आवाजापेक्षा प्रचंड आवाज ऐकू आला. आणि त्यामुळे जमिनीची थरथर जाणवू लागली, खिडक्यांची तावदानेही थरथरू लागली.’

पाचवी साक्ष – ‘मी कॅनच्या तीरावर लोकर धुवत होतो, इतक्यात भेदरलेल्या पक्ष्यांच्या पंखांचा फडफडाट ऐकू आला आणि नदीला फुगवटा आला. त्यानंतर एकच प्रचंड दणका बसला. तो इतका मोठा होता, की त्यामुळे एक कामगार पाण्यात पडला.’

वर उल्लेख केलेल्या घटनेला ‘टंगास्का उत्पात’ असे म्हणतात! काही शास्त्रज्ञांनी या घटनेचे असे स्पष्टीकरण दिले की, एखादे गतिमान प्रति-वस्तुमान *(विरोधी वस्तुमान)* हे वस्तुमानाच्या सहवासात आल्यामुळे शोषले जाऊन गॅमा किरणांच्या रूपाने नष्ट झाले. वस्तुमान नष्ट झाले आणि गॅमा किरणाचे उत्सर्जन झाले; पण ही घटना ज्या ठिकाणी घडली तेथे किरणोत्सर्ग न आढळल्यामुळे वरील दावा फोल ठरला. काहींच्या मतानुसार एखादे छोटेसे कृष्णविवर सैबेरियातून पृथ्वीच्या आत घुसून बाहेर आले; पण धक्का-लहरीच्या नोंदीवरून दुसऱ्या दिवशी उत्तर अटलांटिकमधून कुठलीही वस्तू बाहेर पडल्याचे आढळत नाही.

कदाचित् एखाद्या अतिप्रगत संस्कृतीचे ते अवकाशयानही असू शकेल आणि काही तांत्रिक बिघाडामुळे ते पृथ्वीच्या भागात येऊन धडकले असेल. पण ज्या ठिकाणी हा उत्पात घडला, तेथे मात्र अशा अवकाशयानाचा कोणताच सबळ पुरावा आढळत नाही. टंगास्का घटनेतला मुख्य भाग हा की, तेथे एक प्रचंड स्फोट झाला, धक्का-लहरी निर्माण झाल्या. जंगलात आगीने हाहा:कार माजवला आणि एवढे होऊनही घटनास्थळी मात्र विवर निर्माण झाले नाही. आता या सर्व पाहणीतून एकच तर्कशुद्ध निष्कर्ष काढता येतो आणि तो म्हणजे १९०८ साली सैबेरियाच्या भूमीवर धूमकेतूचा एक भाग अथवा तुकडा आदळला.

दोन ग्रहांच्या मधील पोकळीत अनेक वस्तू/पदार्थ, अनेक भाग भ्रमण करीत असतात. त्यातले काही धातूचे असतात, काही बर्फाळ असतात. काही दगडी असतात, काही कार्बनी रेणू असतात. वाळूच्या कणापासून ते भूतानच्या आकाराएवढे हे भाग असतात. क्वचित केव्हा तरी त्यांच्या भ्रमणकक्षेत ग्रह येतात. साहजिकच

त्या वेळी त्यांची या ग्रहांशी टक्कर होते. टंगास्का *(सैबेरियाचा)* उत्पात हा अशाच प्रकारचा एक अपघात होता. साधारणत: फूटबॉलच्या मैदानाच्या आकाराएवढा *(१०० मी. लांब)* आणि लक्षावधी टन वजनाचा, ताशी ७०,००० मैल *(३० कि.मी. प्रति सेकंद)* वेगाने फिरणारा धूमकेतूचा तुकडा त्या दिवशी पृथ्वीवर आदळला.

सद्य परिस्थितीत जर अशी एखादी घटना घडली तर तो शत्रुराष्ट्राचा अणुस्फोटच आहे असे समजले जाण्याची शक्यता अधिक आहे. कारण एक किरणोत्सर्ग सोडला तर अणुस्फोटानंतर निर्माण होणारे सर्व परिणाम अशा प्रकारच्या उत्पातानंतर आढळून येतील आणि अशी अत्यंत नैसर्गिक पण तरीही अत्यंत विरळा घटना इथे युद्धाची सुरुवात कशावरून करणार नाही? म्हणजे धूमकेतूचा भाग पृथ्वीवर आदळतो काय? आणि त्याला प्रत्त्युत्तर म्हणून मानवजात स्वत:ला तात्काळ नष्ट करण्यासाठी उद्युक्त होते काय... खरोखरीच विचार करायला लावण्याजोगी गोष्ट आहे नाही!! त्यापेक्षा, अशा प्रकारच्या नैसर्गिक उत्पातांची जर आपण अधिक माहिती करून घेतली तर ते अधिक संयुक्तिक नाही का होणार?

२२ सप्टेंबर १९७९ साली अमेरिकेच्या व्हेला या उपग्रहाने दक्षिण अटलांटिक आणि हिंदी महासागराच्या पश्चिम भागात प्रखर प्रकाशझोतांची नोंद केली. प्रथम एखाद्या कमी क्षमतेच्या अणुबाँबची *(२ किलोटन म्हणजे हिरोशिमाच्या स्फोटाच्या एकषष्ठांश भाग)* चाचणी आहे असे वाटले. त्यामुळे राजकीय वर्तुळात जगभर प्रचंड खळबळ माजली; पण या झोताच्या जवळून ज्या विमानांनी उड्डाण केले, त्यांनी कुठल्याही प्रकारच्या किरणोत्सर्गांची नोंद दाखवली नाही. कदाचित एखादी उल्काही पृथ्वीच्या वातावरणात शिरून जळून खाक झालेली असेल. एकूण काय की आकाशातून होणाऱ्या हल्ल्यांच्या भीतीचे प्रमाण हे मानवनिर्मित हल्ल्यांच्या भीतीच्या मानाने फारच कमी आहे.

मागे उल्लेख केल्याप्रमाणे, धूमकेतूचा बराचसा भाग हा बर्फापासून बनलेला असतो. शेष भागापैकी काही हा मिथेन व अमोनियाच्या बर्फापासून बनलेला असतो. हे धूमकेतूचे भाग जेव्हा पृथ्वीच्या वातावरणात शिरतात तेव्हा ते वातावरणातील घर्षणामुळे जळतात, त्यांचे अग्निगोल बनतात. ते जंगलामध्ये वणवा पसरवू शकतात किंवा जबरदस्त धक्का-लाटही *(शॉक वेव्ह)* निर्माण करतात. परंतु अशा उत्पातातून पृथ्वीवर विवरे होण्याची शक्यता मात्र कमी असते, कारण वातावरणात शिरताना त्यांच्यातील बराचसा बर्फाळ भाग हा वितळून गेलेला असतो.

टंगास्का येथील घटनास्थळातून रशियन शास्त्रज्ञ इ. सोबोटोव्हिच यांनी लहान लहान हिरे शोधून काढले आहेत. असे लहान लहान हिरे अशनींमध्ये असतात आणि त्यांचे मूळ धूमकेतूमध्ये असतात, हे आता सर्वमान्य झालेले आहे.

एखाद्या निरभ्र रात्री जर शांतपणे आकाशाचे निरीक्षण केले, तर एखादी उल्का आकाशातून तळपून जाताना दिसते. ज्याला आपण 'तारा पडला' असे म्हणतो. तो वास्तविकपणे उल्केचा एखादा भाग असतो व पृथ्वीच्या वातावरणात शिरताना घर्षणामुळे जळून जातो. दर वर्षी काही ठराविक दिवसांदरम्यान आकाशातून उल्कांचा वर्षाव झालेला दिसतो. आकाशातील ही आतषबाजी खरोखरीच प्रेक्षणीय असते. साधारणत: १०० कि.मी. उंचीवर असताना या उल्का जळून खाक होतात.

सूर्याजवळून परिभ्रमण करणारे अनेक प्राचीन धूमकेतू सूर्याच्या उष्णतेमुळे तापतात व वितळतात, त्यांचे तुकडे तुकडे होतात. हे सर्व तुकडे धूमकेतूच्या कक्षेमध्ये विखुरले जातात आणि ज्या वेळी पृथ्वीची आणि अशा धूमकेतूची कक्षा एकमेकांना छेदली जाते, त्या वेळी या उल्कांचा वर्षाव पृथ्वीवरून आपल्याला बघायला मिळतो. उल्का हे निष्प्रभ आणि निर्जीव धूमकेतूंचे जणू काय अवशेष आहेत! हे धूमकेतूंच्या कक्षांमध्ये पसरतात. ज्या वेळी ही कक्षा पृथ्वीच्या कक्षेशी छेदली जाते, तेव्हा या उल्का किंवा त्यांचा काही भाग हा पृथ्वीच्या कक्षेत ठराविक ठिकाणी नेहमीच येतो. त्यामुळे दर वर्षीच असा उल्कापात आपल्याला आढळून येतो. ३० जून १९०८ साली सैबेरियात झालेला प्रचंड उल्कापात हा दुसरे-तिसरे काही नसून एनेक नावाच्या धूमकेतूचा एक मोठा भाग होता. बीटा टॉरिड नावाच्या उल्केच्या वर्षावाचा तो दिवस होता आणि एनेकची कक्षा व पृथ्वीची कक्षा त्या दिवशी एकमेकांना छेदली गेली होती!!

धूमकेतू हे मानवी जीवनात नेहमीच अंधश्रद्धा आणि भयगंडाला कारणीभूत झालेले आहेत. रात्र रात्र आकाशात तळपणाऱ्या धूमकेतूचे अचानक नाहीसे होणे, याचे माणसाला नेहमीच गूढ वाटत आलेले आहे. यामुळेच अनेक समजुतींना आणि शकुन-अपशकुनांना जन्म दिलेला आहे. धूमकेतूमुळे अरिष्ट येते, धूमकेतू राजाला मारक ठरतो. साऱ्या साम्राज्यालाच तो अनिष्टकारक ठरतो. धूमकेतूमुळे रोगप्रसार होतो. अशा अनेक प्रकारच्या कल्पनांना धूमकेतूविषयीच्या अज्ञानामुळे म्हणा किंवा भीतीमुळे म्हणा, खतपाणी घातले गेले आणि त्यातील सर्वांत गमतीचा भाग असा की या समजुती सर्व जगभर पसरलेल्या आहेत.

बाबिलॉन संस्कृतीने धूमकेतूंना अवकाशस्थ पक्षी मानले होते. ग्रीकांना ते फडफडणारे, उडणारे केस वाटायचे, तर अरबांनी त्या तळपत्या तलवारी आहेत, असा समज करून घेतला होता. ग्रीक तत्त्वज्ञ टोलेमीची अशी समजूत होती की धूमकेतूमुळे युद्धे निर्माण होतात.

धूमकेतूचा प्राचीन उल्लेख चिनी पुस्तकात दिसतो. ख्रि. पू. १०५७ मध्ये चिनी राजा झाऊ (Zhou of Yin) ह्याने केलेल्या लढाईच्या वेळी आकाशात धूमकेतू होता.

आपल्याकडेही प्राचीन काळापासून धूमकेतूचे निरीक्षण केले गेलेले आहे.

सोळाव्या आणि सतराव्या शतकातील ज्योतिषतज्ज्ञांनाही धूमकेतूचे अत्यंत कुतूहल वाटत होते. डेव्हीड ह्यूमने असे सुचवले होते, की धूमकेतू या प्रजोत्पादनाच्या पेशी आहेत.

आपला पदवीपूर्व अभ्यासक्रम पूर्ण करीत असताना न्यूटनने धूमकेतूंची इतकी निरीक्षणे केली, की त्यामुळे तो आजारी पडला. तोपर्यंत त्याने दुर्बिणीचा शोध लावलेला नव्हता.

१७०७ साली एडमंड हॅलेने पुढे त्याच्या नावाने प्रख्यात झालेला हॅलेचा धूमकेतू शोधून काढला. हॅलेने असे सांगितले, की या धूमकेतूची परिभ्रमण कक्षा ही ७६ वर्षांची असून १७५८ साली पुनःश्च तो पृथ्वीवरून दिसेल. त्यानुसार हॅलेच्या धूमकेतूचे पुनरागमन झाले व त्या धूमकेतूला हॅलेच्या स्मरणार्थ त्याच्या मृत्यूनंतर त्याचे नाव देण्यात आले.

१९८९ च्या ६ डिसेंबरला रॉडनी यांनी नवा धूमकेतू शोधून काढला. त्याला ऑस्टीनचा धूमकेतू असे म्हणतात. हा धूमकेतू पुन्हा सूर्यमालेच्या जवळ येणार नाही. धूमकेतूची तेजस्विता ही त्यातील केंद्रस्थानी असलेल्या मूलद्रव्यांवर अवलंबून आहे. तसेच त्याचा मार्ग सूर्याकडे येताना अनेक ग्रहांच्या आकर्षणावर अवलंबून असल्यामुळे धूमकेतूचा नक्की मार्ग, वेळ याचा अचूक अंदाज वर्तवणे अवघड जाते.

एखाद्या धूमकेतूची जर ग्रहाबरोबर टक्कर झाली, तर त्या ग्रहाच्या वातावरणात बऱ्यापैकी फरक येईल, असे आधुनिक शास्त्रज्ञ मानतात. उदाहरणार्थ, मंगळातील वातावरणातील पाणी हे कदाचित् एखाद्या लहानशा धूमकेतूच्या धडकेचाही परिणाम असेल.

१८६८ साली विल्यम ह्युजिन्सला धूमकेतूचा वर्णपट व नैसर्गिक वायूचा वर्णपट ह्यांच्यात काही प्रमाणावर साधर्म्य सापडले. धूमकेतूच्या शेपटीतही त्याला अनेक *(सेंद्रिय)* कार्बनी पदार्थ सापडले. त्याचप्रमाणे सायनाईडचे *(कार्बन व ऑक्सिजनचे)* रेणूही सापडले.

१९१० साली जेव्हा पृथ्वी हॅलेच्या धूमकेतूच्या शेपटीमधून निघून जाणार होती, त्या वेळी बरेच लोक ह्युजिन्सच्या या शोधामुळे चिंतीत झाले होते; परंतु त्या वेळी एक गोष्ट नजरेआड झाली होती आणि ती म्हणजे धूमकेतूची शेपटी ही अत्यंत विरळ असते. किंबहुना त्यापासून उद्भवणाऱ्या धोक्यापेक्षा १९१० सालीही मोठमोठ्या शहरातून प्रदुषणामुळे उद्भवणारा धोकाही कितीतरी पटीने जास्त होता. पण त्या वेळच्या वर्तमानपत्रांना मात्र ही पर्वणीच वाटली. अनेक खुसखुशीत मथळ्यांनी वर्तमानपत्रांची पानेच्या पाने तेव्हा रंगून गेली आणि अनेक विक्रेत्यांनीही त्यात हात

धुऊन घेतले. जणू काही जगाचा आता शेवटच होणार, असा आविर्भाव आणून अनेक वेगवेगळी उत्पादने, यापासून बचाव करण्याकरता बाजारात आणली गेली. धूमकेतूमुळे होणाऱ्या प्रदुषणापासून बचाव करण्याकरिता गॅस मास्क किंवा मुखवटे तयार केले *(त्यांचा खऱ्या अर्थाने उपयोग पहिल्या महायुद्धात होईल, असे वाटले असावे).*

धूमकेतूच्या कक्षा सूर्याभोवती फिरत असताना लंबवर्तुळाकार नसतात. त्या जवळजवळ वर्तुळाकारच वाटतात. पण ज्या धूमकेतूंचा परिभ्रमण मार्ग हा प्रदीर्घ असतो, त्यांच्या कक्षा लंबवर्तुळाकार असतात. ग्रह हे सूर्याच्या ग्रहमालेतील जुने रहिवासी आहेत, तर धूमकेतू त्यामानाने नवखे आहेत. ग्रहांच्या कक्षा या वर्तुळाकार असतीलही, पण त्याचबरोबर एकमेकांच्या कक्षा छेदल्या गेल्यामुळे त्यांच्या टकरीही झाल्या असतील. या अपघातांमधून जे ग्रह बचावले त्यांच्या कक्षा गोलाकार कक्षांच्या जवळ होत्या. किंबहुना असे म्हणता येईल की त्या तशा होत्या, म्हणूनच ग्रह बचावले.

सूर्याच्या ग्रहमालेच्या बाहेरील भागात *(हेलिओपॉजच्या पट्ट्यात)* दूर अंतरावर लक्षावधी धूमकेतूंचे केंद्र आहे. हे केंद्र सूर्याभोवती फक्त ताशी २२० मैल या वेगाने फिरत असते. सहसा ह्यातील एकही धूमकेतू प्लूटोच्या कक्षेच्या आत येत नाही. पण कधी कधी एखाद्या जवळून जाणाऱ्या ताऱ्याच्या गुरुत्वाकर्षणामुळे या धूमकेतूंच्या मेघात प्रचंड खळबळ उडते आणि त्यातील काही धूमकेतूचा समूह हा अत्यंत लंबवर्तुळाकार कक्षेत, सूर्याच्या दिशेने ओढला जातो. गुरू व शनीच्या गुरुत्वाकर्षणामुळे त्यांचा मार्ग बदलतो आणि प्रत्येक शतकात तो सूर्यमालेच्या आतील बाजूस येऊ लागतो. मंगळ आणि गुरूच्या दरम्यान धूमकेतू तापतो, वितळतो. सौर वायू किंवा सोलर विंड हा धूमकेतूची शेपटी तयार करतो. ही शेपटी बर्फ किंवा अत्यंत विरळ वायूची बनलेली असते. प्रत्यक्षात धूमकेतूचे केंद्र आकाराने अत्यंत लहान असते, पण त्याची शेपूट मात्र प्रचंड असते.

आणि असा हा धूमकेतू जेव्हा पृथ्वीच्या जवळ अचानक टपकतो व काही दिवसांनी दृष्टीआड होतो, त्या वेळी या पृथ्वीवरील मानवाच्या कल्पनांना आणि समजुती, गैरसमजुतींना उधाण येते. प्रत्यक्षात हा धूमकेतू सूर्यमालेच्या बाहेरील भागाचा रहिवासी आहे.

आज ना उद्या हे धूमकेतू ग्रहांवर आदळणार. पृथ्वी आणि चंद्रही यातून सुटणार नाहीत. पण टंगास्का येथे घडलेल्या उत्पातासारखा उत्पात साधारणत: हजार वर्षांतून एकदा घडून येईल तर हॅलेच्या धूमकेतूच्या आकाराएवढा धूमकेतू *(२० कि.मी. लांब)* पृथ्वीवर आदळण्याची घटना मात्र एक कोटी वर्षातून एकदाच येईल.

एखादी लहानगी वस्तू जेव्हा चंद्रावर आदळेल तेव्हा त्याच्या पृष्ठभागावर

फारशा खुणा दिसणार नाहीत; पण जर त्या वस्तूचा आकार मोठा असेल तर मात्र तेथे एखाद्या स्फोटासारखी घटना घडू शकेल व घटनास्थळी एखादे विवरही तयार होईल. उल्कापातामुळे विवरे तयार होतात.

विवरांचा आकार हा एखाद्या अर्धगोलाकार भांड्यासारखा असतो. अन्य कोणत्याही नैसर्गिक घटनांनी ते विवर भरले गेले नाही, तर कोट्यावधी वर्षे ते विवर जसेच्या तसे राहू शकते. चंद्रावर अशी अनेक विवरे सापडली आहेत. चंद्रावरील वातावरणही अत्यंत विरळ आहे, त्यामुळे ही विवरे भरून निघण्याजोग्या कोणत्याच नैसर्गिक घटना तेथे घडत नाहीत, उदा. वादळी वारे, पाऊस इत्यादी. साहजिकच ही विवरे जवळपास कोट्यावधी वर्षांपूर्वी घडलेल्या घटनांची फार सुरेख साक्ष आपल्याला देत असतात. अशा प्रकारची विवरे ही सूर्यमालेच्या आतील ग्रहांवर, उदा. मंगळ, बुध, शुक्र आणि त्यांचे चंद्र फोबोस आणि डायमोस ह्यांवर आढळून येतात. या ग्रहांची जमीन ही बऱ्याच अंशी पृथ्वीसारखीच आहे. जमिनीचा पृष्ठभाग हा घन असून, दगड व लोखंडानीच भरलेला आहे. काही ठिकाणचे वातावरण हे निर्वात तर काही ठिकाणचा दाब हा पृथ्वीच्या वातावरणाच्या ९० पट इतका आहे. हे सर्व ग्रह ४.६ अब्ज वर्षांचे आहेत आणि चंद्राप्रमाणेच सूर्यमालेतील ऐतिहासिक उत्पातांचे साक्षी आहेत.

मंगळाच्या पलीकडे गुरूसारख्या अजस्र ग्रहांचे राज्य आहे. तेथील वातावरण हे हायड्रोजन, हेलिअम आणि थोड्या-फार प्रमाणात मिथेन, अमोनिया आणि पाणी यांनी बनलेले आहे. तिथला पृष्ठभाग आपण बघू शकत नाही. मात्र त्यामधले रंगीबेरंगी मेघ मात्र आपण पाहू शकतो. हे ग्रह पृथ्वीप्रमाणे लहान नसून अतिभव्य विश्वेच आहेत. उदा. गुरूमध्ये एक सहस्र वसुंधरा सहज मावू शकतील. एखादा धूमकेतू किंवा एखादी उल्का जर तेथे आदळली, तर तेथे विवर पडण्याची शक्यता फारच कमी आहे. फार तर तेथील वातावरणातील ढग हे इतस्तत: विखुरले जातील. गुरूच्या उपग्रहांची संख्या बाराहून अधिक आहे. व्हॉयेजरने त्यापैकी पाचांचे जवळून निरीक्षण केले आहे.

चंद्राच्या दृश्य पृष्ठभागावर *(म्हणजेच पृथ्वीवरून दिसणाऱ्या ५१% चंद्राच्या भागावर)* जवळ जवळ १०,००० विवरे आहेत. त्यातील बहुतांशी ही चंद्राच्या निर्मिती/वाढीच्या वेळची आहेत. ही सर्व विवरे उंच डोंगरावर आहेत; तर चांद्रपृष्ठावर अशीही विवरे आहेत, की ज्यांची संख्या हजाराहून अधिक आहे व व्यास साधारणत: एक किलोमीटर इतका आहे. अतिप्राचीन काळी ती बहुधा लाव्हारसाने भरलेली असावीत. प्रत्येक $१०^{५}$ वर्षांनंतर एक विवर तयार होत आलेले आहे. चंद्रावर धूमकेतू किंवा उल्का आदळल्यामुळे जो स्फोट होईल, त्या स्फोटातून निर्माण होणारा उजेड, प्रकाश हा पृथ्वीवरून दिसू शकेल? कदाचित प्राचीन काळी अशी

घटना कुणी पाहिलीही असेल.

२५ जून ११७८ रोजी, पाच ब्रिटीश धर्मगुरूंनी अशा प्रकारची घटना प्रत्यक्षात पाहिल्याचा उल्लेख त्या काळातील Gervase of Canterbury या मासिकात आढळतो. त्यातील उतारा खालीलप्रमाणे आहे–

'तेथे एक तेजस्वी चंद्रकोर दिसत होती. नेहमीप्रमाणेच तिची टोके पूर्वेकडे कललेली होती. अचानक वरील टोक दुभंगले आणि विभाजनाच्या केंद्रबिंदूतून जळती मशाल बाहेर पडली आणि त्याबरोबर ठिणग्याही पडल्या.' अशा प्रकारची घटना खरोखरच घडली असेल का?

खगोल शास्त्रज्ञांनी असे सिद्ध केले की, चंद्रावरील उत्पातामुळे धुळीचा प्रचंड मेघ निर्माण होऊ शकतो आणि असा मेघ निर्माण झाला तर, त्या मेघाचे वर्णन धर्मगुरूंच्या वर्णनाशी जुळते आहे.

पण ही घटना केवळ आठशेच वर्षांपूर्वी झालेली आहे, त्यामुळे निर्माण झालेले विवर चंद्रावर दिसलेच पाहिजे. कारण चंद्रावरील विवरांची झीज होण्याची वा भरून निघण्याची शक्यता फारच कमी आहे *(चंद्रावर हवा व पाणी नाही.)*. अशा प्रकारच्या उत्पातामुळे विवरांभोवती रेषा उमटतात. त्यावर स्फोटातून फेकली गेलेली माती किंवा वाळू विखुरली जाते. कालांतराने या रेषा पुसट बनतात. कधी कधी अवकाशातील धूळ आणि लहान लहान उल्कांमुळेही या रेषा पुसल्या जातात; पण जर एखाद्या विवराच्या भोवतालून अशा रेषा आढळल्या तर मात्र ते विवर नुकतेच तयार झालेले आहे, असे म्हणता येईल.

अशा प्रकारचे लहानसे विवर व त्या भोवतालच्या रेषा या चंद्राच्या एका भागात आढळून आलेल्या आहेत आणि हे विवरही त्या धर्मगुरूंनी वर्णिलेल्या चांद्रभागातच आढळून आले आहे.

एखादी वस्तू जर चंद्रावर प्रचंड वेगाने आदळली तर चंद्रात कंपने निर्माण होतील. ही कंपने कालांतराने निवळतील. पण हा काळ ८०० वर्षांइतका थोडा खचितच नसेल. ह्याचाच दुसरा भाग असा की जर ८०० वर्षांपूर्वीच्या स्फोटामुळे अशा प्रकारची कंपने निर्माण झाली असतील, तर ती आजही आजमावता आली पाहिजेत.

लेसर किरणांच्या सहाय्याने अशा प्रकारची कंपने आजमावता येतात. ज्या वेळी एखादा लेसर किरण पृथ्वीवरून आरशावर *(चंद्रावरील)* आपटून परत फेकला जातो, त्या वेळी त्याला लागणारा वेळ अत्यंत अचूकतेने मोजता येतो. हा वेळ गुणिले प्रकाशाचा वेग यावरून चंद्रावरील एखाद्या भागाचे पृथ्वीपासूनचे अचूक अंतर काढता येते. अशा तऱ्हेच्या अभ्यासावरून हे उघडकीस आले, की चंद्र हा कंप पावत आहे. या कंपनाचा ठराविक कालावधी ३ वर्षे इतका आहे. आंदोलनाची

लांबी *(आयाम = amplitude)* ३ मीटर इतकी आहे. वरील सर्व उल्लेखांवरून असे मानता येते, की चंद्रावर ८०० वर्षांपूर्वी एखादा उल्कापात घडला व तो पृथ्वीवरून दिसला.

चंद्राप्रमाणेच पृथ्वीवरही अशी विवरे निर्माण होतात. पण घर्षणाने, वारा पाणी, वादळे यामुळे ती विवरे एकतर आणखीन झिजतात, किंवा भरून येतात आणि लक्षावधी वर्षांनंतर पृथ्वीवरील विवरांच्या खुणा या पुसल्या जातात.

सर्वच ग्रहांवर कोणत्या ना कोणत्या प्रकारच्या नैसर्गिक घटना घडून येतात. चंद्रासारख्या ग्रहावर बाहेरून येणाऱ्या उल्कापाताचा अधिक परिणाम होतो, तर पृथ्वीवर भूकंप, वादळे यांचा जास्त परिणाम होतो.

मंगळ आणि गुरूच्या कक्षांच्या दरम्यान अगणित उल्का आहेत. जणू काही ते छोटे छोटे ग्रहच आहेत. सगळ्यात मोठ्या उल्कांचा आकार काहीशे कि.मी. इतका आहे. काहींचा आकार लंबगोलासारखा आहे, तर काही आकाशात नुसत्या घरंगळत आहेत. काही उल्कांच्या कक्षा समान आहेत. त्यांची टक्कर होणे त्यामुळे स्वाभाविकच आहे.

या उल्कांच्या पट्ट्याला गिरणीची उपमा दिल्यास त्यात फारसे वावगे वाटणार नाही. कारण येथे मोठमोठ्या तुकड्यांचे लहान भागात रूपांतर होते, तर लहान लहान तुकड्यांचे वाळूच्या कणासारखे कण होतात. जे मोठे भाग असतात, ते ग्रहांवर आदळतात व ते त्या ग्रहांच्या पृष्ठभागावर विवरे निर्माण करतात.

हा उल्कांचा पट्टा म्हणजे एखादा नष्ट झालेला ग्रह असावा. पण ग्रह स्वत:हून नष्ट कसा होतो, हे पृथ्वीवरील एकाही शास्त्रज्ञाला अजूनपर्यंत ज्ञात नाही. कदाचित कधीकाळी त्या जागी एखादा ग्रह निर्माण होत असावा. पण गुरूसारख्या अजस्र ग्रहाच्या गुरुत्वाकर्षणामुळे ही क्रिया पूर्ण होऊ शकली नसेल.

शनीची कडी आणि या उल्कांच्या पट्ट्यांमध्ये काही प्रमाणात साम्य आहे. शनीची कडी म्हणजे लक्षावधी छोटे बर्फाचे उपग्रह शनीभोवती फिरत आहेत. कदाचित शनीच्या जवळ एखादा उपग्रह तयार होत असेल. पण शनीच्या गुरुत्वाकर्षणामुळे त्याला विरोध झालेला असेल किंवा एखादा उपग्रह शनीच्या अगदी जवळ आल्यावर गुरुत्वीय लहरींमुळे त्याचे तुकडे तुकडे होऊन, ते तुकडे शनीभोवती फिरायला लागलेले असतील किंवा कदाचित् शनीचा उपग्रह टिटॅन ह्यावरून बाहेर फेकले गेलेले वस्तुमान आणि ग्रहावरील वातावरणात पुन्हा कोसळणारे वस्तुमान याचा समतोल साधला जात असेल.

गुरू आणि युरेनस या दोन्ही ग्रहांभोवती कडी आहेत; पण ती पृथ्वीवरून दिसत नाहीत. या दोन्ही कड्यांचा शोध या दशकातच लागलेला आहे.

इमॅन्युएल व्हेलिकोव्हॅस्की नावाच्या शास्त्रज्ञाने १९५० साली 'वर्ल्डस इन

कोलिजन' नावाचे पुस्तक लिहिले. त्यात त्याने असे सुचवले की, गुरूच्या उपग्रहमालेत धूमकेतू निर्माण झाला *(कसा याचे स्पष्टीकरण दिलेले नाही.)*. साधारणत: ३५०० वर्षांपूर्वी तो सूर्यमालेच्या आतील बाजूस प्रवेशला आणि त्याच्या वारंवार आदळण्यामुळे पृथ्वी व मंगळावर बरेच परिणाम घडून आले. उदा. तांबडा समुद्र किंवा मोझेस व इतर इस्रायली लोकांचे फरोहाच्या तावडीतून पलायन आणि जोशुआच्या आज्ञेमुळे पृथ्वीचे परिभ्रमण थांबण्याची क्रिया, अनेक भूकंप व ज्वालामुखीचे उद्रेक इत्यादि.

व्हेलिकोव्होस्कीने याहीपुढे जाऊन असे म्हटले आहे, की, 'ग्रहांच्या या बिलीअर्डच्या खेळात पुढे हा धूमकेतू स्थिर झाला आणि जवळपास वर्तुळाकार गतीत फिरू लागला. हा धूमकेतू दुसरातिसरा कोणी नसून शुक्र आहे. हा शुक्र पूर्वी अस्तित्वातच नव्हता.'

वर उल्लेखलेल्या कल्पना या पूर्णतया चुकीच्या आहेत, यावर शास्त्रज्ञांचे दुमत नाही. ३५०० वर्षांचा काल हा अत्यंत छोटा काळ आहे आणि असे प्रचंड उत्पात या कालावधीतच सूर्याच्या ग्रहमालेत निश्चितच झालेले नाहीत.

सूर्याच्या ग्रहमालेतील कुठल्याच प्रतिकात ग्रह आणि त्यांच्या कक्षा यांचे प्रमाण *(ग्रहांचे आकार व कक्षा)* हे एकाच वेळी एकसारखे दाखवता येणार नाही. तसे दाखवले तर ग्रह अत्यंत लहान आकाराचे दाखवावे लागतील *(इतके लहान की ते डोळ्यांनाही दिसणार नाहीत.)*. यावरून असे लक्षात येईल की एखादा विशिष्ट धूमकेतू काही हजार वर्षांपूर्वी पृथ्वीवर आदळण्याची शक्यता संख्याशास्त्रानुसार अत्यंत कमी आहे.

व्हेलिकोव्होस्कीच्या म्हणण्याप्रमाणे गुरूपासून शुक्र निर्माण झालेला आहे. परंतु प्रत्यक्षात शुक्र हा खडकाळ आहे, धातूमय आहे. त्यावर हायड्रोजनचे प्रमाण अत्यंत कमी आहे, तर गुरू हा जवळजवळ हायड्रोजननेच बनलेला आहे आणि ग्रह किंवा धूमकेतू हे बाहेर फेकले जावेत अशा प्रकारचा कोणता शक्तिस्रोतही गुरूजवळ उपलब्ध नाही. असा एखादा धूमकेतू पृथ्वीजवळून गेला तर तो पृथ्वीचे परिभ्रमण तर थांबवूच शकणार नाही, तेव्हा चोवीस तासांच्या आत पुन्हा ते सुरू करण्याची शक्यता शून्यच आहे. त्याचप्रमाणे ३५०० वर्षांपूर्वी लाव्हारसाचा किंवा तत्सम पूर आल्याचा कुठलाच शास्त्रीय पुरावा उपलब्ध नाही.

शास्त्रज्ञांनी किंवा विचारवंतांनी मांडलेले बरेचसे सिद्धांत अथवा विचार अनेकदा चुकीचे ठरतात. कालाच्या प्रवाहात बऱ्याच नवीन गोष्टींची माहिती होते. माणसाच्या ज्ञानात सदैव भर पडत जाते. जुने शोध कालबाह्य ठरतात. पूर्वापार चालत आलेले संकेत किंवा माहिती ही पूर्णपणे चुकीचीही ठरते, परंतु विज्ञान स्वत:च्या चुका स्वत:च दुरुस्त करते.

नवीन कल्पना मान्य होण्यापूर्वी, सिद्ध होण्यापूर्वी, या सर्व कल्पना खडतर

पुराव्याच्या कसोटीतून पार व्हाव्या लागतात.

व्हेलिकोव्हॊस्की प्रकरणातला सर्वांत दुर्दैवी भाग म्हणजे त्यांचा सिद्धांत खोटा ठरला किंवा ज्ञात वस्तुस्थितीशी विसंगत ठरला हा नसून, जे स्वत:ला शास्त्रज्ञ म्हणवून घेतात अशा शास्त्रज्ञांनी त्यांचे काम दाबून ठेवण्याचा प्रयत्न केला हा आहे.

विज्ञानाची सुरुवात ही पूर्णतया खुल्या चिकित्सेपोटी होत असते, तेव्हा कुठलाही नवा सिद्धांत, नवी कल्पना कितपत रुजेल किंवा खरी ठरेल याची शहानिशा ही पुराव्याच्या तर्कशुद्ध कसोटीच्या आधारेच होणार. अप्रिय विचारांची किंवा कल्पनांची गळचेपी राजकारण किंवा धर्मात होते; पण विज्ञानाच्या प्रवाहात मात्र अशा प्रकारच्या गळचेपीला कोणतेही स्थान राहाता कामा नये. भविष्यात कोण, कधी, कोणत्या मूलभूत विचारांचा शोध लावेल, याची आपल्याला कल्पना असणे अशक्य आहे.

शुक्राचे वजन, आकार आणि घनता ही जवळ जवळ पृथ्वीइतकीच आहे. शुक्र हा पृथ्वीचा जवळचा ग्रह असल्यामुळे, माणसाने त्याला निरनिराळ्या नावांनी संबोधिले आहे. १६०९ साली गॅलिलिओने शुक्राचे दुर्बिणीतून सर्वप्रथम निरीक्षण केले. त्या वेळी त्याला शुक्र थाळीवजा दिसला आणि चंद्राप्रमाणेच शुक्रालाही कला असल्याचे त्याच्या ध्यानात आले. जसजसे दुर्बिणींचे तंत्रज्ञान सुधारत गेले, तसतसे शुक्राचे निरीक्षण अधिकाधिक होऊ लागले; पण ज्ञात माहितीत त्यामुळे विशेष फरक पडला नाही.

शुक्र हा संपूर्णतया घनदाट मेघांच्या आवरणाखाली झाकलेला आहे. ज्या वेळी आपण शुक्राकडे बघतो, त्या वेळी त्या मेघांकडून परावर्तित झालेल्या सूर्यप्रकाशाकडे बघत असतो. परंतु हे मेघ कशाचे बनलेले आहेत हे मात्र कित्येक शतके गुपितच राहिले.

शुक्रावर काहीच आढळेना तेव्हा त्यावर दलदल असावी, असे अनुमान काहींनी काढले. खालील संभाषणाचा नमुना पाहा.

''मला शुक्रावर काहीही दिसत नाही.''

''का नाही?''

''कारण तो पूर्णपणे ढगांनी आच्छादिलेला आहे.''

''ढग कशाचे बनलेले आहेत?''

''अर्थातच पाण्याचे!''

''पण मग शुक्रावरील ढग हे पृथ्वीवरील ढगापेक्षा अधिक घनदाट का आहेत?''

''कारण तेथे पाणी जास्त आहे.''

''पण मग जर तेथल्या ढगात जास्त पाणी आहे तर तेथील पृष्ठभागावरही

अधिक पाणी असणारच. कोणत्या प्रकारचा पृष्ठभाग हा अधिक ओलसर असतो?''

''दलदलींचा!''

''आणि जर तेथे दलदल आहे तर तेथे माशा आणि डायनोसॉरही असायला काय हरकत आहे?''

म्हणजे निरीक्षण काय, तर शुक्रावर बघण्याजोगे काहीही नाही आणि त्याचा निष्कर्ष काय तर शुक्र हा सजीवांनी व्यापलेला आहे, तेथे डायनोसॉरही आहेत.

शुक्रावरील मेघात आपण आपल्याच विचारांचे प्रतिबिंब पाहिले. आपण जिवंत आहोत. आपल्या सभोवतालची सृष्टी सजीव आहे. त्यामुळे साहजिकच अन्य ठिकाणी सजीव सृष्टी असेल असे मानण्यास आपण चटकन तयार होतो. पण एखाद्या ग्रहावर सजीव सृष्टी आहे, की नाही हे केवळ काळजीपूर्वक केलेली निरीक्षणे आणि त्यांच्या आधारे मांडलेल्या पुराव्यातूनच सिद्ध होईल. शुक्र काही त्याच्याविषयीच्या माणसाच्या कल्पनांना सत्यात उतरवण्याकरता बांधील नाही!

डिफ्रॅक्शन ग्रेटींगच्या[१] तंत्राद्वारे, शुक्रावरील वातावरणाचा खराखुरा अंदाज प्रथम आला. जेव्हा एखादा प्रखर प्रकाशकिरण हा एखाद्या अरुंद फटीद्वारे, लोलक *(प्रिझम)* किंवा ग्रेटींगमधून आरपार जातो, त्या वेळी त्याचे सात रंगांत विभाजन होते किंवा तो सात रंगात विखुरला जातो. त्याचाच वर्णपट *(स्पेक्ट्रम)* तयार होतो. या वर्णपटात इंद्रधनुष्याचे रंग दिसतात. हा वर्णपट अधिक कंपन संख्येपासून तो कमी कंपनसंख्येपर्यंत पसरलेला असतो. जांभळ्या रंगाची कंपनसंख्या अधिक असते. त्यानंतर निळा, हिरवा, पिवळा, नारिंगी व लाल अशी ही कंपनसंख्या हळूहळू कमी होत जाते.

प्रकाश हा लाटांच्या रूपात आहे. एका सेकंदात एका ठराविक बिंदूतून किती प्रकाशलहरी *(लहरींचे शिखर)* प्रवेशतात, ह्यालाच प्रकाशाची कंपनसंख्या म्हणता येईल.

कंपनसंख्या जितकी अधिक तितकी उत्सर्जित होणारी शक्तीही अधिक!

प्रकाशलहरींची लांबी ही अँगस्ट्रॉम = (A^0), मायक्रोमीटर (Mm), सेंटीमीटर (Cm) आणि मीटर (m) मध्ये मोजली जाते.

वर्णपटाच्या जांभळ्या रंगाच्या पलीकडील भागाला *(अतिनील)* जंबूपार किरणांचा प्रदेश म्हणतात. त्यांची कंपनसंख्या जांभळ्या रंगाच्या प्रकाशलहरींपेक्षा अधिक असते. अतिनील किरणांमुळे जीवाणूंचा नाश होतो. माणसाच्या दृष्टीने हा अदृश्य प्रकाश आहे; पण अनेक कीटक आणि फोटो इलेक्ट्रीक सेल[२] हा प्रकाश ओळखू शकतात. दृश्य प्रकाशाच्या पलीकडून अजून बराच मोठा प्रदेश असा आहे, की जेथे माणसाची ज्ञानेंद्रिये निरर्थक ठरतात. अतिनील किरणांच्या पलीकडे क्ष-किरणे आहेत, तर त्याही पलीकडे गॅमा किरणे आहेत.

लाल रंगाच्या प्रकाशलहरींच्या कंपनसंख्येपेक्षा कमी कंपनसंख्या असलेल्या प्रकाशाला इन्फ्रारेड किंवा अवरक्त प्रकाश म्हणतात. हाही अदृश्य प्रकाशच आहे; पण तापमापकातील पारा मात्र या प्रकाशामुळे प्रसरण पावून तापमान दाखवतो म्हणजे डोळ्यांनी दिसत नसला तरी हा प्रकाश अस्तित्वात असतो.[३] रॅटलस्नेक्स आणि अर्धवाहक *(सेमीकंडक्टर)* हा प्रकाश ओळखतात. अवरक्त प्रकाशाच्या पलीकडील प्रकाशाचा भाग हा रेडिओ लहरींचा असतो.

प्रकाशाच्याच या सर्व लहरी *(लाटा)* आहेत. पण आपण फक्त दृश्य प्रकाशच पाहू शकतो *(४००० ते ७००० A)*. आपले डोळे त्या पलीकडील व अलिकडील लहरींना जाणून घेण्यास असमर्थ असतात. त्यामुळे आपले दृश्य विश्व हे मर्यादित बनते आणि म्हणूनच की काय, आपण या प्रकाशाच्या छोट्याशा दृश्य भागालाच 'प्रकाश' असे संबोधतो.

१८४४ साली ऑगस्ट कॉम्ट हा तत्त्वज्ञ अशा प्रकारच्या गोष्टींच्या शोधात होता, की ज्या नेहमीच अज्ञात राहतील, गुप्त राहतील. त्यांच्याविषयीची कोणतीच माहिती आपल्याला कधीही मिळणार नाही आणि उदाहरण म्हणून त्याने आकाशातले दूरचे तारे घेतले आणि असे मानले की, या ताऱ्यांविषयी मानवाला काहीही ज्ञान प्राप्त होणार नाही. कारण ना आपण तेथे भेट देऊ शकू, ना त्या ताऱ्यावरील काही भाग आपल्याला अभ्यासासाठी मिळेल. या ऑगस्ट कॉम्टच्या मृत्यूनंतर केवळ तीनच वर्षांत 'स्पेक्ट्रोमेट्री' किंवा वर्णपटशास्त्राचा उगम झाला. *(आकृती क्र. ४)*

कुठल्याही पदार्थाचे अणू किंवा रेणू हे दृश्य किंवा अदृश्य प्रकाशाच्या काही

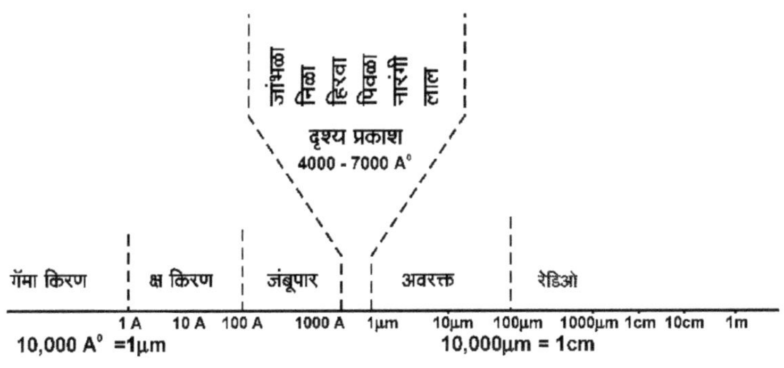

आकृती क्र. ४ : विद्युत चुंबकीय वर्णपट

प्रकाशलहरींची लांबी ही अँगस्ट्रॉम (A^0), मायक्रोमीटर (μm) सेंटीमीटर (cm) आणि मीटर (m) मध्ये मोजली जाते.

ठराविकच लहरी शोषून घेतात. एखाद्या ताऱ्याचा वर्णपट जर आपण न्याहाळू लागलो, म्हणजेच ताऱ्यावरून पृथ्वीकडे येणाऱ्या प्रकाशाचे जर आपण वर्णपटशास्त्राधारे विश्लेषण केले तर आपल्याला त्या वर्णपटात काही ठराविक रेषा गडद दिसतात.

या गडद रेषा असे दर्शवतात की प्रकाशाच्या त्या कंपनांच्या लहरी विश्लेषित वर्णपटात अस्तित्वातच नाहीत, म्हणजेच त्या ताऱ्यातील मूलद्रव्यांनी ठराविक कंपनसंख्येच्या प्रकाशलहरी शोषलेल्या आहेत. आता कोणते मूलद्रव्य किंवा संयुग प्रकाशाच्या कोणत्या कंपनसंख्येच्या लहरी शोषून घेतात, हे आपल्याला पृथ्वीवर ठरवता येते, शोधता येते.

कोणते मूलद्रव्य, कोणत्या लहरी शोषते याचे तक्तेच तज्ज्ञांनी बनवलेले आहेत. उदाहरणादाखल जर एखाद्या ताऱ्याच्या वर्णपटात कार्बनची रेषा गडद असेल तर त्याचा अर्थ असा की त्या ताऱ्यावर कार्बन आहे. अशा तऱ्हेच्या तुलनात्मक अभ्यासाने कोणत्याही ताऱ्यावरील मूलद्रव्ये शोधून काढता येतात. जणू काही प्रत्येक मूलद्रव्याची किंवा संयुगाची त्या वर्णपटावरील ती स्वाक्षरीच असते.

या शास्त्राच्या मदतीने सहा कोटी कि.मी. अंतरावरील शुक्राच्या वातावरणातील वायूंचे विश्लेषण करता येते, सूर्याचे घटकवायू शोधून काढता येतात. अब्जावधी प्रकाशवर्षे दूर असलेल्या तारकापुंजांमधील मॅग्नेटिक 'A' ताऱ्याचे घटक शोधता येतात *(युरोपिअम या मूलद्रव्याचा मुबलक आढळ हे या ताऱ्याचे वैशिष्ट्य आहे.)*.

खगोलशास्त्रीय वर्णपट अभ्यासाचे शास्त्र म्हणजे खरोखरीच जादूची कांडी आहे. विश्वाचा शोध घेण्याचे दार त्या कांडीने उघडले आहे *(सदासर्वदा सर्वथैव अज्ञात राहणाऱ्या गोष्टींमध्ये ताऱ्यांचे नाव गुंफणाऱ्या ऑगस्ट कॉम्टने खरोखरीच अजून काही वर्षे तरी जगायला हवे होते.)*.

शुक्रावर जर खरोखरीच दलदल असती तर त्याच्या वर्णपटात पाण्याच्या वाफेच्या रेषा गडद दिसायला हव्या होत्या. परंतु १९२० साली माऊंट विल्सन वेधशाळेत केल्या गेलेल्या प्रयोगात शुक्राच्या वर्णपटात तशा कुठल्याही रेषा आढळून आल्या नाहीत. शुक्राचा पृष्ठभाग हा वाळवंटसदृश आहे. वाहत्या सिलिकेटच्या धुळीने बनलेल्या ढगांच्या आवरणाखाली तो गुरफटलेला आहे. त्यापुढील अभ्यासात शुक्रावर कर्बद्विप्राणील वायू फार मोठ्या प्रमाणावर आढळला. काही शास्त्रज्ञांनी त्यातून असे अनुमान काढले की, शुक्रावरील पाणी व हायड्रोकार्बन यांचे रूपांतर कर्बद्विप्राणील वायू यात झाले आहे आणि तेथे फार मोठ्या प्रमाणावर पेट्रोलियमसारखी खनिजे सापडतील. काहींनी असे अनुमान काढले की, तेथील ढग हे अत्यंत थंड असल्यामुळे सर्व पाण्याचे बाष्पीभवन होऊन पाण्याचे थेंब बनले आहेत. त्यांचा वर्णपट हा वाफेच्या वर्णपटासारखा नाही.

शुक्राचे चित्र अधिक स्पष्ट होण्यास रेडिओ लहरींची मदत झाली. आकाशातील

एखाद्या दिशेने जर आपण रेडिओ दुर्बिण लावली तर कोणत्या कंपनाच्या रेडिओ लहरी पृथ्वीवर येत आहेत व किती शक्तिशाली आहेत, हे समजू शकते. पृथ्वीवरील टी.व्ही. आणि रेडिओ कंपन्यांनी प्रसारित केलेले संदेश रेडिओ दुर्बिणीतून नेहमीच समजू शकतात; परंतु नैसर्गिकरित्यादेखील हे संदेश वस्तूंमधून प्रसारित केले जातात. ज्या वेळी एखादी वस्तू गरम होते, त्या वेळी तिच्यातून रेडिओ लहरी बाहेर फेकल्या जातात.

१९५६ साली अशा रेडिओ दुर्बिणीतूनच शुक्राचा वेध घेण्यात आला. तेव्हा असे लक्षात आले की शुक्राचे तापमान खूप आहे आणि तो रेडिओ लहरी बाहेर फेकत असतो; पण त्याचे खरे स्वरूप स्पष्ट झाले ते रशियन यानाच्या शुक्रभेटीनंतरच!

रशियाचे व्हेनेरा हे यान ढगांच्या घनदाट आवरणातून शुक्रावर अत्यंत अज्ञात आणि गूढ ठिकाणी उतरले. त्यांनी केलेल्या पाहणीतून हे स्पष्ट झाले, की शुक्र हा अत्यंत उष्ण आहे. तेथे दलदल नाही. अपुऱ्या माहितीच्या आधारे काढलेले निष्कर्ष हे बऱ्याचदा चुकीचे आढळतात, याचे 'शुक्रावरील दलदल' हे अत्यंत उत्तम उदाहरण आहे.

रेडिओ लहरींच्या सहाय्याने शुक्राच्या वातावरणाचा वेध घेतल्यानंतर असे दिसते की बहुतेक कंपनांच्या लहरी या शुक्रावरील ढगाच्या आवरणातून आरपार जातात. शुक्रावरील पृष्ठभागावर त्यातल्या काही लहरी या शोषल्या जातात, तर अत्यंत खडबडीत पृष्ठभागावरून काही चोहोबाजूला फेकल्या जातात. शुक्राच्या परिभ्रमण कक्षेतून त्याच्या गतीचा मागोवा घेत, रेडिओ लहरींच्या सहाय्याने शुक्रावरील दिवस शोधून काढण्यात आला.

ताऱ्यांच्या दृष्टीने, २४३ पृथ्वी-दिवसांनंतर शुक्राचा एक दिवस होतो. शुक्र स्वत:च्या अक्षाभोवती एवढ्या कालावधीत फिरतो. शुक्राची फिरण्याची दिशा ही ग्रहमालेच्या आतल्या भागातील सर्व ग्रहांच्या फिरण्याच्या दिशेच्या बरोबर उलटी आहे. परिणामत: शुक्रावरील सूर्य हा पश्चिमेला उगवतो व पूर्वेला मावळतो आणि सूर्योदयापासून दुसऱ्या सूर्योदयापर्यंत लागणारा कालावधी हा ११८ पृथ्वी-दिवसांइतका असतो. इतकेच नव्हे तर तो पृथ्वीच्या जेव्हा जेव्हा जास्तीत जास्त जवळ येतो, तेव्हा तेव्हा त्याची एकच बाजू *(तीच एक बाजू)* आपल्यासमोर येते. पृथ्वीच्या गुरुत्वाकर्षणामुळे जरी शुक्र हा पृथ्वीच्या गतीत बांधला गेलेला असला, तरी ती काही आजची घटना नव्हे. शुक्र हा सूर्यमालेतल्या ग्रहांइतकाच जुना आहे.

शुक्राची बरीच छायाचित्रे मिळाली आहेत. काही पृथ्वीवरील रेडिओ दुर्बिणीच्या सहाय्याने घेतली आहेत, तर काही पायोनिअर यानाने शुक्राच्या कक्षेत फिरत असताना काढलेली आहेत. या छायाचित्रांमधून एक गोष्ट उघडकीला आली. अन् ती म्हणजे शुक्रावर अनेक विवरे आहेत. त्यातली पुष्कळशी विवरे ही चांद्रपृष्ठावरील

विवरांसारखीच मध्यम आकाराची आहेत.

शुक्रावरील ही सर्व विवरे उथळ आहेत. पृष्ठभागावर पठार आहे. ही विवरे जणू काही एखादा दगड अत्यंत तप्त झाल्यामुळे वितळून त्याचा थर पसरावा व त्याचे विवर व्हावे इतकी ती उथळ आहेत. तेथे तिबेटीअन पठारापेक्षा दुप्पट उंचीचे पठार आहे; प्रचंड खोल दरी आहे, राक्षसी ज्वालामुखी आहेत आणि एव्हरेस्टइतकेच उत्तुंग डोंगर-पर्वत आहेत. शुक्रावरील तापमान ४८०°C एवढे आहे आणि तेथील वातावरणाचा दाब पृथ्वीच्या वातावरणाच्या नव्वद पट इतका आहे. आपल्या पृथ्वीवर समुद्रात एक कि.मी. खोल गेल्यावर पाण्याचा दाब इतका असतो.

शुक्रावर पाठवण्यात आलेल्या प्रत्येक यानाला इतक्या प्रचंड दाबाला आणि प्रचंड तापमानाला तोंड द्यावे लागेल. रशिया व अमेरिकेची मिळून साधारणत: १२ अवकाशयाने ही शुक्राच्या वातावरणात प्रवेश करून आलेली आहेत. त्यातली काहीएक तासभर पृष्ठभागावर उतरून टिकण्यात यशस्वी झालेली आहेत. रशियाच्या व्हेनेरा मालिकेतील दोन यानांनी तेथील छायाचित्रेही काढलेली आहेत.

१९७८-७९ मध्ये अमेरिकेचे पायोनिअर हे यान शुक्रावर सोडण्यात आले. या यानातील भागात एक फ्लक्स रेडिओमीटर नावाचे उपकरण ठेवण्यात आले होते. या उपकरणाच्या सहाय्याने शुक्राच्या वातावरणातील वर व खाली जाणारी अवरक्त शक्ती *(इन्फ्रारेड)* प्रत्येक ठिकाणी मोजता येणार होती. त्यासाठी या उपकरणाला, अवरक्त किरणांना पारदर्शक; पण अत्यंत भरभक्कम अशी खिडकी बसवण्यात आली होती. ही खिडकी १३.५ कॅरेटच्या हिऱ्यापासून बनवलेली होती. हा हिरा अमेरिकेने आयात केलेला होता. पण त्याकरता कंत्राटदाराला १२००० डॉलर एवढा आयात कर भरावा लागलेला होता. परंतु एकदा हा हिरा यानाबरोबर शुक्रावर पाठवला तर याची फेरविक्री ही पृथ्वीवर होणे केवळ अशक्य आहे; हे लक्षात आल्यानंतर अमेरिकन कस्टम यंत्रणेने कंत्राटदाराला आयात कराची सर्व रक्कम परत केली.

दृश्य प्रकाशात शुक्रावरील पिवळसर ढग हे दिसून येतात. अतिनील *(जंबूपार)* किरणांतून पाहू शकणाऱ्या कॅमेऱ्यांच्या सहाय्याने तेथील प्रचंड दाबाचे वातावरण आणि त्यात १०० मी/सेकंद किंवा ताशी २२० मैल वेगाने भिरभिरणारे वारे दिसू शकतात. शुक्राच्या वातावरणात ९६% प्रमाण हे कर्बद्विप्राणिल *(कार्बन-डाय-ऑक्साईड)* वायूचे आहे. नत्र वायू *(नायट्रोजन)*, पाण्याची वाफ, अरगॉन, कार्बन मोनॉक्साईड आणि इतर वायू हे तेथे अत्यंत सूक्ष्म प्रमाणात आढळून येतात. हायड्रोकार्बन किंवा कार्बोहायड्रेटचे प्रमाण हे अतिशय कमी आहे; नगण्य आहे.

शुक्रावरील ढग हे मुख्यत्वेकरून संपृक्त सल्फ्युरिक ॲसिडने बनलेले आहेत. थोड्या फार प्रमाणात हायड्रोक्लोरिक व हायड्रोफ्लोरिक ॲसिडही तेथे आहे. उंच

ढगावरसुद्धा शुक्राचे वातावरण अत्यंत खोडसाळ आहे.

शुक्रावरील वातावरणात साधारणत: ७० कि.मी. इतक्या उंचीवर लहान लहान कणांचा सतत मारा होत असतो. ६० कि.मी. उंचीवरून आपण जसजसे खाली येऊ लागतो, तसतसे तीव्र सल्फ्युरिक आम्लाचे थेंब आपल्याभोवती गोळा व्हायला लागतात. वातावरणाच्या तळाच्या थरात, सल्फर-डाय-ऑक्साईड हा वायू सूक्ष्म प्रमाणात आढळून येतो. हा वायू वरती ढगांपर्यंत वाहतो. सूर्याच्या अतिनील *(जंबूपार)* किरणांमुळे त्याचे विभाजन होते. त्यानंतर पाण्याशी रासायनिक क्रिया घडून त्याचे सल्फ्युरिक आम्ल तयार होते. या आम्लाचे शीतकरण झाल्यामुळे थेंबाथेंबामध्ये रूपांतर होते आणि हे थेंब हळूहळू खाली येऊ लागतात. कमी उंचीवर त्याचे परत पाणी आणि सल्फर-डाय-ऑक्साईडमध्ये विभाजन होते आणि ही प्रक्रिया चक्रासारखी चालू राहते. अशा रीतीने शुक्रावर सदैव सल्फ्युरिक आम्लाचा पाऊस पडत असतो; परंतु त्यातला एकही थेंब शुक्र-पृष्ठभागापर्यंत पोहोचत नाही. साधारणत: ४५ कि.मी. इतक्या उंचीपर्यंत *(तळापासून)* हे गंधकाच्या रंगाचे धुके पसरलेले असते. जसजसे आपण अधिकाधिक खाली जाऊ, तसतसे वातावरण निवळू लागते. पण त्याचबरोबर दाटही बनत जाते. वातावरणाच्या प्रचंड दाबामुळे शुक्रपृष्ठही दिसू शकत नाही.

वातावरणातील रेणूंकडून सूर्यप्रकाश परावर्तित केला जातो आणि पृष्ठभागावरील कोणतीही प्रतिमा दिसू शकत नाही. या उंचीवर धूळ किंवा ढग यापैकी काहीही आढळत नाही. फक्त वातावरण घनदाट झाल्याचे आढळते. वरच्या ढगांवरूनच सूर्यप्रकाश परावर्तित केला जातो.

प्रचंड उष्णता, चिरडून टाकणारा वातावरणाचा प्रचंड दाब, अत्यंत विषारी वायू आणि या सर्वांचे हे भेसूर लालसर पिवळे मिश्रण हे सर्व पाहिल्यानंतर शुक्राला प्रेमाची देवता किंवा प्रतीक मानणे केवळ कविकल्पनेतच शक्य होईल.

जर यदाकदाचित काही दिसू शकलेच तर काही पृष्ठभागावर पृथ्वीवरून पाठवलेल्या यानाचे अवशेषच दिसून येतील. अन्यथा शुक्राचा पृष्ठभाग हा या घनदाट विषारी आवरणाखाली अदृश्य झालेला आहे. अशा या भयाण वातावरणात कोणताही सजीव जिवंत राहणे केवळ अशक्य आहे. कारण या वातावरणात कार्बनी किंवा अकार्बनी रेणूंचे केवळ विभाजनच होईल. पण जर एखादी सजीव सृष्टी निर्माण झालीच तर ती कशी असेल? यासंबंधी काही शास्त्रीय तर्क आपण मांडू शकतो.

पृथ्वीवरील विज्ञानाची प्रगती ही ग्रह-ताऱ्यांच्या निरीक्षणामुळे अधिक जोमाने झाली. पण शुक्र हा पूर्णपणे ढगांनी वेढलेला आहे. शुक्रावरील रात्र ही ५९ पृथ्वी-दिवसांइतकी प्रदीर्घ आहे आणि अशा या प्रदीर्घ रात्री जरी आकाशाचे निरीक्षण करायचे म्हटले तरी ते सर्वथैव अशक्य आहे. कारण शुक्रपृष्ठावरून आकाश

दिसतच नाही. दिवसादेखील सूर्याचे दर्शन होत नाही. सूर्यप्रकाश या वातावरणामध्ये पूर्णपणे विखुरला जातो.

ज्याप्रमाणे पाणबुड्याला समुद्रतळाशी सलग बंदिस्त प्रकाश दिसतो, तसा प्रकाश शुक्रपृष्ठावरून दिसू शकेल आणि जर शुक्रावर रेडिओ दुर्बिणीचा शोध लागला तर सूर्य, पृथ्वी व इतर अन्य ग्रहांचा वेध घेता येईल. जर तेथील जीवसृष्टीने खगोलशास्त्राचा पाठपुरावा केला तर केवळ भौतिकशास्त्राच्या नियमांवरूनच इतर तारे अस्तित्वात आहेत हे समजू शकेल. डोळ्यांना काहीच दिसणार नाही.

तिथल्या जीवसृष्टीला जर आपली भूमी *(शुक्रभूमी)* सोडून आकाशात भ्रमण करता आले, तर काय दिसू शकेल? त्यांना आकाशदर्शन होण्याकरता प्रचंड दाबातून ४५ कि.मी. इतके अंतर प्रथमत: काटावे लागेल. ढगांमधून आरपार जाऊन, ढगाच्या आवरणाला मागे टाकून मगच वरचे चमचमते आकाश त्यांना दिसू शकेल.

शुक्रावरील ढग आणि वातावरण हे दृश्य प्रकाशाच्या दृष्टीने अर्धपारदर्शक आहेत. या दृश्य प्रकाशामुळे *(४००० A^0 ते ७०००A^0)* शुक्रावरील पृष्ठभाग तापतो आणि उष्णता पुन्हा परावर्तित करतो; परंतु शुक्र हा सूर्याच्या मानाने फारच थंड आहे. त्यामुळे तो आपली उष्णताही दृश्य प्रकाशाऐवजी अवरक्त लहरींतून परावर्तित करतो; पण शुक्राच्या वातावरणातील बाष्प *(पाण्याची वाफ)* आणि कर्बद्विप्राणिल वायू हे अवरक्त उत्सर्जनाच्या दृष्टीने पूर्णपणे अपारदर्शक आहेत. म्हणजेच ही उष्णता त्यामधून बाहेर टाकली जात नाही. त्यामुळे सौरशक्ती साठवली जाते आणि पृष्ठभागाचे तापमान वाढते. हे तापमान कुठपर्यंत वाढते? खालील वातावरण व पृष्ठभागात शोषला गेलेला प्रकाश व अत्यंत थोड्या प्रमाणात उत्सर्जित होणाऱ्या अवरक्त लहरी यांचे संतुलन साधेपर्यंत हे तापमान वाढते.

शुक्रावरील वातावरणात पाण्याच्या वाफेचे प्रमाण किती आहे, याबाबतचा अचूक अंदाज अजूनपर्यंत वर्तवता आलेला नाही. पायोनिअर यानाने गोळा केलेल्या निरीक्षणाच्या आधारे पाण्याचे प्रमाण ०.१% असावे, असे वाटते. याउलट रशियाच्या व्हेनेरा ११ व १२ या यानांनी अवरक्त मापनाद्वारे केलेल्या निरीक्षणातून हे प्रमाण ०.०१% असावे असे वाटते.

पहिल्या निरीक्षणानुसार केवळ कर्बद्विप्राणिल वायू व पाण्याची वाफ औष्णिक ऊर्जा दाबून ठेवण्यास व पृष्ठभागात तापमान ४८०°C पर्यंत नेऊन ठेवण्यास पुरेसे आहे व दुसऱ्या निरीक्षणानुसार तापमान ३८०°C पर्यंत राहील. इतर घटक हे उरलेले तापमान वाढवण्यास कारणीभूत आहेत. हे उरलेले घटक म्हणजे थोड्या प्रमाणात सापडलेले कर्बद्विप्राणिल वायू, सल्फ्युरिक ॲसिड, हायड्रोक्लोरिक ॲसिड असू शकतात.

अमेरिका व रशिया या दोन्ही राष्ट्रांच्या प्रयोगामुळे एक गोष्ट निश्चितपणे सिद्ध झालेली आहे आणि ती ही की, शुक्रावरील तापमान हे हरितगृह परिणामामुळे वाढते.

एकंदरीत काय तर शुक्राला सौंदर्याची प्रतिमा, प्रतीक समजून माणसाने अनेक संस्कृतींमधून निरनिराळी नावे दिलेली आहेत. पण प्रत्यक्षात मात्र तो एक अत्यंत दु:सह ग्रह असल्याचे लक्षात आले आहे. तरीसुद्धा त्याचा पूर्णपणे वेध घेण्याचा प्रयत्न मानव नेहमीच चालू ठेवील *(पाश्चात्त्य संस्कृतीत शुक्राला सौंदर्याचे प्रतीक मानले जाते.)*.

इजिप्तमध्ये अर्धे तोंड माणसाचे व अर्धे सिंहाचे असलेला स्फिंक्स हा पुतळा साडेपाच हजार वर्षांपूर्वी बनवण्यात आलेला आहे. एके काळी या पुतळ्याचा चेहरा रेखीव होता. आज हजारो वर्षांच्या वाळूच्या तडाख्यामुळे व कधीतरी येणाऱ्या पावसामुळे तो चेहरा ठिसूळ झालेला आहे. न्यूयॉर्क शहरात अशीच एक 'ओबेलिस्क'[४] आहे. केवळ शंभर वर्षांच्या कालखंडात त्यावरील लिपी ही औद्योगिक प्रदूषण व धुरामुळे पुसली गेलेली आहे. ताजमहालाचा बाह्य भागही असाच औद्योगिक प्रदूषणाचा बळी ठरण्याची भीती आहे. ही प्रदूषणांची प्रक्रिया शुक्रावरील रासायनिक प्रक्रियेसारखीच आहे.

पृथ्वीवर धूप होण्याची क्रिया धीमेपणाने चालते. त्यामुळे प्रचंड पर्वत-डोंगरांच्या रांगांचे आयुष्य सहजपणे काही लाख वर्षे एवढे असते. लोणारसारखी विवरे ही कित्येक हजार वर्षे थोड्याफार फरकाने आहेत तशीच राहतात, तर मानवनिर्मित वास्तू काही शे वर्षे तग धरून राहतात. याला कारण म्हणजे अन्य ग्रहांसारखे खवळलेले वातावरण येथे नाही. कायमस्वरूपाचे वादळी वारे, पावसाचा मारा, विषारी वायूंचे तांडव आपल्या पृथ्वीवर होत नाही. पुष्कळदा माणूसच काही सुंदर वास्तू द्वेषापोटी नष्ट करतो!

नैसर्गिक उत्पात हे सूर्यमालेतील सर्वच ग्रहांवर आढळून येतात. पृथ्वीवरही तसे ते घडतात. भूकंप, ज्वालामुखी, पडझड यामुळे भूपृष्ठाचीही रचना बदलते. मंगळावर पूर्वी कधीतरी वाहत्या असणाऱ्या नद्या सद्यस्थितीत मात्र कोरड्या झालेल्या आढळतात. गुरूचा उपग्रह 'आयो'वर गंधकाचे झरे आढळतात. ज्वालामुखींचे उद्रेक, लाव्हारसाचा महापूर, कडाडणाऱ्या विजा सर्व ठिकाणी आढळून येतात. लक्षावधी वर्षांच्या प्रवाहात ग्रहांचे पृष्ठभाग नैसर्गिक उत्पातामुळे बदलतात.

पृथ्वीवरील १० कि.मी. व्यासाचे विवर हे दर ५,००,००० वर्षांनी बनते आणि साधारणत: ते अगणित कालपर्यंत त्याच स्थितीत राहते. अस्थिर भूस्तरावर ही विवरे जरा अधिक वेगाने बनतात आणि लवकर नष्टही होतात.

पण पृथ्वीवरील तापमान वाढायला कारणीभूत ठरलेला या नैसर्गिक उत्पातापेक्षाही

वेगळा असा अनन्यसाधारण घटक आहे आणि तो म्हणजे माणूस!

पृथ्वीवर हरितगृह-परिणामांमुळे येथील वातावरणात कर्बद्विप्राणिल वायू आणि पाण्याचे पुरेसे प्रमाण आहे. हरितगृह-परिणाम जर येथे नसता, तर येथील तापमान पाण्याच्या गोठणबिंदूइतके खाली सहजपणे गेले असते. या परिणामामुळे येथे जीवन शक्य झाले आहे. पृथ्वीवरही शुक्राप्रमाणेच बराच भाग कर्बद्विप्राणिल वायू आहे, पण तो वातावरणात नसून खडक, चुन्याचे दगड, कार्बोनेट्सच्या स्वरूपात आहे. पृथ्वी जर सूर्याच्या किंचित अधिक जवळ सरकली तर तिचे तापमान थोडेसे वाढेल. खडकातील कर्बद्विप्राणिल वायू हा वातावरणात फेकला जाईल, मिसळला जाईल. त्या वेळी हरितगृहाचे तीव्र परिणाम जाणवू लागतील. परिणामतः भूपृष्ठ अधिक तापेल. या तप्त भूपृष्ठामुळे अधिक प्रमाणात कर्बद्विप्राणिल वायू हा वातावरणात मिसळेल.

शुक्राच्या इतिहासात नक्की ही प्रक्रिया घडली असणार. कारण शुक्र सूर्याच्या जवळ आहे. शुक्राचे वातावरण ही आपल्या दृष्टीने धोक्याची घंटा आहे. पुढे-मागे कदाचित हीच घटना या पृथ्वीच्या बाबतीतही घडू शकते.

पेट्रोलियमजन्य खनिजे हे येथील संस्कृतीचे मूळ ऊर्जास्रोत आहे. ही खनिजे पुरातन, वनस्पतीजन्य आहेत. आपण ज्या वेळी लाकूड, कोळसा, तेल, नैसर्गिक वायू जाळतो, त्या वेळी त्यातून कर्बद्विप्राणिल वायू वातावरणात सोडला जातो. साहजिकच पृथ्वीच्या वातावरणातील कर्बद्विप्राणिल (कार्बन-डाय-ऑक्साईड) वायूचे प्रमाण प्रकर्षाने वाढलेले आहे. अनिर्बंध हरितगृहाचे परिणाम आपल्याला हे दर्शवतात; किंबहुना धोक्याची घंटा वाजवितात, अन् सांगतात की जर आपण आपले प्रदूषण आटोक्यात ठेवले नाही, योग्य ती काळजी घेतली नाही, तर येथे उत्पातांची एक प्रक्रियाच सुरू होईल. कारण कोळसा, तेल आणि रॉकेलच्या ज्वलनानंतर गंधकाम्लही वातावरणात सोडले जाते. पृथ्वीच्या वातावरणाच्या वरच्या थरात स्तरितांबरामध्ये[५] आजही शुक्रासारखेच गंधकाम्लाचे थेंब आहेत. पृथ्वीवरील सर्व महत्त्वाची शहरे ही विषारी वायूंनी प्रदूषित आहेत. भविष्यकाळात याचे किती गंभीर परिणाम होणार आहेत याची आपल्याला जाणीव नाही. एवढेच नव्हे तर आपण आपले पर्यावरण बदलत आहोत. आपण जंगलतोड करून वैराण जमिनी तयार करतो. परिणामतः जंगलामुळे पूर्वी जेवढा सूर्यप्रकाश शोषला जायचा, त्याच्यापेक्षा कमी प्रमाणात सूर्यप्रकाश आज जमिनीत शोषला जातो. त्यामुळे भूपृष्ठाचे तापमान कमी होते. या कमी तापमानामुळे बर्फाळ ध्रुवीय प्रदेशाचे आकार वाढले तर अधिक सूर्यप्रकाश परावर्तित केला जाईल व तापमान पुन्हा खाली येईल. म्हणजेच हरितगृह-परिणामाच्या बरोबर विरुद्ध परिणाम घडून येईल. कदाचित या दोन्ही परस्परविरोधी प्रक्रियांमुळे पृथ्वीचे तापमान आहे तेथेच स्थिर राहील?

एखाद्या ग्रहावर पडलेला सूर्यप्रकाश आणि तेथून बाहेर अंतराळात परावर्तित झालेला, फेकलेला सूर्यप्रकाश यांच्या अंशाला 'अलबेडो' म्हणतात. उरलेला सूर्यप्रकाश हा भूपृष्ठावर शोषला जातो आणि तोच भूपृष्ठाचे सरासरी तापमान ठरविण्यास कारणीभूत होतो. पृथ्वीचा असा तापमान अंश किंवा अलबेडो आहे ३० ते ३५ टक्के. अलबेडोमुळे हरितगृह परिणामाच्या विरुद्ध परिणाम साधला जातो.

या विश्वाच्या अफाट पसाऱ्यात आपल्यासाठी एकच घर उपलब्ध आहे आणि ते म्हणजे आपली ही निळी सुंदर पृथ्वी!

शुक्र अत्यंत तप्त आहे. मंगळ अतिशय थंड आहे. पण पृथ्वी... पृथ्वी हीच एकमेव आहे, अनन्यसाधारण आहे. जीवनाच्या वाढीला योग्य आहे, नव्हे केवळ इथल्या जीवसृष्टीकरताच ती आहे! सरतेशेवटी ती आपली जन्मदा आहे.

पण आज आपणच आपल्या हातांनी इथल्या पर्यावरणाचा समतोल बिघडवत आहोत. परिणामत: इथले वातावरण शुक्रासारखे रौद्र किंवा मंगळाप्रमाणे अतिशीत तर होणार नाही? आजतागायत याचे उत्तर आपल्याजवळ नाही. इथल्या पर्यावरणाचा अभ्यास, येथील पर्यावरणाची इतर ग्रहांशी तुलना या क्षेत्रामधला अभ्यास आज तरी अत्यंत अपुरा आहे. त्यातल्या अनेक गोष्टी आज पूर्णपणे अज्ञात आहेत. असे असूनही आपण आपले वातावरण फार मोठ्या प्रमाणात प्रदूषित करत आहोत. बेसुमार जंगलतोड करत आहोत आणि पुढील परिणामांची फिकीर न करता आत्मनाश ओढवून घेत आहोत.

पृथ्वीवर जेव्हा काही लाख वर्षांपूर्वी मनुष्यप्राणी जन्मला, तेव्हा ती प्रौढा होती. आज या माणसाच्या हातात विज्ञान आहे, तंत्रज्ञान आहे, बुद्धी आहे. त्यांचा उपयोग तो कसा करून घेणार आहे? संपूर्ण मनुष्यजातीला विद्ध्वंसक ठरतील, अशा गोष्टी केवळ अज्ञानापोटी आपण करणार आहोत का? पृथ्वीच्या व तिच्या यापुढे येणाऱ्या वंशजांच्या भविष्यापेक्षा आपण आपला अत्यंत छोटासा वर्तमानच अधिक पुजणार आहोत का? का जरा दूरचा विचार या भविष्यातील पिढ्यांकरिताही करणार आहोत अन् ही पृथ्वी व तिचे पर्यावरण शाबूत ठेवणार आहोत? खरोखरीच जरा थांबून विचार करण्याजोगी गोष्ट आहे नाही का?

विश्वाच्या अफाट पसाऱ्यात खरोखरीच ही पृथ्वी फार लहान आहे, नाजूक आहे, तिची काळजीही आपणच घ्यायला हवी.

□

तळटीपा

१. डिफ्रॅक्शन किंवा विवर्तन – प्रकाश किरण किंवा कुठल्याही लहरी या अडवल्या व त्यांना पलीकडे जाण्यासाठी एकच वाट दिली आणि ती वाट किंवा त्या छिद्राचा व्यास हा जर त्या लहरींच्या लांबीइतका असेल, तर त्या लहरींचा जो भाग त्या वाटेतून किंवा छिद्रातून बाहेर पडतो, तो पसरतो. या क्रियेला विवर्तन *(डिफ्रॅक्शन Diffraction)* असे म्हणतात. प्रकाश हा लहरींचाही आहे हे सिद्ध करण्यासाठी विवर्तनाचा दाखला दिला जातो. प्रकाश किरणांचे विवर्तन हे एक अत्यंत प्रभावी तंत्रज्ञान आहे. यावरून ताऱ्यांची मूलद्रव्ये ओळखता येतात. प्रकाशकिरण जेव्हा अशा अरुंद फटीतून बाहेर पडतो, तो बाहेर पडल्यानंतर जर एखाद्या पडद्यावर पडला तर पडद्यावर विवर्तन रचना *(Diffraction Pattern डिफ्रॅक्शन पॅटर्न)* दिसते. त्या रचनेत मध्यभागी रुंद, ठळक स्तंभ दिसतो, तर कडांना असणारे अरुंद व अस्पष्ट पुसट स्तंभ दिसतात.

विवर्तनाच्या उदाहरणाचा अनुभव आपल्यापैकी प्रत्येकजण घेतोच. स्वच्छ निळ्या आकाशाकडे नुसत्या डोळ्यांनी पाहिल्यास दृष्टीसमोर काही जीवाणूंसारखे चित्रविचित्र आकार प्रत्येकालाच दिसतात. डोळ्यातील पारदर्शक भागात सूक्ष्मतम साठे/राशी *(Deposits)* असतात. त्यांच्या कडांना जेव्हा प्रकाश किरण स्पर्शून जातात, तेव्हा डोळ्याच्या पडद्यावर विवर्तन रचना निर्माण होते.

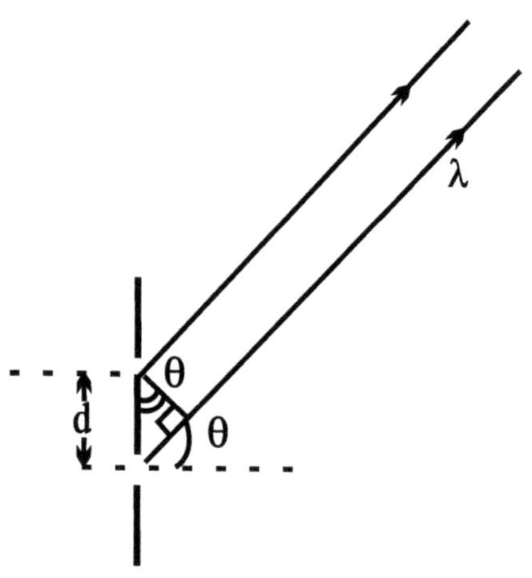

विवर्तन ग्रेटींग *(Diffraction Grating)* या उपकरणांच्या सहाय्याने दूरवरील ताऱ्यांचा अभ्यास करणे सोपे जाते. या उपकरणात अशी रचना असते की, अत्यंत कमी रुंदीच्या फटीमधून एकाच कंपनाच्या प्रकाशलहरी पाठवल्या जातात. त्या वेळी त्या लहरींमुळे व्यतीकरणाच्या अरुंद पट्ट्यांची रचना निर्माण होते. आणि $d\sin\theta = m\lambda$ या सूत्रावरून प्रकाश लहरींची लांबी मोजता येते. (d = दोन फटींमधले अंतर, λ = प्रकाश लहरींची लांबी, θ = हा प्रकाश किरणांनी केलेला कोन.)

२. फोटो इलेक्ट्रीक सेल – एक विद्युत साधन ज्यावर प्रकाश पडला की त्यातून विद्युत प्रवाह वाहतो.

३. रॅटलस्नेक – अमेरिकेतील साप. हा शेपटीने खडखड असा आवाज करतो.

४. ओबेलिस्क – दगडाचा निमुळता होत गेलेला, टोकाशी अणुकुचीदार असलेला चौकोनी खांब, पूर्वीच्या काळी खासकरून इजिप्तमध्ये, स्मारक म्हणून असे ओबेलिस्क उभे केले होते.

५. स्तरितांबर *(स्ट्रॅटोफिअर)* – पृथ्वीच्या पृष्ठभागापासून, सुमारे २० ते ८० किमी उंचीवर असणारा हवेचा थर, यात पाण्याची वाफ अथवा ढग नसतात.

◆

मंगळाचे अंतरंग

बऱ्याच वर्षांपूर्वीची ही गोष्ट आहे. एका मान्यवर वर्तमानपत्राच्या प्रकाशकाने तितक्याच ख्यातनाम खगोलशास्त्रज्ञाला एक तार पाठवली आणि त्यात म्हटले की, 'मंगळावर जीवसृष्टी आहे की नाही ह्याविषयी ताबडतोब पाचशे शब्दांत कळवा.' संशोधकाने प्रत्युत्तर म्हणून परत तारेत कळवले. 'कोणालाच माहिती नाही' *(नोबडी नोज्)* असे अडीचशे वेळा तारेत लिहिले. वैज्ञानिकांनी इतकी प्रांजळ कबुली देऊनही, मंगळावरील जीवसृष्टीबाबत अनेक समज वा अपसमज लोकांनीच लोकांमध्ये पसरवले; अजूनही पसरवतात. काहीजणांना मंगळावर जीवसृष्टी मनापासून हवी असते, तर काहींची अशी प्रबल इच्छा असते की मंगळावर जीवसृष्टी नसावी/नाही. दोन्ही मतांचा अतिरेक करणारे लोक दोन्ही पक्षांकडे आहेत. पण त्यामुळेच विज्ञानाला आवश्यक असणारी विचारांची लवचिकता राहात नाही. काही लोक तर असे असतात की त्यांना फक्त उत्तर हवे असते. कोणतेही उत्तर! बहुधा परस्परभिन्न शक्यता, एकाच वेळी डोक्यात बाळगण्याचे ओझे त्यांना नको असते. सर्वसामान्य जनताच नव्हे तर काही वेळा शास्त्रज्ञांमध्येही असे गट दिसून येतात. काही पुराव्यावरून काही शास्त्रज्ञांना असे वाटले, की मंगळावर जीवसृष्टी आहे, पुढे हे पुरावे फोल ठरले. काहींनी असा निष्कर्ष काढला की मंगळावर जीवसृष्टी नाही, कारण प्राथमिक शोध घेतला असता, सकृतदर्शनी तरी कोणतीच जीवसृष्टी तेथे आढळून आलेली नाही!

पण मंगळाबाबतच एवढे औत्सुक्य का? शनीवरील रहिवासी किंवा प्लूटोवरील सजीव यांच्याविषयी इतके आकर्षण का पसरले नाही?

याचे कारण असे आहे की मंगळ हा ग्रह पुष्कळसा पृथ्वीसारखाच आहे. ज्याचा पृष्ठभाग आपण बघू शकू, असा तो सर्वांत जवळचा ग्रह आहे. मंगळावर पृथ्वीप्रमाणेच बर्फाळ ध्रुवीय आच्छादने किंवा टोप्या आहेत. तरंगणारे पांढरे ढग आहेत. रौद्रावतार धारण करणारी धुळीची वादळे आहेत. कधी कधी तर चोवीस तासात हे प्रवाह किंवा आकार बदलतात. जणू काही इथे वसाहतच असावी असे वाटण्याजोगे हे जग आहे.

मंगळात मंगळावरील दंतकथांद्वारे पृथ्वीवरील आशा, आकांक्षा व भयांचे प्रतिबिंब आपण पाहत असतो. भारतीय ज्योतिषशास्त्रात पत्रिकेतील मंगळाच्या स्थानाचा प्रभाव तर सर्वज्ञातच आहे. अन्य कोणत्याही ग्रहाबाबत नसतील, इतक्या कथा मंगळावरील रहिवासी किंवा त्याच्या उडत्या तबकड्या या बाबतीत लिहिल्या गेल्या असतील.

पण आपल्याला तेथे काय असावे असे वाटते, याचा परिणाम तेथे काय आहे, याच्या अभ्यासावर पडता कामा नये. पुरावा ही सगळ्यात महत्त्वाची गोष्ट आहे आणि पुरावा अद्याप तरी मिळालेला नाही.

प्रत्यक्षात मंगळ हे एक अद्‌भुत विश्व आहे. इतिहासात त्याच्याविषयी रंगवलेल्या चित्रापेक्षा भविष्यातले चित्र निश्चित अनोखे असणार आहे. आजची आपली पिढी, मनुष्यरहित यानातून मंगळावर जाऊन आली आहे. तेथल्या वाळूचे नमुने गोळा केले आहेत.

तसे पाहिले तर पृथ्वीबाहेर सजीव सृष्टी असेल, अशी कल्पना आपण कैक वर्षे बाळगत आलेलो आहोत. इ.स. १८९४ साली पर्सिव्हल लॉवेलने एक प्रयोगशाळा स्थापली. त्याच प्रयोगशाळेत मंगळाविषयीच्या *(जीवसृष्टीविषयक)* अनेक कल्पना प्रसृत पावल्या. आपल्या तारुण्यात लॉवेलने खगोलशास्त्राच्या अभ्यासाचा प्रयत्न केला. तेथून तो हॉवर्ड येथे गेला. कोरियात अधिकारी म्हणून गेला. एकंदरीतच श्रीमंत लोक जशी वेगवेगळी स्थाने भूषवतात तशी त्याने भूषवली. १९१६ साली तो मरण पावला, पण तत्पूर्वी त्याने ग्रह आणि त्यांची उत्क्रांती, प्रसरण पावणारे विश्व यासंबंधी बरेच लिहिले. प्लूटोचा शोध त्याने लावला. त्याच्यावरूनच प्लूटो हे नाव दिले गेले. प्लूटोमधील पहिली दोन आद्याक्षरे ही त्याच्याच नावातली आद्याक्षरे आहेत.

परंतु लॉवेलने साऱ्या आयुष्यभर मंगळावर मनापासून प्रेम केले. १८७७ साली इटालिअन शास्त्रज्ञ गीयोव्हानी शिआपरेली याने मंगळावर कालवे असल्याचे जाहीर केले. या घोषणेमुळे लॉवेलच्या अंगात अक्षरशः वीज संचारल्यासारखा उत्साह आला. आपल्या निरीक्षणात शिआपरेली यांना मंगळावर एकमेकांना छेदणाऱ्या एकेरी व दुहेरी रेषांचे जाळे आढळून आले. १८९२ साली शिआपरेली यांची दृष्टी अधू झाली. त्यांनी मंगळाचे निरीक्षण व अभ्यास थांबवत असल्याची घोषणा केली. लॉवेलचे काम चालूच होते. या कामाकरता त्याला अशी जागा हवी होती, की तेथून रात्रीचे स्वच्छ व निरभ्र आकाश न्याहाळता आले असते. शहरातील दिव्यांपासून दूर रात्रीचे खरे आकाश बघता येते. वातावरणातील लहानसहान भोवऱ्यांमुळे दुर्बिणीतून बघताना तारे लुकलुकताना दिसतात. याकरता लॉवेलने आपली प्रयोगशाळा घरापासून खूप दूर ॲरिझोना येथे बांधली. तेथेच त्याने मंगळाच्या पृष्ठभागाचे चित्र रेखाटले.

विशेषकरून कालव्याच्या चित्राने तो भारावून गेला.

अशी ग्रहांची निरीक्षणे करणे सोपे नाही. घरापासून दूर एखाद्या निर्जन स्थळी, उंचावर, कडाक्याच्या थंडीत, पहाटेच्या वेळी, तासन् तास मंगळाकडे दूर्बिणीतून बघणे ही एक तपश्चर्याच आहे. पुष्कळदा पहाता पहाता समोरची प्रतिमा धूसर बनते, अशा वेळी जे पाहिलेले असते ते विसरून परत स्वच्छ प्रतिमा पहाण्यासाठी प्रयत्न करावे लागतात. क्वचित्च एखाद्या वेळी ही प्रतिमा स्थिर बनते आणि ग्रहाचे चित्र क्षणभरच का होईना दिसते. त्यानंतरचा सर्वांत कठीण भाग म्हणजे जे पाहिलेले असते, ते आठवून तेच कागदावर उतरवणे आणि निरीक्षणे लिहिताना स्वत:च्या मनात मंगळाविषयीचे किंवा कुठल्याच ग्रहाविषयीचे पूर्वग्रह बाजूला ठेवून जे पाहिले ते लिहिणे. हे सर्वांत महत्त्वाचे काम आहे.

पर्सिव्हल लॉवेलच्या सर्व वह्या, या अशा तऱ्हेच्या टिपणांनी, जे त्याने पाहिले, असे त्याला वाटले अशा टिपणांनी पूर्णपणे भरलेल्या आहेत. ध्रुव असण्याची शक्यता, कालवे, काळसर, ठळक प्रदेश आणि कालव्यांचे जाळे अशी अनेक प्रकारची टिपणे आहेत. लॉवेलचा असा विश्वास होता की हे कालव्याचे पसरलेले जाळे म्हणजे मंगळवासीयांनी पाण्याकरता केलेली सोय आहे. वितळणाऱ्या बर्फाचे पाणी, मंगळावरील विषुवृत्तीय प्रदेशात या कालव्यांद्वारे पसरले आहे. लॉवेल असेही गृहीत धरून चालला होता, की मंगळावर कदाचित् आपल्यापेक्षाही हुषार प्राणी/ सजीव असावेत. त्याच्या लेखी मंगळावरील ते काळसर चकचकीत प्रदेश म्हणजे शेती असावी किंवा वाढलेली जंगले असावीत. त्याने असेही मानले होते की मंगळ हा बहुतांशी पृथ्वीप्रमाणेच आहे. थोडक्यात काय की त्याने बरेच काही गृहीत धरले होते.

लॉवेलच्या मंगळावर वाळवंट होते. पृथ्वीप्रमाणेच मंगळावरील बरेचसे प्रदेश नैऋत्य अमेरिकेतल्यासारखे *(म्हणजे त्याच्या प्रयोगशाळेचा भाग किंवा प्रदेश जसा आहे आणि जेथे आहे त्यासारखे)* होते. लॉवेलच्या मंगळाची हवा फारशी थंड नव्हती. दक्षिण इंग्लंडप्रमाणे सोयीची होती. हवा विरळ होती, पण श्वास घेण्यालायक होती. पाणी दुर्मिळ होते, पण मोठ्या प्रमाणावर कालव्याचे जाळे पसरून ग्रहावर पाण्याची सोय केलेली होती.

लॉवेलच्या या सर्व कल्पनांना धक्का बसला. अन् तोही एका अनपेक्षित व्यक्तीकडून! १९०७ साली अल्फ्रेड रसेल वॉलेस या उत्क्रांतिवादाच्या अभ्यासकाला लॉवेलच्या पुस्तकाची समीक्षा करण्यासाठी विचारले गेले. वॉलेस हा मुळात अभियंता होता आणि एकूणच मंगळावरील वसाहत, याविषयी तो साशंक होता. वॉलेसने असे दाखवून दिले की लॉवेलच्या मंगळावरील तापमानाच्या आकडेमोडीत चूक झालेली होती. आणि मंगळावरील तापमान हे दक्षिण इंग्लंडप्रमाणे आल्हाददायक

नसून अत्यंत अपवादात्मक जागा वगळता पाण्याच्या गोठणबिंदूच्याही खाली आहे. प्रत्यक्षात तेथे अक्षरश: गोठलेले प्रदेश असायला हवेत. लॉवेलच्या अंदाजापेक्षा तेथील हवा फारच विरळ होती. चंद्रावरील विवरांप्रमाणेच मंगळावरही विवरे होती.

वॉलेसने कालव्यांच्या जाळ्याविषयी असे म्हटले आहे की, 'अशा रुक्ष वातावरणातून दूरवर वाळवंटामधून कालव्याचे जाळे पसरवणे म्हणजे प्रगत संस्कृतीचे लक्षण नसून अत्यंत वेडगळपणाचे लक्षण मानले पाहिजे. कारण अशा प्रकारच्या वातावरणातून पाण्याच्या एखाद्या थेंबाचीही वाफ होण्यापासून सुटका होऊ शकत नाही *(उगमस्थानापासून शंभर मैलांच्या परिसरात.)*.

मंगळाचे हे अत्यंत रुक्ष, भकास पण शास्त्रीयदृष्ट्या बरेचसे बरोबर विवेचन वॉलेसने केले. त्याच्या निष्कर्षानुसार स्थापत्य अभियंते आणि ज्यांचा ओढा, पाणी/पाटबंधारे, धरण, कालवे यांकडे आहे असे सजीव मंगळावर असणे अशक्य आहे. पण त्याने तेथे सूक्ष्म जीवाणूंच्या शक्यतेबद्दल कोणतेच मत प्रदर्शित केले नव्हते.

वॉलेसच्या या विवेचनानंतर लॉवेलच्या तोडीच्या अनेक शास्त्रज्ञांनी मंगळाची निरीक्षणे केली. त्यांनादेखील मंगळावर कोणतेही जाळे दिसून आले नाही. असे असतानाही लॉवेलच्या मंगळाविषयीच्या मतांना फार प्रसिद्धी मिळाली. याचे कारण म्हणजे एखाद्या प्राचीन, पौराणिक दंतकथेला आवश्यक असणारे सर्व गुण त्यात होते. ही कल्पना इतकी रुजण्याचे दुसरेही एक कारण होते. १८६९ मध्ये सुवेझ कालवा बांधला गेला. १८९३ मध्ये कोरींथ कालवा बांधला गेला. १९१४ मध्ये पनामा कालवा बांधला गेला. आता जर अमेरिकन आणि युरोपियन असे कालवे बांधू शकतात, तर मंगळावरील लोक का बांधू शकणार नाहीत? कदाचित ते आपल्यापेक्षाही प्रगत असतील.

आज मंगळातील कक्षांमधून नव्याने शोध घेण्याकरता आपण उपग्रह पाठवले आहेत. संपूर्ण ग्रहाचे रेखाटन केलेले आहे. संपूर्णपणे स्वयंचलित अशा दोन प्रयोगशाळा आज मंगळावर आपण उभारल्या आहेत. मंगळाविषयीचे कुतूहल लॉवेलच्या काळापासून आजतागायत कमी न होता उलट वाढलेलेच आहे; तरीही अतिशय बारकाईने काढलेल्या छायाचित्रांमधूनही लॉवेलच्या कल्पनेतील एकही कालवा मंगळावर आढळून आलेला नाही.

लॉवेल आणि शिआपरेली यांनी अत्यंत कठीण परिस्थितीत मंगळाचे निरीक्षण केले; त्यामुळे किंवा मंगळावर जीवन असणार असे मनोमन गृहीत धरल्यामुळे, मंगळाविषयीची त्यांची मते चुकीची ठरली. लॉवेलच्या टिपणांमधून, त्याने अनेक वर्षे चिकाटीने केलेली निरीक्षणे प्रतिबिंबित होतात. अन्य शास्त्रज्ञांनी मंगळावरील कालव्यांविषयी असलेली साशंकता प्रकट केली होती, याची पूर्ण जाण लॉवेलला होती, हे त्याच्या टिपणांमधून आढळते. या टिपणांमधून असा माणूस डोळ्यांसमोर

उभा राहातो, की ज्याने एक महत्त्वाचा शोध लावलेला आहे; परंतु त्या शोधाचे महत्त्व इतरांना समजले नसल्यामुळे तो व्यथित झालेला आहे.

२१ जानेवारी १९०५ साली त्याने असे लिहिले आहे, की 'दुहेरी कालवे लखकन् दिसले आणि त्याविषयी खात्री पटली.' लॉवेलने नक्की काहीतरी पाहिले होते पण नक्की काय?

ज्या वेळी श्री. सॅगन आणि पॉल फॉक्स यांनी मरीनर-९ ने पाठवलेल्या छायाचित्रांबरोबर लॉवेलचे नकाशे ताडून पाहिले, त्या वेळी दोहोंत काडीचेही साम्य आढळून आले नाही. मरीनर-९ ने पाठवलेली छायाचित्रे लॉवेलच्या नकाशांपेक्षा, सहस्रपटीने अधिक बारकावे दाखवणारी होती. मरीनरच्या छायाचित्रात कुठेही वेगवेगळ्या रंगांचे आकार नव्हते, विवरांची साखळी नव्हती. मग लॉवेलने वर्षानुवर्षे त्याच प्रकारची मंगळाची चित्रे का रेखाटली असावीत? इतकेच नव्हे तर लॉवेलचे नकाशे न बघता अन्य काही संशोधकांनीही स्वतंत्ररित्या निरीक्षणे करून लॉवेलप्रमाणेच कालवे का रेखाटले?

मरीनर-९ च्या छायाचित्रांतून एक गोष्ट उघडकीला आली; अन् ती म्हणजे मंगळावरील पृष्ठभागावर मोसमानुसार बदलणारी किनार आहे आणि पुष्कळदा ही किनार विवरांच्या आजूबाजूच्या भिंतीसदृश भागाला जोडलेली *(जोडली गेलेली)* आहे. या किनारी वाऱ्यांमुळे जी धूळ उडते, त्यामुळे बनलेल्या आहेत. या किनारींना कालव्याचे कुठलेच गुणधर्म लागू पडत नाहीत. त्या मंगळावरील पृष्ठभागावर लॉवेलने त्याच्या नकाशात दर्शवलेल्या जागीसुद्धा नाहीत. सर्वांत महत्त्वाचे म्हणजे पृथ्वीवरून दिसण्याइतक्या त्या मोठ्याही नाहीत. बरं असेही असंभवनीय आहे की लॉवेलच्या काळी गेल्या शतकात त्या दिसत असतील आणि आता अवकाशयान जेव्हा तेथे जाऊन पोहोचले तेव्हा त्याच्या खाणाखुणाही नष्ट व्हाव्यात!

मंगळावरील या कालव्यांमागे मुळातच काहीतरी गडबड असावी असे वाटते. अत्यंत अवघड प्रसंगी निरीक्षण करत असताना, माणसाचा मेंदू, डोळे, आणि हात यांचे ते संगतवार कारस्थान असावे असे वाटते *(कदाचित काही लोकांचेच हे कार्य असावे.)*. कारण लॉवेलच्याच काळी तितक्याच चांगल्या दर्जाच्या यंत्रातून शोध घेणाऱ्या काही संशोधकांनी मंगळावर कालवे आढळून आले नसल्याचे घोषित केले होते. लॉवेल नेहमीच म्हणत आला होता, की हे कालवे बनवणे हे बुद्धिमंताचे काम आहे. प्रश्न इतकाच उरतो की हे बुद्धिमंत दुर्बिणीच्या कोणत्या बाजूने काम करत होते? लॉवेलच्या कल्पनांचा फायदा इतकाच झाला की कैक वर्षे मंगळाविषयीचे कुतूहल हे लोकांमध्ये जागते राहिले.

सजीवांप्रमाणे यंत्रांचीही उत्क्रांती होत असते. रॉकेटची सुरुवात प्रथमत: चीनमध्ये झाली. युरोपात साधारणत: १४व्या शतकात या तंत्रज्ञानाचा प्रवेश झाला. १९व्या

शतकाच्या अखेरीस पृथ्वीकडून अन्य ग्रहांकडे जाण्यासाठी याचा उपयोग होईल का, याविषयी संशोधन सुरू झाले.

अमेरिकन शास्त्रज्ञ रॉबर्ट गोडार्डने पहिले रॉकेट तयार केले. दुसऱ्या महायुद्धात जर्मनीने गोडार्डचे तंत्रज्ञान व त्यात आणखी भर घालून प्रगत रॉकेट तयार केले. १९५० साली पहिल्या कृत्रिम उपग्रहाचा पाया घातला गेला. युद्धासाठी निर्माण केलेल्या तंत्रज्ञानाचा उपयोग अवकाश मोहिमेकरता झाला.

अशी कल्पना करा की, एखाद्या दूरच्या ग्रहावरून तुम्ही पृथ्वीकडे येत आहात. पृथ्वीवर जीवसृष्टी आहे, की नाही याबद्दल तुम्हाला जराही अंदाज नाही. जसजसे तुम्ही पृथ्वीच्या जवळ जवळ जाता तसतसे पृथ्वीचे चित्र हे अधिकाधिक स्पष्ट होऊ लागते. आता नेमक्या कोणत्या क्षणी तुम्ही ठरवाल की पृथ्वीवर जीवसृष्टी आहे की नाही? समजा, इथले रहिवासीही बुद्धिमान असतील, तर त्यांनी स्थापत्यशास्त्रातील केलेल्या करामती या पृथ्वीपासून अगदी जवळ आल्यावरच समजतील *(साधारणत: एक कि.मी. अंतरावरून?)*. त्या आधी सर्व पृथ्वी ही रुक्ष किंवा वैराणच वाटेल. मोठी शहरेही दुरून दिसणे कठीणच. मग अशा वेळी नेमका काय अंदाज बांधणार? तुम्ही असेच म्हणणार की जर येथे सजीव प्राणी असतील तर त्यांनी जमिनीची भौमितिकदृष्ट्या आखीव बांधणी केलेली नाही!

पण जर तुमची बघण्याची क्षमता तुम्ही दसपटीने वाढवली *(साधारणपणे १०० मी. अंतरावरचे स्पष्ट दिसेल इतकी)* तर परिस्थितीत किती प्रचंड फरक पडेल. पृथ्वीवरील काही प्रदेश एकदम स्फटीकरूप धारण करत असलेले दिसतील. त्यांचे आकारही वेगवेगळे असतील. उदा. चौकोन, त्रिकोण, वर्तुळाकार इ. प्रत्यक्षात मात्र ते काय आहे? तर ती घरे आहेत, शेते, कालवे, नद्या, शहरे, रस्ते आहेत. युक्लीडीअन भूमितीविषयी जवळिक दाखवणारे ते आकार आहेत! अजूनही शहरातले किंवा गावाचे आतील जीवन स्पष्टपणे दिसू शकणार नाही. आता आपली बघण्याची क्षमता आणखी दसपटीने वाढवली तर काय दिसेल? संध्याकाळी किंवा रात्री आखाती देशातील तेल-विहिरीतून जळणारा वायू दिसू लागले *(जर तोपर्यंत तेथे तेलाचा साठा शिल्लक राहिला तर!)* याव्यतिरिक्त काय दिसेल? खोल पाण्यात जपानी लोकांनी मासेमारीकरता लावलेले दिवे दिसतील. मोठमोठ्या शहरातील दिवे दिसतील आणि जर याहूनही अधिक जवळच्या टप्प्यांमधले आपण बघू शकलो तर *(साधारणत: एक मीटर अंतरावरील वस्तू किंवा त्या लांबीची वस्तू)* मग प्रत्येक प्राणी वेगवेगळा दिसू शकेल, ओळखता येऊ शकेल.

थोडक्यात काय, तर पृथ्वीवरील सजीव प्राणी हा निरनिराळ्या रचनांमधील भौमितिक साम्यांद्वारे स्वत:ला व्यक्त करतो.

जर लॉवेलचे कालव्यांचे जाळे खरोखरीच अस्तित्वात असते, तर मंगळावर

बुद्धिवान सजीव प्राणी आहेत हे मान्य करावे लागले असते. कारण मंगळाच्या कक्षेतून फिरणाऱ्या उपग्रहांद्वारे मंगळाच्या जमिनीवरील या घडामोडींचा तपशीलही मिळाला असता, दिसू शकला असता. अशा प्रकारच्या तांत्रिक प्रगतीच्या खुणा ओळखणे तसे अवघड नाही; परंतु वस्तुस्थिती अशी आहे की ज्या ज्या मानवरहीत यानांद्वारे मंगळाचा अभ्यास केला गेला, त्यावरून अशा प्रकारच्या काहीच खुणा मंगळपृष्ठावर आढळून आल्या नाहीत.

पण त्याचा अर्थ असाही नाही की मंगळावर जीवसृष्टी नसेलच! कदाचित तेथे वनस्पती, लहान झाडे किंवा कदाचित जीवाणूही असू शकतील किंवा कदाचित अशी एक शक्यता आहे, की मंगळ हा पूर्णपणे वैराण आणि शुष्क ग्रह असेल.

मंगळ हा पृथ्वीच्या मानाने सूर्यापासून दूर आहे. त्यामुळे तेथील तापमान कमी आहे. तिथली हवा विरळ आहे. हवेत कर्बद्विप्राणिल वायूचे प्रमाण बरेच आहे. थोड्याफार प्रमाणात रेणुरूपातील नायट्रोजन, अरगॉन आहे. प्राणवायू, वाफ आणि ओझोन यांचे प्रमाण अत्यल्प आहे.

ज्यांच्या शरीरात पाणी द्रवरूपात आहे, असे सजीव मंगळावर असणे अशक्य आहे. कारण मंगळाच्या वातावरणाचा दाब हा अत्यंत कमी आहे. त्यामुळे आतले द्रव बाहेर येण्याची शक्यता जास्त आहे.

जमिनीच्या आतील छिद्रांमधून अतिशय सूक्ष्म प्रमाणात पाणी असण्याची शक्यता आहे. प्राणवायूंच्या अत्यल्प प्रमाणामुळे माणसाला श्वासोच्छ्वास करणे जड जाईल. ओझोनचे प्रमाण तर इतके कमी आहे, की सूर्यापासून निघालेली जंबूपार किरणे थेट मंगळाच्या पृष्ठभागावर जातात *(ओझोनचा थर पृथ्वीवरील सूर्याकडून होणाऱ्या माऱ्याचे, जंबूपार किरणे शोषून रक्षण करतो.)*. अशा वातावरणात कुठलाही सजीव कसा काय जगू शकेल?

या प्रश्नाचे उत्तर शोधण्यासाठी डॉ. कार्ल सॅगन व त्यांच्या सहकाऱ्यांनी प्रयोगशाळेत मंगळासदृश वातावरण असणारे काही कक्ष तयार करवून घेतले. त्यात पृथ्वीवरील काही जीवाणू सोडले. या कक्षांना 'मार्स जार्स' असे संबोधण्यात आले. या कक्षांमधून मंगळावरील तापमानांप्रमाणेच तापमान-बदलांची साखळी करण्यात आली. दुपारी पाण्याच्या गोठणबिंदूच्यापेक्षा किंचित जास्त तर पहाटे –८०°C (–80°C) असे तापमान ठेवण्यात आले. आतील वातावरण प्राणवायूविरहीत होते. पण तेथे कर्बद्विप्राणिल वायू व नत्रवायू होते. (अतिनील) जंबूपार किरणांच्या दिव्यांद्वारे आतमध्ये प्रखर झोत सोडले होते. द्रवरूप पाणी तर अंशानेही नव्हते. अपवादात्मकरित्या काही वाळूच्या कणांवर पाण्याचा अत्यंत पातळ असा थर होता. किती पातळ, तर त्या एकेक कणाला जेमतेम ओला करील इतकाच!

आता अशा कक्षांमध्ये, काही जीवाणू पहिल्या रात्रीतच गोठून मेले. काही प्राणवायूअभावी गुदमरून गेले, काही पाण्याच्या अभावी तर काही जंबूपार *(अतिनील)* किरणांमुळे मेले. परंतु त्यात असेही काही जीवाणू होते, की ज्यांना प्राणवायूची गरजच नव्हती! ते वाळूच्या कणांमागे लपलेले असल्यामुळे जंबूपार *(अतिनील)* किरणांपासून बचावले गेले आणि ज्या वेळी तापमान कमी झाले, त्या वेळी त्यांची पुनरुत्पादनाची प्रक्रिया थांबली. काही प्रयोगात असे आढळून आले की, जेथे पाण्याचा अत्यंत थोड्या प्रमाणात का होईना, पण अंश होता, अशा ठिकाणी जीवाणू जगले एवढेच नाही तर वाढलेसुद्धा! आता जर पृथ्वीवरील जीवाणू मंगळाच्या वातावरणात जगू शकतात तर प्रत्यक्ष मंगळावरील जीवाणू चांगलाच तग धरतील *(जर मंगळावर जीवाणू असतील तर!)*. पण याकरता प्रथमत: आपल्याला मंगळावरच गेले पाहिजे.

रशियाने बरीच मानवरहीत अवकाशयाने पाठवण्याचा कार्यक्रम आखलेला आहे. दर वर्षी शुक्र आणि मंगळ हे पृथ्वीपासून अशा काही अंतरावर येतात, की जर अशा वेळी पृथ्वीवरून त्या ग्रहांवर यान सोडले तर त्या यानांना कमीत कमी उर्जा लागते. यापैकी काही संधी १९६०च्या दरम्यान रशियाने सोडल्या; पण नंतर रशियाची पाच अवकाशयाने शुक्रावर उतरली. व्हेनेरा-८ ते व्हेनेरा-१२ यानांनी बरीच माहिती गोळा केली. इतक्या घनदाट आणि तप्त वातावरणात यान पाठवणे व ते टिकणे, हे सोपे नाही. मंगळाच्या बाबतीत ही मोहीम यशस्वी झाली नाही.

मंगळाचे वातावरण थंड आहे, विरळ आहे, तेथे ध्रुवीय टोप्या आहेत. वाळूची प्रचंड पुळणे आहेत. तेथे अजस्र दऱ्या आहेत. नद्यांची कोरडी पात्रे आहेत. ज्वालामुखी आहेत, स्वच्छ गुलाबी रंगाचे आकाश आहे. एकूण काय तर शुक्रापेक्षा मंगळाचे जग हे पृथ्वीला बरेचसे जवळचे आहे.

१९७१ साली रशियाचे मार्स-३ हे अवकाशयान मंगळावरील वातावरणात प्रवेशले. यानानेच परत पाठविलेल्या माहितीनुसार ते यान मंगळावर योग्यरित्या उतरले. उतरताना आपले पॅरॅशूटही त्याने योग्य रीतीने उलगडले. त्याचे शील्ड (संरक्षक जाळी) त्याने योग्य तऱ्हेने वळवले. खाली उतरताना आपली रेट्रोरॉकेट्सही अचूकरित्या पेटवून दिली आणि तरीही उतरल्यानंतर केवळ वीस सेकंदात एक निरर्थक चित्र पृथ्वीवर पाठवून ते यान कायमचे बंद पडले. असे हे बंद पडणे अत्यंत रहस्यमय होते.

१९७३ सालीही याच घटनेची पुनरावृत्ती झाली. फरक इतकाच की या वेळचे मार्स-६ हे यान उतरल्यानंतर केवळ एका सेकंदाच्या आतच बंद पडले. हे असे का व्हावे? नक्की काय झाले असेल? कोठे चुकले असेल, ह्याच अनुषंगाने सोव्हिएट रशियाच्या पोस्टाच्या तिकिटावर मार्स-३ चे चित्र छापले होते. त्यात हे यान

जांभळ्या रंगाच्या वावटळीतून खाली उतरत असल्याचे दाखवले होते.

मार्स-३ हे जेव्हा मंगळाच्या वातावरणात शिरले, तेव्हा मंगळावर वाळूचे प्रचंड वादळ वाहत होते. मरीनर-९ या अमेरिकन अवकाशयानाच्या माहितीनुसार जवळ जवळ १४० मीटर/सेकंद *(सेकंदाला १४० मीटर)* इतक्या प्रचंड वेगाचे वारे या वादळात वहात होते. या वाऱ्यामुळे मार्स-३ ची पॅराशूट्स उलगडली गेली. ते जमिनीवर सरळ रेषेत खाली उतरले खरे, पण त्याचा जमिनीला समांतर रेषेतील वेग हा प्रचंड होता. मोठाल्या पॅरॉशूट्सच्या दोऱ्यांच्या सहाय्याने उतरणाऱ्या अवकाशयानांना, जमिनीला समांतर वाहणाऱ्या वाऱ्यांपासून धोका असतो.

उतरल्यानंतर मार्स-३ ने थोडसे दणके खाल्ले, गडगडले, एका मोठ्या शीळेवर ते आदळले, घसरले आणि त्याने त्याच्या वाहक वाहनाबरोबरीचा संपर्क गमावला. मार्स-३ संपूर्णपणे निरुपयोगी झाले, बाद झाले. परत प्रश्न उभा राहतो की या यानाने इतक्या प्रचंड वादळात प्रवेश केलाच का? मार्स-३ हे यान पाठवण्यापूर्वी अत्यंत काटेकोरपणे मोहीम आखण्यात आली होती. यानाच्या कार्याचा प्रत्येक टप्पा हा पृथ्वीवरून निघण्यापूर्वी यानातील संगणकाला दिलेला होता. आता या संगणकाचा कार्यक्रम बदलला जाण्याचे काहीच कारण नव्हते. किंबहुना, तशी संधीही मिळालेली नव्हती. अत्यंत काटेकोरपणे या मोहिमेचे पूर्वनियोजन करण्यात आलेले होते. मार्स-६ चे अपयश तर याहूनही रहस्यकारक आहे. कारण हे यान मंगळावर उतरत असताना, मंगळावर कोणतेच वादळ नव्हते, किंवा उतरण्याच्या ठिकाणीही वादळ नव्हते. कदाचित उतरण्याच्या क्षणी काहीतरी तांत्रिक बिघाड झाला असावा व त्यामुळे हे यान अपयशी ठरले असावे किंवा कदाचित मंगळाचा पृष्ठभागच धोकादायक असेल!

१९७६ च्या ४ जुलैला अमेरिकेने व्हायकिंग मोहिमेतले पहिले अवकाशयान मंगळावर उतरवले. या यानालाही रशियन यानाप्रमाणेच रेट्रोरॉकेट्स होती, पॅरॉशूट्स होती. मंगळाच्या वातावरणाचा दाब पृथ्वीच्या वातावरणाच्या फक्त एक टक्क्याइतका आहे.

या यानाला १८ मी. व्यासाचे प्रचंड पॅरॉशूट बसवले होते. मंगळाच्या हवेतून हे यान उतरत असताना, त्याचा वेग कमी करणे हे पॅराशूटचे मुख्य काम होते. मंगळाचे वातावरण हे इतके विरळ आहे, की जर व्हायकिंग हे उंचावर उतरले असते, तर ते नक्कीच कोसळले असते. कारण उतरताना, वेग कमी करण्यासाठी तेथे हवाच नाही *(विरळ आहे.)*. याकरता यानाची उतरण्याची जागा ही कमी उंचीवरच असायला हवी.

अशा तऱ्हेची योग्य जागाही मरीनर व रडार यांच्या सहाय्याने शोधून काढण्यात आली. मार्स-३ सारखी व्हायकिंगची अस्वस्था होऊ नये म्हणून अनेक प्रकारच्या

दक्षता घेण्यात आल्या. यानाची उतरण्याची जागा व वेळ ही अशा तऱ्हेने निश्चित करण्यात आली, की ज्या वेळी वाऱ्याचा वेग कमी आहे. जोराने वाहणारे वारे ज्याप्रमाणे अवकाशयान आदळायला कारणीभूत होतात, त्याचप्रमाणे या वाऱ्यांमुळे जमिनीलगतची धूळही इतस्तत: उडली जाते. याकरता यानाच्या उतरण्याच्या जागी अशी धूळ नाही, याचीही खात्री करून घेणे आवश्यक होते. प्रत्येक व्हायकिंग लँडर हे मंगळाच्या कक्षेत ऑरबिटरच्या *(कक्षेत फिरणारे यान)* सहाय्याने नेण्यात आले व ऑरबिटरने उतरण्याची जागा निश्चित करेपर्यंत यानाचे उतरवणे लांबवण्यात आले.

मरीनर-९ ने दिलेल्या माहितीवरून संशोधकांच्या आणखीही एक गोष्ट निदर्शनास आली, अन् ती म्हणजे वाऱ्याचा वेग जेव्हा प्रचंड असतो, त्या वेळी मंगळावर दिसून येणारे काळसर व चकचकीत आकार हे लक्षणीय प्रमाणावर बदलतात. आता जर कक्षेतून घेण्यात येणाऱ्या छायाचित्रांमध्ये असे आकार दिसून आले असते, तर व्हायकिंग उतरण्याची जागा निश्चितपणे बदलली असती; पण त्याचबरोबर दुसरी शक्यता अशीही आहे, की उतरण्याच्या जागी वारे कदाचित इतक्या प्रचंड वेगाने वाहात असतील की, तेथील धूळही अगोदरच वाहून गेली असेल! त्यामुळे तेथे प्रचंड वेगाने वारे वाहात आहेत, हे सांगता येणेही कठीण होईल. मंगळाच्या हवामानाचा अंदाज हा पृथ्वीवरील हवामानाइतका ग्राह्य धरता येणार नाही *(दोन्ही ग्रहांवरील हवामानाचा अचूक अंदाज घेता यावा, हेही व्हायकिंग मोहिमेतील एक लक्ष्य होते.)*.

संपर्क आणि तापमानांच्या मर्यादांमुळे व्हायकिंगला मंगळावरील उंच प्रदेशांवर उतरणे शक्य नव्हते. मंगळाच्या दोन्ही गोलार्धात ४५ ते ५० अंशांवर यान उतरवण्याऐवजी ध्रुवापासून दूर उतरवले तर, पृथ्वीवरून यानाशी संपर्क साधणे, याकरता फारच कमी वेळ मिळाला असता तसेच अवकाशयानाला कमी तापमान टाळण्याकरताही बराच कमी अवधी मिळाला असता. म्हणून ते यान ४५ ते ५० अंशांवर उतरवले. अतिशय खडबडीत प्रदेशात व्हायकिंगला उतरू द्यायचे नव्हते. तेथे यान घसरून चिरडले जाण्याची भीती होती किंवा कदाचित त्याचा यांत्रिक हातही दुखावला जाण्याची शक्यता होती. हा हात मुख्यत्वेकरून मंगळावरील मातीचे नमुने गोळा करण्यासाठी बनवलेला होता.

अगदी मऊ भुसभुशीत जमिनीवर जर व्हायकिंगला उतरवले असते तर यानाचे तीन पाय भुसभुशीत मातीत रोवले जाऊन मातीचे नमुने गोळा करणारा यांत्रिक हात हा एकाच जागी स्तब्ध झाला असता. अत्यंत कठीण कातळाने व्यापलेल्या पृष्ठभागावर तर अशा प्रकारचे नमुनेच गोळा करता आले नसते. एकंदरीत पाहता असे लक्षात येईल की, व्हायकिंगची उतरण्याची जागा निश्चित करण्यावर अनेक

बंधने होती.

मरीनर-९ च्या ऑरबिटरने जी छायाचित्रे उपलब्ध करून दिली. त्यात ९० मी. रुंदीहून लहान असलेला एकही भाग नव्हता. ज्या वेळी व्हायकिंगच्या ऑरबिटरने त्याची तपशीलवार छायाचित्रे पाठविली, तेव्हा त्यातही १ मीटर आकाराची शिळा दिसून आली नाही. मरीनरच्या चित्रात ही शिळा नव्हती. ही शिळा जर दृष्टीस पडली नसती तर व्हायकिंगच्या दृष्टीने ते धोकादायक ठरले असते.

या चित्रातून अजूनही एक गोष्ट दिसून आली नाही. अन् ती म्हणजे मऊ भुकटी किंवा माती. पण रडारच्या[१] सहाय्याने उतरण्याच्या जागेचा मऊपणा आणि खडबडीतपणाही जाणून घेता आला. अत्यंत मृदू किंवा अत्यंत खडबडीत प्रदेशातून रडारचे किरण परावर्तित होत नाहीत. त्यामुळे कोणतीच प्रतिमा मिळणार नाही. त्यामुळे या प्रतिमेवरून उतरण्याच्या जागेचा अंदाज बांधणेही कठीण जाते. अर्थात अशा दोन्ही प्रकारच्या जागा यान उतरवण्यासाठी अयोग्यच होत्या. यावरून एक गोष्ट आता निश्चितपणे लक्षात येईल, अन् ती म्हणजे यान उतरवण्याची जागा निश्चित करणे हे अत्यंत कठीण काम होते.

या सर्व शक्याशक्यतेंचा विचार करून व्हायकिंग-१ चे २१ उत्तर अक्षांश हे स्थान निश्चित करण्यात आले. या भागाचे इंग्रजी नाव होते ख्रिस. ग्रीकमध्ये याचा अर्थ 'सोन्याची खाण' असा होतो. या जागी अतिशय प्राचीन काळी मंगळावरील वाहाणाऱ्या पाण्यामुळे बनलेले चार कोरडे ओहोळ एकत्र आलेले आहेत. व्हायकिंग उतरण्याअगोदर काही आठवडे आधीच या जागेची प्रत्यक्ष निरीक्षणे करण्यात आलेली होती.

व्हायकिंग-२ हे ४४ अंश उत्तर येथे उतरवण्यात आले. या जागेचे नाव होते सायडोनिया. काहींच्या मताप्रमाणे तेथे मंगळवर्षाच्या काही भागात का होईना, पण पाणी असण्याची शक्यता होती. आता जीवाणू हे द्रवरूप पाण्यातच असण्याची शक्यता होती आणि व्हायकिंगच्या जीवशास्त्र मोहिमेचे मुख्य उद्दिष्ट हे जीवाणूंचा शोध घेणे हे होते. या तर्कानुसार या संशोधकांच्या मते सायडोनियात जीवाणू सापडणे अशक्य नव्हते. तर काहींच्या मते, मंगळ हा इतका वादळी ग्रह आहे की जर एका ठिकाणी जीवाणू सापडले तर ते सर्वत्र सापडणे निश्चितच शक्य आहे. प्रत्यक्षात व्हायकिंग हे युटोपिआ या ठिकाणी उतरवण्यात आले. सायडोनिआच्याच अंक्षांशावर ही जागा आहे.

दीड वर्षांच्या, ग्रहांच्या दरम्यानच्या आणि सूर्याभोवतीच्या भ्रमणानंतर व्हायकिंगच्या ऑरबिटरने मंगळाच्या कक्षेत प्रवेश केला, त्या वेळी सूर्यापासूनचे त्याचे अंतर दशकोटी कि.मी. इतके होते. ऑरबिटरनी उतरण्याच्या जागेची पाहणी केली. रेडिओ सूचनांद्वारे यानाचे उतरणारे पाय *(लँडर्स)* हे वातावरणात प्रवेशले. पॅराशूटस्

अंतरिक्षाचा वेध

शुक्र

मंगळ

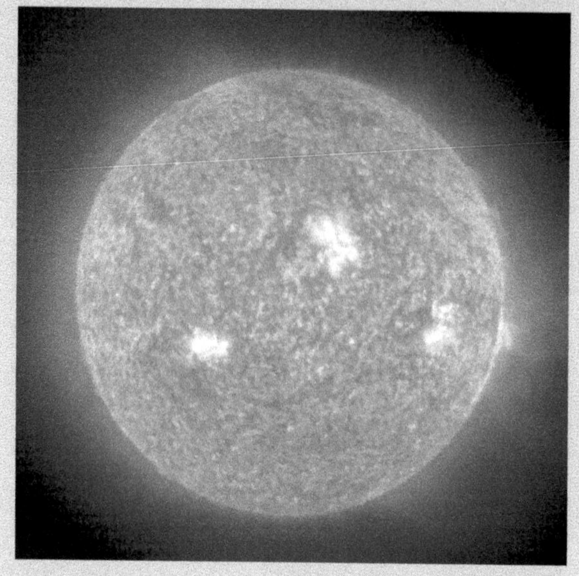

सूर्य

आकाशगंगा

उघडली गेली आणि ख्रिस आणि युटोपिआत प्रथमच अवकाशयान सुरक्षितपणे उतरले. या यशस्वीरित्या उतरण्यामागे मोहिमेत भाग घेणाऱ्यांचे कष्ट, पूर्वनियोजन, बुद्धिमत्ता यांचा वाटा होताच; परंतु मंगळ हा इतका धोकादायक ग्रह आहे की त्यात थोडासा नशिबाचाही भाग मानायलाच हवा.

ज्या जागी हे यान उतरले ती जागा रुक्ष होती. व्हायकिंगने सर्वांत पहिले चित्र घेतले, ते स्वत:च्या पायांचे. कारण जर हे यान रुतले असते तर ते कोठे रुतले हे कळले असते. सुदैवाने व्हायकिंग उतरले ती जमीन कोरडी होती. या प्रथम चित्रानंतर व्हायकिंगने रेडिओद्वारे अनेक चित्रे पृथ्वीकडे पाठवली.

मंगळाचे विश्व उपरे नव्हते, अनोळखी नव्हते, अपरिचित नव्हते. तेथे क्षितीज होते, पठारे होती, भूमी होती, दगड होते, वाळूंचे पुळण होते.

थोडक्यात सांगायचे म्हणजे स्वत:च्या अस्तित्वाची दखल नसलेली ती अत्यंत नैसर्गिक भूमी होती! अर्थात त्यातल्या वाळूच्या थराआडून जर कोणी व्यक्ती चालताना दिसली असती तरच ते अधिक धक्कादायक व आश्चर्यकारक वाटले असते.

मंगळाची भूमी लालसर आहे. विवरे तयार होत असताना इतस्तत: विखुरलेले कातळ, शिळा तेथे आढळून येतात. वाळूच्या रेषा आहेत. वाऱ्याबरोबर पिसासारखी उधळली जाणारी तपकिरी माती आहे. हे दगड, या शिळा, ही माती कुठून आली असेल? कशाची बनलेली असेल? वाळू आणि दगड हे एकाच पदार्थापासून बनलेले आहेत का? दगड भरडले गेल्यानेच वाळू बनली असेल का? की अन्य काही शक्यता आहे? मंगळाचे आकाश गुलाबी रंगाचे का? तिथल्या हवेत कोणकोणते घटक आहेत? पृथ्वीप्रमाणेच तेथे मंगळकंप *(भूकंपाप्रमाणे)* होत असेल का? या आणि यासारख्या बऱ्याचशा प्रश्नांची उत्तरे या मोहिमेमुळे मिळाली आहेत. व्हायकिंग मोहिमेने मंगळाचे बरेचसे चित्र सुस्पष्ट केलेले आहे; परंतु छायाचित्रातून कोठेही कालवे, त्यांचे जाळे, माणसे, निवडुंग, पायांचे ठसे किंवा उंदीरसुद्धा दिसले नाहीत. तेथे कोणतेही सजीवचैतन्य आपण आजपर्यंत पाहू शकलो नाही. कदाचित यान उतरण्याच्या जागेपासून दूर अंतरावर सजीव प्राणी असतीलही. कदाचित वाळूच्या कणात किंवा लहान लहान दगडातदेखील जीवाणू असू शकतील.

संपूर्ण इतिहासात पाण्याखाली कधीही न आलेला पृथ्वीचा प्रदेश जसा वैराण, कोरडा दिसेल, तसा मंगळ आज दिसतो. तेथील वातावरणात भरपूर प्रमाणात कर्बद्विप्राणिल (कार्बनडायऑक्साईड) वायू आहे. ओझोनच्या अभावी सूर्याच्या जंबूपार *(अतिनील)* किरणांचा जोरदार मारा मंगळपृष्ठावर होतो.

पृथ्वीवरील जीवाणूंचा जन्म साधारणत: ३ अब्ज वर्षांपूर्वी झालेला आहे; तर मोठे प्राणी व वनस्पती या पृथ्वीच्या एकूण आयुष्याच्या केवळ १० टक्के

कालखंडात वावरायला लागल्या आहेत. यावरून एक गोष्ट स्पष्ट होईल अन् ती म्हणजे मंगळावरील जीवसृष्टीचा शोध घेणे म्हणजे या जीवाणूंचा शोध घेणे.

व्हायकिंग यानातून मानवाच्या संशोधनाची पातळी किंवा दर्जा प्रतीत होतो. काही चाचण्यांनुसार हे यान किंवा या यानांची बुद्धिमत्ता एखाद्या नाकतोड्याइतकी, किंवा कदाचित एखाद्या जंतूइतकीच मानता येईल. काही हरकत नाही! एक सूक्ष्मजंतू उत्क्रांत होण्याकरता लाखो वर्षे लागली, तर एक नाकतोडा उत्क्रांत होण्यासाठी कोट्यवधी वर्षे लागली. मग त्यामानाने मानवाने थोड्याशा कालखंडात बऱ्यापैकी प्रगती केली आहे, असे मानायला हरकत नाही.

व्हायकिंग यानाला अवरक्त किरणे दिसणारे डोळे आहेत. वाऱ्याची दिशा व वेग मोजण्याकरता बोटे आहेत. जमिनीचे नमुने गोळा करण्याकरता हात आहेत. वातावरणातील रेणूंच्या अंशाचा वेध घेण्यासाठी जीभ आहे, नाक आहे. मंगळकंपाचा वेध घेण्यासाठी कान आहेत *(अंतर्गत)*. या यानाचे स्वत:चे किरणोत्सर्गित उर्जास्रोत आहे. गोळा केलेली सर्व माहिती, हे यान पृथ्वीवर पाठवू शकते. पृथ्वीवरून येणाऱ्या सूचना स्वीकारू शकते; पण या सगळ्याकरता लागणारा खर्च हा प्रचंड आहे. मात्र ह्याला पर्याय म्हणून एखादा जीवशास्त्रज्ञ मात्र आपण अजूनतरी तेथे पाठवू शकत नाही.

वोल्फ विशनीक या शास्त्रज्ञाने ग्रहांवरील जीवाणूंचे नमुने गोळा करण्याकरता एक यंत्र बनवले. जीवाणूंची वाढ होण्यासाठी त्यात कार्बनी *(सेंद्रीय)* खाद्य ठेवले होते; परंतु नासाच्या बजेटकपातीच्या कात्रीत हे यंत्र अडकले व मंगळ-मोहिमेतून त्याची उचलबांगडी केली गेली. ह्यामुळे निराश न होता, विशनीकने आपले प्रयोग चालूच ठेवले. इथे त्याने मंगळासदृश तापमानात म्हणजे पृथ्वीवरील बर्फाळ प्रदेशात काही जीवाणू सापडतात का, याचा वेध घेणे सुरू केले.

अंटार्क्टिका येथे त्याने शोधमोहीम सुरू केली; पण या मोहिमेतच त्याचा अपघाती अंत झाला. ज्या वेळी त्याचा मृतदेह मिळाला, त्यावेळी त्याच्या खिशातील नोंदवहीत नोंद होती. '१० डिसेंबर १९७३, २२-३० वाजता मातीचे तापमान– १० अंश, हवेचे तापमान– १६ अंश' मंगळावरील उन्हाळ्यात हे तापमान असते! त्याने गोळा केलेल्या नमुन्यांचे परीक्षण करण्यात आले तेव्हा अनेक जीवाणू मिळाले. त्याच्या विधवा पत्नीने या नमुन्यांचे परीक्षण पुढे चालूच ठेवले. त्यात तिला यीस्टच्या अंटार्क्टिकात कधीही न सापडलेल्या नवीन जाती मिळाल्या. काही नमुन्यात तर दगडांच्या आत एक ते दोन मिलीमीटर आतमध्ये अल्गी *(बुरशी)* च्या वसाहतीसुद्धा मिळाल्या. एखाद्या पाण्याच्या थेंबाच्याभोवती या वसाहती वसल्या होत्या.

मंगळावर असे काही आढळेल का? अशक्य नाही. कारण इतक्या खोलात दृश्य प्रकाश जाऊ शकेल, पण *(अतिनील)* जंबूपार किरणे सहजपणे पोहोचणार

नाहीत. परंतु व्हायकिंगच्या मोहिमेत मात्र अशा प्रकारच्या प्रयोगांचा अंतर्भाव करण्यात आलेला नव्हता.

प्रत्येक व्हायकिंग यानाला एक कृत्रिम हात बसवलेला होता. हा हात नमुने गोळा करी आणि मग सावकाशपणे तो ते यानाच्या आत ओढून घेई. जमिनीतल्या *(असेंद्रीय)* अकार्बनी रसायनाचा अभ्यास, जमिनीतील वाळू आणि धुळीतल्या कार्बनी *(सेंद्रीय)* पदार्थांचा अभ्यास आणि जीवाणू आहेत का, याविषयीचा अभ्यास, या संदर्भातले संशोधन व्हायकिंग मोहिमेत प्रामुख्याने करण्यात आले.

ज्या वेळी आपण एखाद्या ग्रहावरील जीवसृष्टीचा वेध घ्यायला जातो, त्या वेळी आपली काही मते अगोदरच ठरलेली असतात. त्यातले एक प्रमुख मत म्हणजे इतर ग्रहांवरील जीवसृष्टी ही आपल्याप्रमाणेच असेल! पण हा आपला दोष नाही. कारण सरतेशेवटी आपल्यालाही काही मर्यादा आहेतच की! तौलनिक अभ्यासासाठी आपल्याला फक्त एकाच प्रकारची जीवसृष्टी माहिती आहे; अन् ती म्हणजे आपलीच!

व्हायकिंग मोहिमेतले प्रयोग हे अत्यंत प्राथमिक अवस्थेतले आहेत. त्यामुळे मंगळावरील जीवसृष्टीचा ते ठामपणे वेध घेतील असे नाही. आतापर्यंतच्या प्रयोगांचे निष्कर्ष हे फार मोठ्या प्रमाणावर अपूर्ण आहेत.

जर मंगळावर जीवाणू असतील तर ते निश्चितपणे अन्नग्रहण करत असणार आणि मग अर्थातच ते उत्सर्जित वायू वातावरणात सोडतील, सोडणार किंवा वातावरणातून वायू ग्रहण करून सूर्यप्रकाशाच्या मदतीने उपयुक्त अन्नपदार्थ बनवणार किंवा बनवत असतील. आता जर का आपण इथून त्या जीवाणूंचे अन्न नेले आणि त्यांना दिले तर जमिनीतून काही वेगळे वायू बाहेर पडतात का हे आपल्याला पहाता येईल. किंवा जर आपण किरणोत्सर्गित वायू *(खुणा म्हणून)* नेले आणि मातीत मिसळले तर त्यांचे कार्बनी *(सेंद्रीय)* पदार्थात रूपांतर होते का हेही पाहता येईल.

यान तेथे पाठवण्यापूर्वी या संबंधातील प्रयोगाकरता ज्या काही कसोट्या ठरवल्या होत्या, त्यानुसार तीनपैकी दोन प्रयोग यशस्वी झाल्याचे दिसून आले. ज्या वेळी मंगळावरील माती ही येथून नेलेल्या कार्बनी *(सेंद्रीय)* द्रावात मिसळण्यात आली, त्या वेळी त्या द्रावाचे रासायनिक विघटन झाले! जणू काही त्या मातीत श्वासोच्छ्वास करणारे जीवाणूच होते आणि ते पृथ्वीवरून आणलेल्या अन्नावर गुजराण करू लागले होते, हा पहिला निष्कर्ष आढळून आला. दुसरी गोष्ट म्हणजे ज्या वेळी पृथ्वीवरील वायू हे मंगळाच्या मातीच्या नमुन्यात मिसळले गेले, त्या वेळी या वायूंची मातीशी रासायनिक प्रक्रिया होऊन एकीकरण झाले. वातावरणातील वायूंपासून कार्बनी घटक निर्माण करणाऱ्या प्रकाश संश्लेषक जीवाणूंप्रमाणे त्यांचे वागणे होते. इतकेच नव्हे, तर एकमेकांपासून साधारणत: ५००० कि.मी. अंतरावर

असलेल्या दोन प्रदेशातून जेव्हा मातीचे नमुने गोळा केले आणि या नमुन्यांवर प्रयोग केले गेले, तेव्हाही असेच होकारात्मक निष्कर्ष मिळाले.

परंतु ही सर्वच गोष्ट विलक्षण गुंतागुंतीची आहे आणि त्याचबरोबर प्रयोगाचे यश तपासून पहायची कसोटीदेखील अपुरी आहे. हे प्रयोग इतर जीवाणूंवर केलेल्या प्रयोगांशीही ताडून घेण्यात आले; पण मंगळ म्हणजे पृथ्वी नव्हे! पर्सिवल लॉवेलच्या उदाहरणावरून आपण एक बोध घेतला पाहिजे, अन् तो म्हणजे आपण चुकू शकतो. कदाचित चक्क मूर्खही बनू शकतो. शिवाय फारच थोडे प्रयोग हे मंगळपृष्ठावरील योग्य त्या अकार्बनी पदार्थांबरोबर ताडून घेतले गेले.

कदाचित अशीही शक्यता आहे, की मंगळाच्या मातीत असे काही अकार्बनी *(असेंद्रीय)* घटक असतील की जे मंगळावरील जीवाणूंच्या अनुपस्थितीतही अन्नपदार्थांचे चयापचयन करत असतील. कदाचित त्या मातीत एखादा विशेष असा निर्जीव अकार्बनी उत्प्रेरक असेल, की जो वातावरणातील वायूंशी संधान बांधून त्यांचे रेणूत रूपांतर करत असेल.

सद्यस्थितीत चाललेल्या प्रयोगांवरून असे वाटते, की असेच काही तरी *(गूढ)* मंगळाच्या मातीत आहेत. मंगळावरील १९७१ च्या वादळाची माहिती मरीनर-९ च्या अवरक्त वर्णपट यंत्राने मिळवली. त्याचे विश्लेषण करताना या वर्णपटातून एका विशिष्ट प्रकारच्या वाळूचा वर्णपट मिळाला. त्यातून असे आढळून आले की या वाळूमध्ये प्रकाशसंश्लेषण किंवा श्वासोच्छ्वास यासारख्या सजीवांना लागू असलेल्या क्रिया घडतात. मॉन्टमोरीलोनाईट! या वाळूचा पृष्ठभाग हा रासायनिकदृष्ट्या जिवंत आहे. त्यातून वायू शोषले जातात किंवा वायू बाहेर टाकले जातात. रासायनिक प्रक्रियाही घडतात. पण याचा अर्थ असाही नाही, की मंगळावरील सर्वच प्रयोग हे अकार्बनी *(असेंद्रीय)* शास्त्राच्या मदतीने समजावून घेता येतील. एकूण काय तर मंगळावर सजीव सृष्टी नाही, असे आपण ठामपणे म्हणू शकत नाही. परंतु सजीव सृष्टी आहे, असे मानण्याइतका सबळ पुरावाही आपल्याकडे नाही.

मात्र या प्रयोगांतून एक अत्यंत महत्त्वाची गोष्ट उघडकीला आली. अन् ती म्हणजे अशा प्रकारची माती *(किंवा जमीनविषयक रसायनशास्त्र)* आहे, की जी जीवसृष्टी नसतानाही सजीव प्राण्यांच्या क्रिया पार पाडू शकते *(उदा. श्वासोच्छ्वास, चयापचय इ.)*.

खुद्द पृथ्वीवरही सजीवांच्या उत्पत्तीपूर्वी अशाच प्रकारच्या क्रिया मातीत घडत असतील आणि त्याच मग उत्क्रांत झालेल्या सजीवांमध्ये जीवनविषयक प्रक्रिया म्हणून सामावल्या गेल्या असतील. आज हेही ज्ञात आहे की मॉन्टमोरीलोनाईट वाळू म्हणजे एक सुप्त शक्तीचे उत्प्रेरक आहे. उत्प्रेरकामुळे अमायनो आम्ले एकमेकांशी जोडली जाऊन प्रथिनांसारखी दिसणारी रेणूंची लांब साखळी तयार होते. पृथ्वीवर

प्राथमिक अवस्थेत कदाचित वाळूत हीच सूप्त शक्ती असू शकेल. साहजिकच मंगळावरील सद्यस्थितीतल्या वाळूच्या अभ्यासावरून मानवाला पृथ्वीवरील जीवाच्या उत्क्रांतीविषयी माहिती मिळू शकेल.

मंगळावरील पृष्ठभागावर अनेक विवरे आहेत. प्रत्येक विवराला कोणत्या ना कोणत्या शास्त्रज्ञाचे नाव दिलेले आहे. त्यातील एका विवराला विशनीयॅक हे नाव दिलेले आहे. मंगळावर जीवसृष्टी असेल तर तिचा शोध घ्यावा व नसेल तर पृथ्वीप्रमाणेच मंगळ असूनही तेथे जीवसृष्टी का नाही त्याचाही शोध घेतला जावा, असे त्याने ठासून सांगितले होते.

व्हायकिंगच्या रासायनिक प्रयोगातून असे निष्पन्न झाले की, तेथे कार्बनी पदार्थ नाहीत. तरीही तेथील अकार्बनी वाळूतून अकार्बनी जीवांसारख्या क्रिया आढळून आल्या. मंगळावर जीवसृष्टी असती, तर तेथे जमिनीत मृत प्राण्यांचे, सजीवांचे कार्बनी अवशेष आढळून आले असते; परंतु तेथील मातीत एकही कार्बनी रेणू आढळून आला नाही. प्रथिने, न्यूक्लिक ॲसिडस् *(केंद्रकाम्ल)* हायड्रोकार्बन यांसारखे *(पृथ्वीवरील)* सजीवांच्या पेशीतले आद्य घटकही आढळून आले नाहीत आणि व्हायकिंगचे सूक्ष्मजीवशास्त्राचे *(मायक्रोबायॉलॉजीचे)* प्रयोगही अत्यंत अचूक प्रतिसाद देणारे होते. प्रत्येक कार्बनच्या अणूचा वेध घेणारे होते. तरीदेखील त्यामधून, जीवनाचा अंश दर्शवणारे कुठलेच रेणू आढळले नाहीत.

परंतु केवळ या प्रयोगांच्या निष्कर्षावरून तेथे जीवसृष्टी नाहीच, असे प्रतिपादन करणे योग्य नाही. पृथ्वीवरील मातीत फार मोठ्या प्रमाणावर कार्बनी पदार्थ सापडतात, मंगळावर जीवसृष्टी आहे असे क्षणभर गृहीत धरले तर तेथील मातीमधील मृतावशेषाच्या कार्बनी रेणूंचे तेथेच रासायनिकदृष्ट्या जिवंत असलेल्या मातीमुळे विघटनही झालेले असेल किंवा कदाचित तेथे जीवन असेलही; परंतु पृथ्वीप्रमाणे त्यावर कार्बनी रसायनशास्त्राचा इतका प्रभाव नसेलही.

कार्बन हा या विश्वात, अत्यंत मुबलक प्रमाणावर आढळून येतो. जीवनाकरता आवश्यक असलेले गुंतागुंतीचे रेणू कार्बन बनवतो. जीवनाच्या दृष्टीने अत्यंत महत्त्वाचा दुसरा घटक म्हणजे पाणी! हे कार्बनी रसायनशास्त्राच्या दृष्टीने एक अत्युत्तम द्रावण आहे आणि त्याची द्रवरूप अवस्था ही तापमानाच्या बऱ्याचशा टप्प्यातही टिकून राहू शकते *(० ते १००°C)*. पण कदाचित असेही असेल की या धरित्रीवरील जीवसृष्टी ही प्रामुख्याने कार्बन व पाण्यापासून बनलेली असल्यामुळे माणसाला तेच घटक उपयुक्त वाटत असतील! याउलट असेही म्हणता येईल की जीवनाच्या उत्क्रांतीसमयी, हे दोन घटक मुबलक प्रमाणावर उपलब्ध असल्यामुळे येथील सजीव सृष्टी ही कार्बन व पाण्यावर आधारीत आहे. अन्य ग्रहावरील जीवसृष्टी, कदाचित मंगळावरील जीवसृष्टीही अन्य कोणत्या घटकांपासून कशावरून

बनलेली नसेल?

सजीव हा प्राणी, कॅल्शियम आणि सेंद्रीय घटक यांचे एक मिश्रण आहे. पण एवढंच आहे का? ह्यात फक्त रेणू व त्यांच्या रचनाच आहेत का अन्य काही आहे? असे प्रश्न विचारणे म्हणजे माणसाच्या अस्मितेला धक्का देणे आहे असे काही जणांना वाटते; परंतु या अणूरेणूंमधूनच हे विश्व आपल्यासारख्या अत्यंत गुंतागुंतीच्या यंत्रांना उत्क्रांत करते.

अशा प्रकारच्या डॉ. कार्ल सॅगन यांच्या प्रश्नांमुळे विज्ञान हे पुष्कळदा तत्त्वज्ञानाची दारे ठोठावत आहे असे वाटते. खासकरून भारतीय तत्त्वज्ञानाची!

या संदर्भात गीतेतील एक श्लोक आठवतो.

यस्तु सर्वाणि भूतानि आत्मन्येवानुपश्यति ।
सर्व भुतेषुचात्मानं ततो न विजुगुत्सते ।

याचा अर्थ असा आहे की–

'जे तत्त्व माझ्यामध्ये आहे, तेच सर्वत्र आहे. नव्हे जे सर्वत्र आहे तेच माझ्यामध्ये असल्यामुळे 'मी' आहे.'

जीव म्हणजे केवळ या अणूरेणूंचे मिश्रण नाही. गमतीने असं म्हणतात की माणसाच्या शरीरातील सर्व रासायनिक घटकांची किंमत ही अंदाजे फक्त रुपये पाचशेच्या आतच येईल. माणसाच्या जीवनाची किंमत पाचशे रुपयेसुद्धा नाही?

मनुष्यप्राण्याचे अत्यंत साध्या व सरळ घटकरूपात रूपांतर झाल्यानंतर जी किंमत येईल ती ही किंमत आहे! उदाहरणार्थ बघा, आपल्या शरीराचा पुष्कळसा भाग हा पाण्याने बनलेला आहे. पाणी फुकट असते. बराचसा भाग हा कार्बनचा बनलेला आहे. कार्बनची किंमत काय! कोळशाइतकी! हाडांमध्ये कॅल्शियम आहे. ते खडूंमध्येसुद्धा आहे. खडूची किंमत किती? शरीरातील प्रथिनांमध्ये नायट्रोजन आहे. हवेतही तो भरपूर प्रमाणात उपलब्ध आहे. रक्तात लोह आहे. गंजलेल्या खिळ्यांमध्येही लोहच असते; परंतु हे सर्व पदार्थ एकत्र करून एखाद्या भांड्यात हे मिश्रण ठेवले, हलवले, तरी अंतिमत: ते मिश्रणच राहाणार आहे. त्यापासून अन्य काही निर्माण होईल अशी अपेक्षा करणे चूक!

हॅरॉल्ड मोरोविट्झच्या अंदाजानुसार मनुष्यप्राणी बनवण्याकरता जे अचूक घटक रेणू एकत्रित करावे लागतील, त्याची किंमत *(१००,००,०००)* साधारणत: एक कोटी डॉलर *(१९८० साली)* इतकी येईल. माणसाची किंमत इतकी हे ऐकून जरा बरे वाटते नाही? खासकरून पाचशे रुपयांच्या मानाने! पण इतके करूनही ही सर्व घटकद्रव्ये योग्य त्या रूपात, प्रमाणात एकत्रित करून हलवून काचपात्रात ठेवली आणि कितीही वाट पाहिली, तरी त्यातून काही एखादा माणूस उठून उभा राहाणार नाही!! निदान आजच्या घटकेला तरी ही गोष्ट मानवी-विज्ञानाच्या आवाक्याबाहेरची

आहे; पण म्हणून चिंतित होण्याचे कारण नाही. सुदैवाने माणूस निर्माण करण्याचे याहूनही स्वस्त पण खात्रीशीर मार्ग निसर्गाने माणसाला उपलब्ध करून दिलेले आहेत.

विश्वातील बरेचसे सजीव हे आपल्यासारख्याच घटकांनी बनलेले असतील, पण जरा निराळ्या प्रकारे हे घटक एकत्र आलेले असतील.

दाट वातावरणात जे प्राणी उत्क्रांत झालेले असतील, त्यांची अणूरेणूंची रचना आपल्यासारखीच असेल; पण कदाचित त्यांच्या शरीरात पाण्याऐवजी अन्य कुठला तरी द्रव पदार्थ असेल. कदाचित हायड्रोफ्ल्युरिक आम्ल पाण्याऐवजी असू शकेल. हायड्रोफ्ल्युरिक आम्ल आपल्या दृष्टीने जरी अपायकारक असले तरी, अनेक मेणासारखे रेणू त्यात स्थिर *(रासायनिकदृष्ट्या)* राहू शकतात. पण त्यातील एक मूलद्रव्य फ्ल्युरीन हे विश्वात तेवढ्या मुबलक प्रमाणावर आढळून येत नाही. द्रवरूप अमोनिया हे त्यापेक्षाही उत्तम द्रावण होऊ शकते. विश्वात अमोनिया मुबलकरित्या आढळून येतो; परंतु तो द्रवरूप अवस्थेत राहाण्याकरता अतिशय थंड तापमानाची जरुरी असते. मंगळावरील तापमानापेक्षाही कमी तापमानाला तो द्रवरूप अवस्थेत राहतो. पृथ्वीवर तर तो वायूरूपातच असतो *(पाणी हे शुक्रावर वायूरूपात रहाते.)*.

कदाचित असेही सजीव प्राणी उत्क्रांत झाले असतील की, ज्यांच्या शरीरात कोणत्याही द्रावणाची गरजच भासणार नाही. उदा. घनरूप अवस्थेतील सजीव! ज्यांच्या शरीरात रेणूंमधील संपर्काचे कार्य विद्युत संदेशांनी घेतलेली असेल.

परंतु मंगळावर जर जीवन असेलच तर ते कार्बनी रसायनशास्त्रावर आधारीत असेल, कारण पृथ्वीप्रमाणेच तेथे कार्बन व पाणी मुबलक प्रमाणावर आहे.

१९७० साली युटोपिया आणि ख्रिस येथील नमुन्यांवरील संशोधनातून त्या ठिकाणी जीवसृष्टी नसल्याचा पुरावा मिळालेला आहे. कदाचित खडकांच्या आत *(ज्याप्रमाणे अंटार्क्टिकावर खडकांच्या आत जीवाणूंच्या वसाहती मिळाल्या.)* किंवा कदाचित अन्य ठिकाणीही मंगळावर सजीव सृष्टी आढळून येईलही. पण ज्या वेळी व जेथे माणसाने शोध घेतला त्या वेळी, त्या ठिकाणी सजीवसृष्टी आढळून आली नाही.

मंगळावरील व्हायकिंगची शोधमोहीम ही अत्यंत महत्त्वाची *(ऐतिहासिकदृष्ट्या)* मानायला हवी. या मोहिमेद्वारे माणसाने प्रथमच पृथ्वीबाहेरील सजीव सृष्टीचा वेध घेण्याचा प्रयत्न केला. या मोहिमेत प्रथमच मानवनिर्मित अवकाशयान एका तासापेक्षाही अधिक काळ मंगळावर सुस्थितीत राहिले *(व्हायकिंग-१ हे अनेक वर्षे टिकले.)*.

मंगळ-शास्त्राच्या दृष्टीने अनेक महत्त्वाचे दुवे मिळवण्यात आले. मंगळकंप शास्त्र, खाणीविषयक माहिती, उल्का अशा अनेक प्रकारांची माहिती या मोहिमेद्वारे मिळाली. या सर्व शोधमोहिमांचा पाठपुरावा आपण कशा प्रकारे करू शकू?

काही शास्त्रज्ञांना तेथे अशा प्रकारचे स्वयंचलित उपकरण पाठवायचे आहे, की

जे मंगळावर उतरून नमुने गोळा करेल आणि परत पृथ्वीवर परतेल. या नमुन्यांचे परीक्षण पृथ्वीवरील अद्ययावत, प्रशस्त व अत्याधुनिक प्रयोगशाळांतून करता येईल. मंगळावर यानातून लहानशा प्रयोगशाळा पाठवण्याची जरुरी भासणार नाही.

अशा प्रकारच्या प्रयोगातून मग अनेक ठोस निष्कर्ष मिळू शकतील. उदा. मंगळावरील मातीची रासायनिक जडणघडण, त्यातील खनिजे, खडक फोडून त्याच्या अंतर्गत व बाह्य भागांचा शोध, सूक्ष्मदर्शक यंत्रातून त्या नमुन्यांचे वेगवेगळ्या स्थितीमध्ये परीक्षण, कार्बनी रसायनशास्त्राच्या अनेक कसोट्या या व अशा प्रकारचे अनेक प्रयोग करता येतील.

अशा प्रकारची मोहीम खर्चिक असेल, पण ती आजच्या तंत्रज्ञानाच्या आवाक्यातली आहे; परंतु यातही एक फार मोठा धोका दडलेला आहे. अन् तो म्हणजे प्रदूषणाचा किंवा भेसळीचा! जर मंगळावरील मातीमधल्या जीवाणूंचा अभ्यास आपल्याला ती माती पृथ्वीवर आणून करायचा असेल तर मग ती माती निर्जंतूक करून चालणार नाही. ती तेथून येथे जशीच्या तशीच आणावी लागेल. कारण मातीतले जंतू *(जर असतील तर)* आहे त्याच अवस्थेत इथपर्यंत आले पाहिजेत. हाच तर मोहिमेचा मुख्य हेतू आहे; पण ह्याचे नक्की काय परिणाम उद्‌भवतील? मंगळावरील सूक्ष्म जीवाणूंमुळे येथील सार्वजनिक आरोग्याला धोका तर निर्माण होणार नाही? कदाचित त्याच्याकरिता प्रतिबंधक लसही आपल्याला मिळणार नाही. असे झाले तर हाहा:कार माजेल आणि हे संकट खरोखरीच भीषण असेल.

दुसरी शक्यता अशी आहे की, तेथे जीवाणू अस्तित्वातच नसतील किंवा असले तरी त्यापासून आपल्याला काहीच अपाय होणार नाही; पण अजून आपल्याला ज्याबद्दल पूर्णतया काहीच माहिती नाही, अशा प्रयोगांच्या बाबतीत संपूर्ण मानववंश पणाला लावणे चूक आहे. त्यामुळेच मंगळावरील नमुने आहे त्याच अवस्थेत येथे तपासायचे असतील तर येथील प्रयोगशाळांची इतकी चोख व्यवस्था करावी लागेल, की या जीवाणूंचा फैलाव बाहेर होऊ शकणार नाही.

आज ही गोष्ट सर्वज्ञातच आहे, की या पृथ्वीवर अशीही काही राष्ट्रे आहेत, की जी रासायनिक व जैविक शस्त्रांचे साठे निर्माण करतात. *(चर्नोबिलसारखे आण्विक केंद्रात अपघातही घडतात.)*. कधी कधी या जैविक शास्त्रज्ञांच्या बाबतीतही अपघात घडतात. पण आजची परिस्थिती पाहता, अपघातापेक्षाही माणूस स्वत:हून साऱ्या जगाला रोगराईच्या खाईत ढकलण्याची शक्यता अधिक वाटते.

शास्त्रज्ञांना मात्र अशा प्रकारचे कोणतेही संशोधन करताना संपूर्ण काळजी ही घ्यावीच लागेल. व्हायकिंग मोहिमेत शास्त्रज्ञांना भासणारी एक अडचण अशी होती की, हे यान आपल्या जागेपासून दूर जाऊ शकत नव्हते.

वाळूतील खडक, दूरवरील विवरे या सर्वांचाच शोध शास्त्रज्ञांना घ्यावासा

वाटत होता. हे यान जेथे उतरले तेथून आग्नेयेला व्रिसचे चार कालवे आहेत. यान उतरले त्या जागेपेक्षा शोध घेण्यायोग्य जागा त्याच्या आसपासच्या आहेत. या सर्वांचा शोध घ्यायचा कसा?

याकरिता असे एखादे वाहन पाहिजे, की जे ग्रहावर हिंडू शकेल. एवढेच नव्हे तर अत्याधुनिक यंत्राबरोबर ग्रहावर हिंडू शकेल. अशा प्रकारच्या यंत्रावर संशोधन चालू आहे. कल्पना अशी आहे की या प्रकारातील यंत्रे, खडकांवरून चालू शकतील. दऱ्यांमध्ये न पडता, अत्यंत कठीण ठिकाणी जाऊ शकतील. स्वत:हून परिस्थितीचा आढावा घेऊ शकतील.

आणि एवढे प्रयत्न करूनही, जरी मंगळावर जीवसृष्टी सापडली नाही तरी मिळालेली माहिती माणसाला अत्यंत उपयुक्तच ठरेल. कारण अशा वाहनांच्या रूपाने माणूस मंगळावर विमुक्तपणे हिंडू शकेल. तेथील प्राचीन दऱ्याखोरी, ज्वालामुखींचे पर्वत, बर्फाळ ध्रुवीय प्रदेश, इजिप्तपेक्षाही भव्य अशी नैसर्गिक पिरॅमिडस् *(ह्यातील सर्वांत मोठे पिरॅमिड हे ३ कि.मी. लांब आणि १ कि.मी. उंच आहे. ही पिरॅमिडस् म्हणजे लहान लहान डोंगर आहेत.)* येथे तो जाऊ शकेल.

मंगळसंशोधनाने जनमानसाची उत्कंठा निश्चित वाढेल. मंगळाचा पृष्ठभाग हा पृथ्वीच्याच आकाराचा आहे. काही शतके हे संशोधनाचे कार्य चालू राहील; पण त्यानंतर एक वेळ अशीही येईल की जेव्हा मंगळशोधाची ही मोहीम पूर्णपणे संपलेली असेल. रोबोटकडून सर्व मंगळ अभ्यासला गेलेला असेल, वाहक यंत्रांनी सर्व परिसर पिंजून काढलेला असेल. खुद्द माणूसही मंगळावर हिंडून आलेला असेल. पण त्यानंतर पुढे काय? त्यानंतर मंगळाचे काय करायचे?

या जन्मदात्या पृथ्वीचाच माणसाने खरे तर इतका दुरुपयोग केला आहे, तिची इतकी अवहेलना केलेली आहे, की खरं म्हणजे अशा प्रश्नांनी धडकीच भरते.

जर मंगळावर जीवसृष्टी सापडली तर मंगळाच्या बाबतीत माणसाने काहीही ढवळाढवळ करू नये; मग ते मंगळवासी लहान लहान सूक्ष्म जीवाणू का असेनात!

पृथ्वीच्या सर्वांत जवळील ग्रहावर जीवसृष्टी आहे ही माहिती आणि त्या जीवसृष्टीचे अस्तित्व हाच एक मोठा अमूल्य खजिना असेल आणि या जीवसृष्टीचे जतन हाच एकमेव हेतू आपण मंगळाबाबत ठेवला पाहिजे.

आणि समजा मंगळावर जीवसृष्टी नाही, असे शोधांती निष्पन्न झाले तर? मंगळावरील खनिजे किंवा कच्चा माल पृथ्वीवर आणणे हे काही सोपे काम नाही. निदान पुढील काही शतके तरी ही कविकल्पनाच राहील. ही अत्यंत खर्चिक गोष्ट आहे. पण मंगळावर आपण राहू शकू का? मंगळ माणसाला राहाण्यालायक बनवता येईल का?

मंगळाचे विश्व हे निर्विवादपणे सुंदर आहे. पण तेथे प्राणवायू अत्यंत कमी

प्रमाणात आहे. द्रवरूप पाण्याचे तेथे दुर्भिक्ष आहे; जंबूपार किरणांचा तेथे कायमचा भडीमार होत असतो *(तापमान कमी असले तरी माणसाला फारसा त्रास होत नाही, हे अंटार्क्टिका मोहिमेतून दिसून आले.)*.

मंगळाच्या वातावरणात जर हवेचे प्रमाण वाढले तर हे सर्व प्रश्न सुटू शकतात. कारण वातावरणाचा दाब वाढला, तर पाणी द्रवरूप अवस्थेत राहू शकेल. प्राणवायूचे प्रमाण वाढले तर आपण श्वास घेऊ शकू आणि ओझोनचा थर जंबूपार *(अतिनील)* किरणांपासून आपले रक्षण करू शकेल.

नागमोडी मार्ग, जणू काही एकमेकांवर रचून ठेवल्यासारखे बर्फाचे थर, यामुळे कधीकाळी मंगळावर दाट वातावरण असावे असे वाटते. मंगळाच्या वातावरणातून हे वायू सुटण्याची शक्यता कमी आहे. मग ते गेले कोठे? ते मंगळावरच कोठे तरी असणार. काहींची मंगळाच्या पृष्ठभागावरील खडकांशी रासायनिक प्रक्रिया झाली असणार. काही पृष्ठभागावरील बर्फाच्या आत असतील; परंतु बहुतांशी वायू हे ध्रुवीय बर्फाळ प्रदेशातच असणार. हे बर्फाळ प्रदेश वितळवण्याकरता त्यांना उष्णता द्यावी लागेल. ही उष्णता कशी देता येईल! त्या प्रदेशावर जर एखाद्या गडद भुकटीचा थर टाकला तर तो थर अधिक सूर्यप्रकाश शोषून घेईल. त्यामुळे तो बर्फ वितळेल व त्यातील वायू बाहेर पडतील *(पृथ्वीवर झाडे, जंगले, कुरणे नष्ट करून नेमकी याच्याविरुद्ध क्रिया आपण करत असतो.)*; परंतु या प्रदेशांचा *(टोप्यांचा)* आकार फार प्रचंड आहे. त्यामुळे हा प्रदेश वितळवण्यासाठी मंगळावर जी भुकटी न्यावी लागेल, त्याकरता १२०० सॅटर्न-५ रॉकेट बूस्टर लागतील. इतके करूनही ही भुकटी वाऱ्यामुळे इतस्तत: होण्याचीच शक्यता अधिक आहे.

पण याहीपेक्षी दुसरा चांगला उपाय असू शकतो. एखादी स्वत:ची प्रतिमा बनवणारी, गडद रंगाची वस्तू मिळाली आणि जर ती मंगळावर नेता आली, तर ते अधिक सोयीचे होईल. अशी वस्तू किंवा यंत्रे या भूतलावर अस्तित्वात आहेत आणि ती म्हणजे वनस्पती! काही वनस्पती अत्यंत चिवट आहेत. इथले काही जीवाणू मंगळावर जगू शकतात. त्यामुळे अनुवंशिकता शास्त्र आणि कृत्रिम निवड यांची सांगड घालून अशा प्रकारच्या गडद रंगांच्या वनस्पतींची वाढ घडवून आणण्याची गरज आहे. लिचेन या वनस्पती मंगळावरील वातावरणात जगू शकतील. त्या दृष्टीने आपण प्रयोग करायला हरकत नाही. अशा प्रकारची वनस्पती जर मंगळावर तग धरून राहिली, फोफावली तर ती या बर्फाच्या थरावर आवरण म्हणून राहील, अधिक सूर्यप्रकाश शोषून घेईल. त्यामुळे बर्फ वितळेल व त्यातले वायू वातावरणात मिसळतील. कदाचित तेथे एखादा रोबोटही पाठवता येईल. हा रोबोट तेथे हिंडून माणसाला उपयुक्त असे संशोधन करेल.

वरती उल्लेखलेल्या एकूण कल्पनेला 'टेराफॉर्मिंग' असे म्हणतात. टेराफॉर्मिंग

म्हणजे जमीन तयार करणे. याचा अर्थ असा की एखाद्या दूर ठिकाणची भूमी ही माणसाला राहण्याकरता सुयोग्य अशा रीतीने बनवायची.

हजारो वर्षांच्या कालावधीत माणसाने बेसुमार जंगलतोड करून पृथ्वीचे तापमान हे एखाद्या अंशाच्या फरकाने कमीजास्त केलेले आहे आणि इंधनवापर, जंगलतोड व यांत्रिकीकरणाच्या नादात, हे तापमान पुढील एक ते दोन शतकात आणखी एका अंशाने बदलेल.

ह्याच पद्धतीने/न्यायाने मंगळाचे तापमान बदलण्याकरता हजारो वर्षे जावी लागतील. भविष्यकाळात अत्यंत प्रगत तंत्रज्ञानाच्या सहाय्याने आपण तेथील वातावरणाचा दाब हा कदाचित वाढवू शकू किंवा पाणी द्रवरूप अवस्थेत ठेवू शकू. ध्रुवीय प्रदेश वितळवून तेथील पाणी हे मंगळाच्या विषुववृत्तीय प्रदेशातही आणू शकू. कदाचित त्याकरता आपणच कालवेही बांधू की ज्यायोगे वितळणारा पृष्ठभाग व त्यालगतचा बर्फ/पाणी हे त्या कालव्यामार्फत वाहून नेता येईल.

मंगळावर ही घटना घडत आहे असा अंदाज लॉवेल व वॉलेसने गेल्या शतकातच वर्तवला होता. त्या दोघांनाही हे माहिती होते, की पाण्याच्या अभावामुळेच मंगळ हा तितकासा अगत्यशील वाटत नाही आणि हा अभाव फक्त कालव्यांमुळेच नाहीसा होणार आहे.

भावना उचंबळून आल्या की माणूस प्रत्यक्षात जे दिसते, त्याचा अर्थ त्याला हवा तसा लावून घेण्यात निष्णात असतो. त्यातही परग्रहावर किंबहुना सगळ्यात जवळच्या ग्रहावरील जीवसृष्टीचा शोध याइतकी सुरसरम्य कल्पना दुसरी कोणतीही नसेल. या कल्पनेने झपाटले गेल्यामुळे मंगळावरील कालवे हे सजीवनिर्मित आहेत, असे गेल्या शतकापर्यंत मानले गेले.

लॉवेलचे कालवे हे मंगळवासीयांनी बांधले होते. ही त्याची कल्पना म्हणजे कदाचित भविष्यवाणीही ठरू शकेल. पुढेमागे जर मंगळाचे 'टेराफॉर्मेशन' झाले, तर माणूसच तेथे कालवे बांधेल आणि मंगळवासी हा दुसरातिसरा अन्य कुणी नसून पृथ्वीवरील माणूस असेल!

□

तळटीप

१. रडार – (Radio Detection and Ranging) रडार लहरी पृथ्वीवरून सोडून, परावर्तित लहरींच्याद्वारे मंगळावरील माहिती घेण्यात आली.

◆

गुरू व शनीकडे झेप

९ जुलै १९७९ साली व्हॉयेजर-२ या अवकाशयानाने गुरूच्या मालिकेत *(गुरू व त्याचे उपग्रह)* प्रवेश केला. पृथ्वीपासून तेथपर्यंत जाण्याकरता व्हॉयेजरला तब्बल दोन वर्षे लागली.

व्हॉयेजर अत्यंत काळजीपूर्वक बनवलेले होते. यानाचा कोणताही भाग बिघडला तर त्याची जागा दुसरा भाग घेईल आणि यानाचे कार्य सुरू राहील, अशी व्यवस्था करण्यात आली होती. यानाचे वजन ०.९ टन इतके होते आणि आकाराने हे यान जवळ जवळ एका मोठ्या दिवाणखान्याइतके होते. या यानाचे एकंदर कार्यक्षेत्रच सूर्यापासून बऱ्याच लांब अंतरावर होते. त्यामुळे सूर्यप्रकाशापासून त्याला शक्ती प्राप्त करून देणेही शक्य नव्हते. इंधनाकरता व्हॉयेजरमध्ये एक छोटीशी अण्विक भट्टी बसवलेली होती. ही प्लुटोनियमवर चालेल अशी व्यवस्था केलेली होती. या अणुभट्टीमुळे काहीशे वॅट व्हॉयेजरमध्ये निर्माण होत. व्हॉयेजरचे तीन संगणक आणि तापमान-नियंत्रक हे यानाच्या मध्यवर्ती भागात बसवलेले होते.

यानावरील उपकरणे अशा रीतीने बसवली होती, की गुरू व त्याच्या उपग्रहाजवळून *(गुरूच्या)* जातानाच त्यांचा वेध घेतला जाईल. स्पेक्ट्रोमीटर *(वर्णपटमापक)*, जंबूपार आणि अवरक्त किरणांचे मापन करणारी, विद्युत चुंबकीय क्षेत्र आणि गुरूकडून उत्सर्जित होणाऱ्या रेडिओलहरींचे मापन करणारी अशी अनेक उपकरणे व्हॉयेजरमध्ये बसवलेली होती. याशिवाय छायाचित्रण करण्यासाठी व्हॉयेजरमध्ये कॅमेरेही बसवण्यात आलेले होते.

गुरू हा ग्रह अत्यंत शक्तिशाली भारवाहक कणांनी वेढला गेलेला आहे. त्यामुळे तो अत्यंत धोकादायकही आहे. गुरू व त्याच्या उपग्रहांचे निरीक्षण करण्याकरिता व्हॉयेजरला या भारवाहक कणांच्या पट्ट्यातून आरपार जावे लागले. त्या कणांचा धोका आतल्या विद्युत उपकरणांना सर्वांत जास्त होता. यानाला असलेला धोका एवढ्यापुरताच सीमित नव्हता! गुरू हा धूळ आणि दगडांच्या कड्यांनीही वेढलेला आहे. या कड्यांचा शोध व्हॉयेजर-१मुळे लागला. या कड्यांमधूनही व्हॉयेजर-२ला

प्रवास करायचा होता. या कड्यांमधून प्रवास करताना एखाद्या लहानशा दगडाबरोबर जरी टक्कर झाली असती, तरी व्हॉयेजर-२चा अँटीना नादुरुस्त झाला असता आणि यानावरचे नियंत्रणही नाहीसे झाले असते. हे सर्व धोके लक्षात घेऊनच यान तयार केले होते.

२० ऑगस्ट १९७७ साली व्हॉयेजरने पृथ्वी सोडली. मंगळाच्या कक्षेतून वक्राकार दिशेने उल्कांच्या पट्ट्यांमधून ते गुरू-मालिकेत शिरले. गुरूच्या गुरुत्वाकर्षणामुळे व्हॉयेजरचा शनीकडे जाण्याचा वेग वाढला. शनीच्या गुरुत्वाकर्षणामुळे ते युरेनसकडे ढकलले गेले. तेथून ते नेपच्यूनकडे वळले आणि आता ते सूर्यमालेच्या बाहेर गेले आहे आणि त्याचा अंतराळातील अनंत प्रवास चालू झाला आहे.

आजपर्यंत जगभर प्रवास करून माणसाने सारी पृथ्वी पालथी घातली आहे. या प्रवासामागचे हेतू विविध होते. धर्मप्रचार, व्यापार, अन्य भूमीचा शोध, साम्राज्यविस्तार, भारताचा शोध इ. अनेक युरोपात या मोहिमांचा एक मोठा फायदा झाला. अन् तो म्हणजे तेथे नव्या विचारांचे वारे खेळू लागले, विज्ञानाची दालने उघडली गेली; पण हे सर्व घडून येत असताना तेथे कोणती परिस्थिती होती व ती परिस्थिती नव्या नव्या शोधांना जन्म देण्यास कशी कारणीभूत ठरली, ह्याचाही विचार होणे आवश्यक आहे. इतिहास आणि विज्ञान हे परस्पर भिन्न प्रकृतीचे विषय असले तरी विज्ञानाच्या इतिहासाचा मागोवा घेताना कोणती सामाजिक आणि ऐतिहासिक परिस्थिती विज्ञानाच्या वाढीला कारणीभूत ठरली, ह्याचाही अभ्यास करणे जरुरीचे असते.

युरोपमधील बायझंटाईन साम्राज्य ऑटोमन तुर्कांनी कॉन्स्टॅन्टिनोपल घेतल्यानंतर कोसळले. सबंध युरोपभर या घटनेचा परिणाम झाला. जीवनाच्या सर्वच क्षेत्रात पुनरुज्जीवनाची एक लाट निर्माण झाली. जगाशी व्यापार करण्याचे खुष्कीचे मार्ग बंद झाल्यामुळे नवीन जलमार्गाच्या संशोधनावर भर देणे युरोपीयनांना आवश्यक वाटू लागले. गॅलिलिओ, कोपर्निकस ही नवीन विचारांचीच अपत्ये होती.

कोलंबसची अमेरिकेची सफर, वास्को द गामाचा भारताचा प्रवास आणि पोर्तुगीजांच्या भारतातील वसाहती या साऱ्यांचे संदर्भ इथेच जुळून येतात.

इ.स. १५२२ साली मॅगेलानने पहिली पृथ्वीप्रदक्षिणा पूर्ण केली. स्पेनला अमेरिकन संपत्तीचा प्रचंड लाभ झाला. त्याचेही युरोपवर परिणाम घडले. नवी शास्त्रे, नवीन विचार करण्याची पद्धती निर्माण झाली. तत्पूर्वी म्हणजे इ.स.१४९२च्या सुमारास ग्रानदाच्या लढाईनंतर, बायझंटाईन साम्राज्यनाशानंतर आपल्या पोथ्या जनावरांच्या पाठीवर लादून धर्मपंडीत युरोपात पळत होते. त्यांनी त्या वेळी दिसेल त्याला ग्रीक गणित, खगोलशास्त्र, विज्ञान शिकवायला सुरुवात केली. याचा परिणाम असा झाला की पोपच्या अनेक वर्षांच्या आज्ञेविरुद्ध चर्चच्या ताब्यात नसणाऱ्या शाळांचा उदय झाला. विज्ञानाची उपासना शक्य झाली.

नवे नवे जलमार्ग शोधून काढण्यामागे व्यापार आणि राजकीय असे दोन्ही हेतू होते. अरब, तुर्कांचा जागतिक व्यापार नष्ट करावा हा प्रबळ हेतू होता.

पुष्कळदा पराभवामुळे धर्मावरील श्रद्धांना धक्का बसतो आणि मग धर्मचिकित्सा, नवे विचार यांना सुरुवात होते. विज्ञानधर्माला मान्य नसणारी पण नाकारता न येणारी सत्ये प्रस्थापित करते.

इ.स. १५३४ साली सारे जग ख्रिश्चन करण्याची पोपची आज्ञा होती. डचांनी सांगरी प्रवासात बरीच आघाडी मारलेली होती. स्पेनच्या राजवटीतून मुक्त होऊन त्यांनी आपल्या नाविक मोहिमेला जोरदार सुरुवात केली होती. सागरी नकाशे हे त्यांच्या राज्यात अत्यंत गोपनीय मानले जात. जहाजे सुटण्याचे आदेशही अत्यंत गुप्तपणे दिले जात.

हॉलंड हे त्या काळी अत्यंत प्रगत राष्ट्र बनले होते. मुक्त विचारांचे वारे त्या काळी हॉलंडमध्ये वाहत होते. कॅथलिक चर्चने गॅलिलिओला धर्मद्रोही ठरवले होते; पण हॉलंडमधील विद्यापीठाने त्याला प्राध्यापकांच्या जागेसाठी निमंत्रित केले होते. पुस्तके आणि पुस्तक प्रकाशनाचे हॉलंड हे एक प्रमुख केंद्र बनले होते. नवीन शोधांमुळे हजारो वर्षे चालत आलेल्या पूर्वापार श्रद्धांना तडे बसत होते.

प्रसिद्ध संशोधक हायजेन आणि ल्यूविनहोएक हेही ह्याच काळातील. दुर्बिणीच्या शोधांचा मान ल्यूविनहोएककडे जातो. पाण्याच्या एका थेंबातल्या अफाट जंतूंचे निरीक्षण प्रथमतः ल्यूविनहोएकने केले.

प्रकाशाच्या लहरींचे स्वरूप, लंबकाचे घड्याळ, खाणीमध्ये वापरला जाणारा हवेचा पंप अशा अनेक शोधांचा जनक हायजेन आहे. मंगळाचे अचूक निरीक्षण, मंगळाचा दिवस याविषयीचा अंदाज हायजेननेच बांधला. शनीच्या कड्यांपैकी कुठलेही कडे हे शनीला स्पर्शून जात नाही, हेही त्याने सांगितले. शनीचा सर्वांत मोठा उपग्रह टायटन हा हायजेननेच शोधून काढला.

त्या काळातील लोक पृथ्वीचा वेध घेत प्रवास करत होते. आज आपण सूर्याच्या ग्रहमालेचा प्रवास सुरू केला आहे.

गुरूच्या उपग्रहांचा आकार बुधाइतका आहे. या उपग्रहांची घनता, त्यांचे आकार आणि वस्तुमान ह्यावरून आपल्याला काढता येते.

घनता = वस्तुमान ÷ आकारमान. घनतेवरून त्या त्या ग्रहांचे वातावरण समजायला मदत होते. आयो आणि युरोप या दोन आतील बाजूच्या ग्रहांची घनता दगडाइतकी प्रचंड आहे. अन्य दोन उपग्रह गॅनीमीड आणि कॅलिस्टो यांची घनता बर्फ आणि दगड ह्यांच्या घनतेच्या दरम्यानची आहे. पृथ्वीप्रमाणेच या उपग्रहांच्या खडकातून किरणोत्सर्जित खनिजांचे अंश आहेत. त्यामुळे आजुबाजूचे वातावरण तापते. कोट्यावधी वर्षांच्या कालावधीत ही आत साचून राहिलेली उष्णता बाहेर

पडायला काही वावच मिळालेला नाही. त्यामुळे ही उष्णता या दोन्ही उपग्रहाचे आतील भाग *(बर्फाळ भाग)* वितळण्यास कारणीभूत झाली असली पाहिजे. या दोन्ही उपग्रहांच्या पृष्ठभागांतर्गत असे समुद्र आणि पाण्याचे झरे असणार.

व्हॉयेजर-२ ने युरोपाचे चित्र पाठवले. युरोपावर पडलेला सूर्याचा प्रकाश हा अवकाशात परावर्तित केला जातो. हा प्रकाश व्हॉयेजरच्या कॅमेऱ्याच्या फॉस्फोरसवर पडतो. तेथे प्रतिमा तयार होते. संगणकाला या प्रतिमेचे आकलन होते. ही प्रतिमा जवळ जवळ अर्धा कोटी मैल अंतर काटून पृथ्वीवरील नियंत्रणकक्षांकडे पाठवली जाते. स्पेन, दक्षिण कॅलिफोर्नियातील मोजेव्ह वाळवंट आणि ऑस्ट्रेलिया अशा तीन ठिकाणी नियंत्रण कक्ष आहेत.

१९७९ साली ऑस्ट्रेलियातील नियंत्रणकक्षाने आपली दिशा गुरू व युरोपांकडे वळवली होती. हे कक्ष ही माहिती *(छायाचित्रे इ.)* पृथ्वीभोवती फिरणाऱ्या संदेशवाहक उपग्रहांना देतात. हे उपग्रह या प्रतिमा किंवा माहिती सूक्ष्मलहरी रिले मनोऱ्याद्वारे प्रयोगशाळांतील संगणकांना पुरवतात. तेथे बनणारे चित्र हे वर्तमानपत्रातील वायर फोटोप्रमाणे असते. व्हॉयेजर-१ने गुरूमालिकेची अशी जवळ जवळ १८०० छायाचित्रे घेतली.

व्हॉयेजर-१ने गुरूच्या गॅलिलिअन् उपग्रहांची उत्कृष्ट छायाचित्रे घेतली तर व्हॉयेजर-२ने युरापाची. चित्रांमधून आपण फक्त काही कि.मी. रुंदीचीच जागा पहात असल्याचे जाणवते. प्रथमदर्शनी तेथे मंगळाप्रमाणेच कालव्यांचे जाळे दिसते. एकमेकांना छेदून जाणाऱ्या सरळ आणि गोलाकार रेषा आढळून येतात. या रेषा म्हणजे नक्की काय असावे ह्याचा शोध मानवालाच घ्यावा लागणार आहे. तंत्रज्ञानाच्या सहाय्याने छायाचित्रे घेता येतात; पण त्यांचा अर्थ मात्र मानवी मनच लावू शकते. इतके जाळे असूनही युरोपा हा बिलियर्डच्या चेंडूप्रमाणे गुळगुळीत दिसतो. तेथे विवरे नाहीत. कदाचित वितळून वाहणाऱ्या बर्फामुळे या विवरावर काही परिणाम झाला असावा.

बर्फ हा युरोपाचा मुख्य घटक आहे. गुरूच्या गुरुत्वाकर्षणामुळे आणि अंतर्गत उष्णतेमुळे युरोपाच्या आत समुद्र असावा. कदाचित या समुद्रात सजीव असण्याची शक्यताही नाकारता येत नाही. युरोपावरील डोंगरांच्या रांगांचे कोडे अजूनही उकललेले नाही.

आयो *(ईओह) (IO)* हा गुरूचा उपग्रह रंगाने तांबडालाल आहे. मंगळापेक्षाही तांबडा आहे. कदाचित सूर्यमालेतील हा सगळ्यात लाल ग्रह असेल. या आयोवर निश्चितपणे काहीतरी बदल घडून येत असणार. अवरक्त प्रकाश किंवा रडार लहरी परावर्तित करणाऱ्या गुणधर्मांमध्ये बदल घडून येत असावा.

आयोच्या कक्षेत, सल्फर, सोडिअम, पोटॅशिअमच्या अणूंची नळी आहे. ती

थोडीशी गुरूच्या बाजूला आहे. कदाचित हे वस्तुमान आयोच्यापासून दूर भिरकावले गेले असेल. सूर्यमालेत अन्यत्र कुठेही आढळून न येणारा रंगीबेरंगी पृष्ठभाग व्हॉयेजरला आयोवर आढळून आला.

आयो हा उल्कांच्या पट्ट्याच्या जवळ आहे. त्यामुळे त्याच्यावर सदैव शिळांचा/उल्कांचा मारा होत असला पाहिजे. विवरेही तयार झाली असावीत. पण प्रत्यक्षात मात्र आयोवर एकही विवर आढळून आले नाही. कदाचित ही विवरे कोणत्या ना कोणत्या कारणाने भरली गेली असावीत. आयोची गुरुत्वीय शक्ती अत्यंत कमी आहे. त्यामुळे आयोचे वातावरण अवकाशात निसटले असावे. यावरून एक गोष्ट लक्षात येईल, की वातावरणाच्या घर्षणामुळे, वादळामुळे विवरे नष्ट होण्याची अजिबात शक्यता नाही. आयोचा पृष्ठभागही अत्यंत थंड आहे. त्यामुळे पाण्यामुळेही विवरे भरण्याची शक्यता कमी आहे. आयोवरील काही जागा ज्वालामुखी पर्वतांच्या शिखरांप्रमाणे आढळून आल्या.

व्हॉयेजरच्या नेव्हीगेशन *(अवकाश वाहतूक मार्गदर्शक)* संघात काम करणाऱ्या लिंडा मोरॅबिटो या संशोधिकेला एक दिवस आश्चर्यकारक गोष्ट दिसून आली. आयोच्या पृष्ठभागावर तिला एक तेजस्वी ज्वाळा दिसली; ज्या भागावर ज्वालामुखी आहेत असा अंदाज होता. तेथेच या ज्वाळा दिसून आल्या. प्रथमच पृथ्वीच्या बाहेर एका जिवंत ज्वालामुखीचा शोध व्हॉयेजरने लावला. अशा प्रकारचे कमीत कमी नऊ ज्वालामुखी आयोवर आढळून आलेले आहेत. हे जिवंत ज्वालामुखी असून ते धूळ व वायू ओकत आहेत. निद्रिस्त अवस्थेतील हजारो ज्वालामुखी आयोवर आहेत. ज्वालामुखीतून बाहेर पडणाऱ्या धुळीमुळे आयोचा पृष्ठभाग रंगीत दिसतो. आयोवरील विवरेही या लाव्हामुळेच बुजली गेली असावीत.

आयोवरील पृष्ठभाग हा तसा नवीन आहे. तेथे ज्वालामुखी असतील असे भाकीत स्टॅनटॉन पील व त्याच्या सहाध्याय्यांनी केले होते. गुरू व आयोजवळील उपग्रह युरोपा यांच्या एकत्रित आकर्षणामुळे आयोवरील लाटा *(लाव्हाच्या)* किती उंच उफाळतील, याचे निरीक्षण व गणितही त्यांनी मांडले. त्यांना असे आढळून आले की आयोच्या पोटातील खडक हे अंतर्गत उष्णतेमुळे *(किरणोत्सर्गामुळे निर्माण झालेल्या उष्णतेमुळे)* वितळले नसून लाटांमुळे *(भरतीच्या)* वितळलेले आहेत. आयोचा अंतर्भाग हा द्रवरूप आहे.

आयोच्या पृष्ठभागावरील ज्वालामुखी जमिनीच्या पोटातील गंधक बाहेर टाकतात. हे तप्त गंधक वितळते आणि पृष्ठभागावर साचते. घनरूप गंधक साधारणत: ११५ अंश या तापमानाला वितळते. त्या वेळी त्याचा रंग बदलतो. जितके तापमान जास्त तितका हा रंग अधिक गडद बनतो. वितळलेले गंधक चटकन गार केले तर त्याचा रंग पूर्ववत होतो. यावरून एक गोष्ट स्पष्ट होते. अन् ती म्हणजे आयोवरील रंगीबेरंगी

रेषांच्या जाळ्यांचे स्पष्टीकरण देणे आता सोपे जाते. या गंधकामुळेच आयोच्या पृष्ठभागाला वेगवेगळे रंग प्राप्त झालेले आहेत.

ज्वालामुखीच्या तोंडाशी असलेले गंधक काळ्या रंगाचे आहे, त्याचे तापमानही प्रचंड आहे. त्याच्या आजूबाजूला नारिंगी, लालसर रंगाच्या गंधकाच्या नद्या आहेत. तेथील प्रचंड पठारे ही पिवळसर रंगाच्या गंधकाने आच्छादलेली आहेत.

आयोचा पृष्ठभाग दर महिन्याला बदलत जातो. त्यामुळे आयोचे नकाशे बनवायचे झाले तर ते नियमितपणेच बनवले पाहिजेत. कारण एकदा बनवलेले नकाशे हे भविष्यकाळात कितपत उपयुक्त ठरतील, याची शंका आहे.

व्हॉयेजर यानाने पाठवलेल्या माहितीवरून आयोचे वातावरण हे अत्यंत विरळ आणि तलम अशा सल्फर डाय ऑक्साईडने बनवलेले असल्याचे लक्षात आले. असे असले तरी गुरूच्या किरणोत्सर्गीत पट्ट्यातील प्रखर भारवाहक कणांपासून पृष्ठभाग वाचवण्याकरता आयोला हे वातावरण पुरेसे आहे. आयो हा या पट्ट्यातच रुतलेला आहे.

रात्रीच्या वेळी तापमान कमी झाल्यामुळे सल्फरडाय ऑक्साईड पृथ्वीवरील धुक्याप्रमाणे तेथे आच्छादले जाते. त्या वेळी हे भारवाहक कण कदाचित पृष्ठभागालाही स्पर्शून जात असतील!

आयोच्या पृष्ठभागावर रात्र काढण्याऐवजी आयोच्या पोटात जाऊन निवारा घेणे कदाचित श्रेयस्कर ठरेल, नाही का?

आयोवरील ज्वालामुखीतून उफाळणाऱ्या ज्वाळा या इतक्या प्रचंड उंचीच्या असतात, की त्यातले वस्तुमान हे गुरू भोवतालच्या आकाशात विखुरले जाते. या सर्व वस्तुमानाचा *(अणूंचा/धुळीचा)* थर गुरूच्या अमालथिआ या उपग्रहावर बसतो आणि त्याचा रंग लालसर दिसतो. आयोतून निसटले गेलेले हे वस्तुमान गुरूशी झालेल्या अनेक टकरीनंतर गुरूच्या कड्यांमध्ये सामावले जात असण्याची शक्यताही नाकारता येत नाही.

सूर्याची ग्रहमाला ही आकाशस्थ वायू आणि धुळीच्या शीतकरणातून निर्माण झालेली आहे. गुरूमध्ये सामावलेले वस्तुमान किंबहुना गुरू ज्या वस्तुमानापासून बनलेला आहे, ते वस्तुमान सूर्याकडे जाऊ न शकल्यामुळे गुरूत सामावले गेले आहे. गुरू हा आहे त्यापेक्षा काही पटीने मोठा असता तर तेथे थर्मोन्युक्लिअर *(औष्णोकेंद्रित)* अणुकेंद्राच्या विघटनाने निर्माण झालेल्या तापमानाच्या प्रक्रिया सुरू झाल्या असत्या *(ज्या आज सूर्यावर घडत असतात.)* आणि मग गुरू हा ग्रह न राहता स्वयंप्रकाशित तारा बनला असता. असे झाले असते तर आपल्याला दोन सूर्य बघायला मिळाले असते. आकाशगंगेतील बहुतेक सूर्यमालेत असेच दोन सूर्य *(तारे)* आहेत. गुरू जर तारा बनला असता तर आपल्याला रात्र कधी दिसूनच आली नसती!

वरील विवेचनावरून एक गोष्ट लक्षात येईल, अन् ती म्हणजे गुरू हा मोठा ग्रह आहे आणि जेवढी ऊर्जा त्याला सूर्याकडून मिळते, त्याच्या दुप्पट ऊर्जा तो अवकाशात परावर्तित करत असतो. कारण त्याच्या अंतर्भागातील तापमान प्रचंड आहे. किंबहुना, अवरक्त वर्णपटातून पाहिले असता गुरूला तारा मानता येईल. गुरूवरील ढगांच्या आवरणाखालचा वातावरणाचा दाब अतिशय प्रचंड आहे. पृथ्वीवर इतका दाब आढळून येत नाही.

गुरूवरील वातावरणाच्या प्रचंड दाबामुळे हायड्रोजन अणूतील इलेक्ट्रॉन एकमेकांच्या अतिशय जवळ येतात आणि मग त्यातूनच द्रवरूप धातूरूप हायड्रोजन निर्माण होतो.

पृथ्वीवर धातूरूप हायड्रोजन कधीच आढळून येत नाही *(धातूरूपी हायड्रोजन हा साधारण तापमानाला, अतिउत्तम वाहक आहे. जर असा धातूरूपी हायड्रोजन साधारण तापमानाला पृथ्वीवर बनवता आला, तर इलेक्ट्रॉनिक्स व विद्युत क्षेत्रात प्रचंड क्रांती होईल.).*

गुरूच्या अंतर्भागातील दाब हा पृथ्वीच्या पृष्ठभागावरील दाबापेक्षा *(वातावरणाच्या)* तीस लक्ष पटींनी जास्त आहे. तेथे धातूरूपी हायड्रोजनचा भट्टीतल्या लोहाच्या धगधगत्या रसायनासारखा वाहता सागर आहे. गुरूच्या पोटात पृथ्वीप्रमाणेच प्रचंड दाब आहे.

गुरूच्या केंद्रस्थानी पृथ्वीप्रमाणेच लोह, शिलारस व ओबडधोबड आकाराचे दगड असावेत. गुरूच्या भोवती प्रचंड शक्तीचे चुंबकीय क्षेत्र आहे. गुरूच्या अंतर्भागातील द्रवरूप धातूमधून इलेक्ट्रॉनचे जे प्रवाह वाहतात त्याचाच परिणाम म्हणजे हे चुंबकीय क्षेत्र असावे *(कुठल्याही वाहकातून विद्युतप्रवाह नेल्यास त्या वाहकाभोवती विद्युत चुंबकीय क्षेत्र निर्माण होते हा फॅरॅडेचा नियम आहे.).* गुरूभोवतालचे चुंबकीय क्षेत्र हे सूर्यमालेतील सर्वांत मोठे चुंबकीय क्षेत्र आहे. या चुंबकीय क्षेत्रात *(क्षेत्राच्या पट्ट्यात)* अनेक इलेक्ट्रॉन व प्रोटॉन अडकलेले आहेत. मूलत: सौरवाऱ्याकडून बाहेर फेकलेले हे भारवाहक कण *(इलेक्ट्रॉन व प्रोटॉन)* हे गुरूच्या चुंबकीय क्षेत्राने आकर्षिलेले आहेत. या क्षेत्रामुळेच या कणांचे त्वरणही वाढलेले आहे. त्यातील बरेचसे कण हे गुरूपासून बऱ्याच उंचीवर असतानाच पकडले गेले आहेत. त्याच्या दोन्ही ध्रुवांवर एखाद्या टप्पा मारलेल्या चेंडूसारखे ते उसळ्या खातात. क्वचितच त्यातले काही कण हे अति उंचीवरील एखाद्या रेणूच्या संपर्कात येऊन, किरणोत्सर्गी पट्ट्याच्या बाहेर फेकले जातात.

आयो हा गुरूच्या इतक्या जवळून परिभ्रमण करतो की तो या चुंबकीय क्षेत्राच्या मध्यभागातून *(मधून)* जातो. साहजिकच मधल्या भागात किरणोत्सर्गाची प्रखरता जास्त आहे. आयो या भागातून जात असताना तेथे भारवाहक कणांची एक साखळी

निर्माण होते आणि प्रचंड प्रमाणात रेडिओलहरींच्या रूपात शक्ती बाहेर फेकली जाते. त्यामुळे आयोच्या पृष्ठभागावरही प्रचंड प्रमाणात अदलाबदल होत असते. आयोची अवकाशातील स्थिती माहिती असेल तर त्यावरून गुरूवरील रेडिओ स्रोतांच्या स्फोटांचे अंदाज हे पृथ्वीवरील हवामानाच्या अंदाजांपेक्षा अधिक अचूकतेने वर्तवता येतील.

गुरू हा रेडिओ उत्सर्जनाचा स्रोत आहे. याचा शोध १९५० साली बर्नाड बर्क आणि केनिथ फ्रँकलिन या दोन शास्त्रज्ञांना निव्वळ योगायोगाने लागला. ही दोघं एकदा विश्वातल्या रेडिओ लहरींचा वेध घेत होती. सूर्याच्या ग्रहमालेतील वैश्विक रेडिओ लहरींच्या स्रोताचा शोध घेत असताना, आतापर्यंत कधीही नोंदवला न गेलेला *(रेडिओ लहरींचा)* स्रोत त्यांच्या पाहण्यात आला. त्यांच्या असे लक्षात आले की हे उत्सर्जन कोणत्याही ताऱ्यावरून अथवा नेब्यूलावरून होत नव्हते. इतकेच नव्हे, तर हा स्रोत कुठल्याही ताऱ्याच्या मानाने अत्यंत गतिशील वाटत होता. गमतीचा भाग म्हणजे इतक्या प्रचंड प्रमाणात रेडिओलहरी कोठून बाहेर फेकल्या जात आहेत, हेही लक्षात येत नव्हते. एके दिवशी ती दोघं प्रयोगशाळेच्या बाहेर येऊन नुसत्या डोळ्यांनी आकाशाचे निरीक्षण करू लागली; कदाचित काहीतरी उलगडा होईल अशी त्यांना आशा वाटली. नुसत्या डोळ्यांनी *(दुर्बिणीशिवाय)* आकाशाकडे पाहिले असता, त्यांना त्या रात्री एक ठळक चकाकणारा ग्रह दिसला. आणि तोच त्या रेडिओलहरींच्या उत्सर्जनाचा स्रोत होता. हा ग्रह अर्थातच गुरू होता!

गुरूच्या वातावरणात हायड्रोजनबरोबर अमोनियाही सापडला आहे. गुरूवर प्रचंड तांबडा डाग आहे. ही जागा म्हणजे प्रतिचक्रीवादळ आहे. या डागाची व्याप्ती इतकी प्रचंड आहे की, त्यात तीन पृथ्वी आरामात मावू शकतील.

३ डिसेंबर १९७३ साली पायोनिअर-१० हे गुरूवर पोहोचणारे पहिले यान ठरले. पायोनिअरने पाठवलेल्या माहितीपैकी काही अत्यंत रंजक होती, तर काही भीतीदायक होती, भीतीदायक अशा अर्थाने की पायोनिअर गुरूच्या उत्सर्जनाच्या पट्ट्यात जवळ जवळ भाजून निघाले होते. व्हॉयेजरकरता ही धोक्याची घंटा होती.

गुरूचे वातावरण अत्यंत खळबळजनक आहे हे आपण पाहिलेच. गुरूवर ग्रेट रेड स्पॉटसारखेच अनेक भोवरे आहेत. हे भोवरे अंतर्भागातील उष्णता वर आणतात. या रेड स्पॉटमध्ये ढग भोवऱ्याप्रमाणे घुसळून निघतात.

गुरूच्या ग्रहमालेतून दूर शनीकडे वळल्यावर एक गोष्ट लक्षात येते अन् ती म्हणजे दोघांमधले, बऱ्याच गोष्टींमधले साम्य. शनी गुरूपेक्षा लहान आहे. त्याचा परिभ्रमण कालावधी दहा तास आहे. या कालावधीत तो आपल्या रंगीबेरंगी विषुववृत्तीय पट्ट्यांचे दर्शन घडवतो. पण गुरूच्या तुलनेने ते जरा फिकेच पडते. गुरूप्रमाणेच

शनीभोवतीही चुंबकीय क्षेत्र आणि किरणोत्सर्गी पट्टा आहे. पण दोन्ही गुरूच्या मानाने क्षीण आहेत. शनीची अनेक कडी मात्र नितांत सुंदर दिसतात!

शनीला अनेक उपग्रह *(चंद्र)* आहेत; पण शास्त्रज्ञांना भुरळ पाडतो तो मात्र टायटन! सूर्याच्या ग्रहमालेतील तो मोठा उपग्रह आहे. इतकेच नव्हे, तर बऱ्यापैकी वातावरण असणाराही तो एकटाच आहे. १९८०च्या व्हॉयेजरच्या मोहिमेअगोदर टायटनवर निश्चितपणे फक्त मिथेन वायूचाच शोध लागला होता. सूर्याच्या *(अतिनील)* जंबूपार किरणांमुळे मिथेनचे विघटन होऊन रेणूरूपी हायड्रोकार्बन आणि हायड्रोजन वायूत रूपांतर होते. या हायड्रोकार्बनच्या रेणूंची रचना अत्यंत गुंतागुंतीची असते. हे रेणू टायटनवर असणार; कदाचित त्यांचे तपकिरी रंगांचे द्रावणही टायटनवर असणार. अशा प्रकारच्या द्रावणातूनच पृथ्वीवर जीवसृष्टीची सुरुवात झालेली आहे.

हायड्रोजन हा अत्यंत हलका वायू आहे, हे आपल्याला माहिती आहे. कमी गुरुत्वीय आकर्षणामुळे तो वातावरणातून निसटून जाऊ शकतो *(टायटनचे गुरुत्वीय आकर्षण कमी आहे.)*; परंतु टायटनवरील वातावरणाचा दाब मात्र मंगळाच्या वातावरणाच्या दाबाइतका आहे. त्यामुळे तेथील वातावरणातून हायड्रोजन निसटून जाणे कठीण आहे. कदाचित टायटनवरील वातावरणात नायट्रोजनही असेल *(असावा)* व या नायट्रोजनमुळे वातावरणाचे रेणूरूपी वस्तुमान वाढले असावे.

कदाचित हायड्रोजन टायटनवरून निसटून जात असेल आणि त्याची जागा ग्रहाच्या अंतर्भागातून बाहेर पडणारे वायू घेत असतील अशीही एक शक्यता आहे. टायटनची घनता कमी आहे. अंतर्गत उष्णतेमुळे पाणी आणि बर्फ हे त्याच्या पृष्ठभागावर येतात. दुर्बिणीतून न्याहाळल्यास टायटन एखाद्या तांबूस रंगाच्या थाळीच्या आकाराचा दिसतो. मिथेनच्या विघटनातून निर्माण झालेल्या रेणूमुळे हा तांबूस रंग असावा. तिथल्या पृष्ठभागाचे तापमान, वातावरणाची जाडी हे अजूनही वादग्रस्त मुद्दे आहेत. कदाचित तिथल्या काही भागाचे तापमान हे हरितगृह परिणामामुळेही वाढले असावे.

टायटनवरील ढग जर बाजूला झाले तर तेथून शनीची अनेक कडी विलक्षण सुंदर दिसतील. त्यांचा पिवळसर फिकट रंग मधल्या वातावरणामुळे चहुबाजूला पसरला जाईल, धूसर होईल. शनीची ग्रहमाला सूर्यापासून अत्यंत दूर आहे *(पृथ्वी आणि सूर्य यांच्यातील अंतराच्या दसपट अंतर सूर्य आणि शनीची ग्रहमाला यात आहे.)*. त्यामुळे पृथ्वीवरील सूर्योदयाच्या वेळच्या प्रकाशाच्या केवळ एक टक्क्याइतकाच प्रकाश टायटनवरील सूर्योदयाच्या वेळी असतो. तेथील पाण्याचे तापमान हे गोठणबिंदूच्याही खाली *(पाण्याच्या)* अनेक अंशांनी असावे; परंतु तेथील कार्बनी द्रव्य, ज्वालामुखीच्या तप्त जागा यावरून तेथे जीवसृष्टी असण्याची शक्यता नाकारता येत नाही. तिथल्या भिन्न वातावरणामुळे तिथली जीवसृष्टी ही पृथ्वीपेक्षा

अत्यंत भिन्न स्वरूपातही असू शकेल. अजूनपर्यंत तरी तेथे जीवसृष्टी आहे किंवा नाही याचा कोणताच पुरावा मिळालेला नाही. उपकरणांनी सुसज्ज यान उतरवून तेथे शोध घेतल्याशिवाय असा कोणत्याही प्रकारचा पुरावा मिळणे अवघड आहे.

शनीच्या कड्यांमधील घटकांची किंवा प्रत्येक घटकाची छाननी करणे फार कठीण आहे, कारण तसे करण्यासाठी या कड्यांच्या फार जवळ जावे लागेल आणि या घटकांचा आकारही फार लहान आहे *(साधारणत: १ मीटर व्यास)*. शनीची कडी बर्फापासून *(बर्फाची)* बनलेली आहेत. वर्णपटाच्या अभ्यासावरून हे आता सिद्धही झाले आहे. जर या कड्यांचा यानातून अभ्यास करावयाचा असेल तर साधारणत: ताशी ४५००० मैल *(साधारणत: ६८००० कि.मी.)* वेगाच्या यानातून हा अभ्यास करावा लागेल. कारण हाच वेग शनीच्या कड्यांतील घटकांशी जुळणारा आहे.

पण शनीभोवती अशी कडी का निर्माण झाली असावीत? त्याऐवजी तेथे एखादा शनीचा उपग्रह का नाही निर्माण झाला?

शनीच्या कड्यांमधील बर्फाचे जे गोळे-घटक शनीच्या जास्त जवळ आहेत; त्यांचा वेग *(सरासरी)* सेकंदाला २० कि.मी. इतका आहे. दोन घटकांमधील सापेक्ष वेग मात्र अतिशयच कमी आहे. साधारणत: मिनिटाला काही सें. मीटर इतकाच असेल. असे असूनही हे घटक किंवा गोळे त्यांना प्राप्त झालेल्या गतीमुळे एकमेकांना चिकटत नाहीत. शनीचे कडे जर शनीपासून लांब असते, तर त्या कड्यातील घटकांना किंवा गोळ्यांना ही गती प्राप्त झालीही नसती आणि मग हे घटक एकमेकांच्या जवळ येऊन शनीजवळ एखादा उपग्रहही निर्माण झाला असता. शनीचे अनेक उपग्रह हे कड्याच्या बाहेरील बाजूस आहेत. शनीचे चुंबकीय क्षेत्र गुरूच्या चुंबकीय क्षेत्राप्रमाणेच सौरवायूतील भारवाहक कणांना खेचून घेते आणि भारवाहक कणांना गती देते. शनीच्या एका चुंबकीय ध्रुवाकडून दुसऱ्या चुंबकीय ध्रुवाकडे प्रवास करत असताना या भारवाहक कणांना शनीचे विषुववृत्त ओलांडावे लागते. या प्रवासात किंवा मार्गात जर शनीच्या कड्यांमधले घटक असतील, तर त्यांच्यामध्ये हे सौरवातातील भारवाहक कण शोषले जातात. ह्याचा परिणाम असा होतो, की गुरूप्रमाणेच शनीचा किरणोत्सर्गित पट्टा कड्यांमुळे मोकळा केला जातो *(तेवढ्या भागापुरता नष्ट केला जातो.)*. त्यामुळे शनीच्या कड्यांच्या आतील किंवा बाहेरील भागातच किरणोत्सर्गी पट्टा आढळून येतो.

पायोनिअर-११ ने या किरणोत्सर्गी पट्ट्यांमधील एक पोकळी शोधून काढली. या ठिकाणी शनीच्या एका नवीन उपग्रहाचा शोध लागला. या उपग्रहामुळेच तेथील किरणोत्सर्गी पट्ट्यात जागा निर्माण झाली होती.

आजपर्यंत असा समज होता की, शनीच्या कड्यांमधील जागांवर शनीच्या प्रमुख उपग्रहाचा प्रभाव आहे *(गुरुत्वाकर्षणीय प्रभाव)*, प्रत्यक्षात शनीची जी छायाचित्रे

व्हॉयेजरने घेतली, त्यात असे दिसून आले की, शनीच्या कड्यांमधल्या रिकाम्या जागा या लहान लहान कड्यांनी भरलेल्या आहेत. त्यातील कॅसीनीडिव्हीजनमध्ये तर दुर्बिणीतून संपूर्ण शनीची कडी पहात असताना, जी रचना दिसते तशी पूर्ण रचना त्या जागेतच दिसून आली.

व्हॉयेजरचे परिभ्रमण हे काही पूर्णपणे सुरळीत चाललेले नव्हते. शनीच्या जवळ असताना व्हॉयेजरची उपकरणेही गोठू लागली आणि त्यामुळे शनीबद्दलची बरीचशी माहितीही नष्ट झाली.

नासाच्या शास्त्रज्ञांनी प्रचंड परिश्रम घेऊन ही उपकरणे दुरुस्त करण्यात यश मिळवले. तरीही बारा वर्षांच्या कालावधीत व्हॉयेजरची स्मरणशक्ती निरुपयोगी झाली होती. त्यामुळे काहीही माहिती मिळू शकली नाही. उदाहरणार्थ, शनीचा उपग्रह इपॅटस्‌चा अर्धा भागच तेजस्वी दिसतो तर उरलेला अर्धा भाग हा अंधारात असतो, याचे गूढ उकलू शकले नाही. शनीवर गुरूवरील वादळांच्या तिप्पट वेगाने वाहणारे वारे आणि अभिसरण प्रवाह आढळून आलेले आहेत. तेथे अमोनिया पाण्याप्रमाणेच गोठतो. मिथेन हा वायूरूपात आढळून आलेला आहे; पण तो बर्फात अडकलेला आहे. सूर्यप्रकाशात त्याचे अन्य कार्बन संयुगात रूपांतर होते.

शनीचा चंद्र मिमॉसवरील बर्फ हा ग्रॅनाईटप्रमाणे टणक आहे. त्याला बसलेल्या धडकीमुळे १०० कि.मी. लांब-रुंद विवर तयार झालेले आहे. अन्य ग्रहांवरील ज्वालामुखी हे वितळणाऱ्या सिलिका दगडाचे नाहीत– नसतात तर आयोवर सल्फरचे आणि गॅनीमिडवर *(गुरूचा चंद्र)* बर्फाचे ज्वालामुखी आहेत, हे व्हॉयेजरमुळे माहीत झाले आहे.

◆

युरेनस आणि नेपच्यूनच्या दिशेने

व्हॉयेजरचा पुढचा प्रवास हा युरेनस, नेपच्यून, प्लूटो या ग्रहांच्या भोवतालून झाला.

युरेनसचे वातावरण अत्यंत घनदाट आहे. त्यामुळे युरेनसची काही माहिती व्हॉयेजरला मिळू शकली नाही. शनीला मिळणाऱ्या सूर्यप्रकाशाच्या फक्त एक-चतुर्थांश प्रकाश युरेनसला मिळतो. युरेनसच्या वातावरणाला हायड्रोजन वायूचे घनदाट आवरण आहे. युरेनस हा छायाचित्रकारांच्या परीक्षेत अनुत्तीर्ण झालेला ग्रह आहे. युरेनसभोवती कडी आहेत. एखादा लहानसा उपग्रह धूमकेतूच्या टकरीने नष्ट झाल्यामुळे ही कडी निर्माण झाली असावीत.

सूर्याच्या ग्रहमालेतील सर्व ग्रह हे त्यांना सूर्यापासून मिळणाऱ्या उष्णतेपेक्षा अधिक उष्णता परावर्तित करतात. त्यामुळे त्यांच्या वातावरणात बदलही घडत असतात. याला अपवाद आहे फक्त युरेनसचा. शास्त्रज्ञांना युरेनसपेक्षा त्याचे उपग्रहच अधिक आकर्षक भासले. युरेनसचा चुंबकीय अक्ष आणि भ्रमणाचा अक्ष यांत ४७ अंशांचा फरक आहे. त्यामुळे त्याचे चुंबकीय क्षेत्र हे पृष्ठभागापासून निम्म्या अंतरावर आहे. चुंबकीय ध्रुवांची अदलाबदल किंवा एखादा प्रचंड उत्पात यामुळे हा चुंबकीय अक्ष कलला असावा.

युरेनसचा मिरांडा हा उपग्रह अत्यंत लक्षणीय आहे. त्याचा पृष्ठभाग विवराच्या ठिगळांनी व्यापलेला आहे. पृथ्वीवरील ज्वालामुखीतून ज्याप्रमाणे लाव्हा उसळतो, त्याप्रमाणे मिरांडावरील ज्वालामुखीतून लाव्हाऐवजी अमोनिया आणि बर्फ उफाळतो. या वैचित्र्यपूर्ण लाव्हारसामुळे मिरांडाचा पृष्ठभाग मृदू बनला आहे. व्हॉयेजरने मिरांडा येथील कडे व उत्तुंग हिमशिखरांचीही जवळून छायाचित्रे काढली. या हिमकड्यांची उंची ग्रँड कॅननपेक्षाही जास्त आहे.

जून १९८९साली व्हॉयेजरने नेपच्यून व त्याचा उपग्रह ट्रायटॉनचे निरीक्षण करण्यास सुरुवात केली.

नेपच्यूनच्या छायाचित्रात शास्त्रज्ञांना गुरूप्रमाणेच एक प्रचंड भोवरा *(ग्रेट रेड*

स्पॉट गुरूवर आहे. नेपच्यूनवरील भोवऱ्याला ग्रेट डार्क स्पॉट म्हणूया.) आढळून आला. नेपच्यूनभोवती कडी आहेत. निळ्याशार रंगाच्या नेपच्यूनची छायाचित्रे नितांत सुंदर दिसतात.

नेपच्यूनपासून ३५ लक्ष कि.मी. अंतरावर व्हॉयेजरने याचे चार लहान चंद्र शोधून काढले. डार्क स्पॉटप्रमाणेच त्याने डी-२ आणि स्कूटर अशा अन्य दोन भोवऱ्यांचाही वेध घेतला. त्यातील स्कूटर हा भोवरा श्वेत रंगाचा आहे. नेपच्यूनभोवतालची कडी अत्यंत रहस्यपूर्ण आहेत. त्यातील काही कड्यांभोवतालचे किंवा कड्यांमधले वस्तुमान एकत्र येऊन त्याच्या 'ज्या' बनलेल्या दिसतात, तर काही ठिकाणचा भाग रिक्त दिसतो. व्हॉयेजरने काही नवीन कड्यांचाही शोध लावला. काही कड्यांमध्ये ज्या रिक्त जागा दिसल्या तेथे कण-घटक अत्यंत थोडे असल्यामुळे प्रकाशाचे परावर्तन झाले नसावे असा कयास आहे.

नेपच्यूनची कडी कशामुळे बनली असावीत? व्हॉयेजरला *(कड्यांच्या जवळ)* नेपच्यूनपाशी लहान लहान चंद्र *(शनीप्रमाणे)* आढळून आले नाहीत. कदाचित ही कडी नुकतीच कशावरून तयार झाली नसतील? एखाद्या लहानशा उपग्रहावर धूमकेतू आदळल्यामुळे ज्या ठिकऱ्या उडाल्या त्या ठिकऱ्या म्हणजेच ही कडी तर नसतील? अजून त्या ठिकऱ्यांना कडीचे पूर्ण स्वरूप प्राप्त व्हायचे असेल! नेपच्यूनच्या कड्यांमधील घटक हे कोळशापेक्षाही काळे आहेत. साधारणत: सिगारेटच्या धुरामध्ये असलेल्या कणांएवढा या कणांचा आकार आहे.

नेपच्यूनचे तापमान गुरुपेक्षाही कमी आहे आणि तरीही तेथे गुरूसारख्या तप्त ग्रहावर होतात तशी वादळे आहेत; प्रचंड खळबळ आहे. अभिसरणामुळे हायड्रोकार्बन वायू अधिक थंड प्रदेशात जातात, तेथे ते गोठले जाऊन त्यांचे चकाकणाऱ्या बर्फात रूपांतर होते आणि या सर्व प्रक्रियेचा परिणाम, म्हणजेच नेपच्यूनवर वादळे आणि पांढरे ढग आढळून येतात.

शनी व गुरूप्रमाणे नेपच्यूनच्या अंतर्भागातील उष्णता ही ग्रहावरील खळबळजनक हालचालीस कारणीभूत ठरते. नेपच्यूनवरील वाऱ्यांचा वेग हा संपूर्ण सूर्यमालेतल्या ग्रहांवरून वाहणाऱ्या वाऱ्यांच्यापेक्षाही जास्त आहे. हे वारे साधारणत: ताशी २००० कि.मी. इतक्या वेगाने वाहतात.

प्रारंभीच उल्लेखलेल्या गडद डागांचा आकार पृथ्वीइतका आहे आणि तेथे प्रचंड दाबही आहे. हा डाग आकुंचन आणि प्रसरण पावतो, त्या वेळी साहजिकच त्याचा आकारही बदलतो.

सतत वाहणाऱ्या वादळामुळे नेपच्यूनवरील ढग निर्माण होतात व ते स्थिर नसतात. वाऱ्याचा वेग रेखांशानुसार बदलतो. विषुववृत्ताच्या उत्तरेकडे मिथेनयुक्त बर्फाच्या ढगांमुळे जवळजवळ ५० कि.मी. उंचीपर्यंत निळी सावली खालच्या

ढगांवर पडते. नेपच्यूनला गाठणे *(किंवा त्यांच्याजवळून त्याचा वेध घेणे)* हे अत्यंत कठीण काम होते.

नेपच्यून हा युरेनसच्या मानाने दूर आहे. सूर्यापासून १ अब्ज ६० कोटी कि.मी. अंतरावर आहे. तरीही त्याचे तापमान जवळजवळ युरेनसइतकेच आहे आणि तरीही त्याला मिळालेल्या उष्णतेच्या २.७ पट उष्णता तो अवकाशात परावर्तित करतो *(उत्सर्जित करतो).*

वर्णपट आलेखाच्या अभ्यासावरून असे आढळून आले की नेपच्यूनच्या वातावरणात हायड्रोजन हा मुख्य घटक आहे आणि हेलिअम १५ टक्के आहे. नेपच्यूनच्या निळ्या रंगाला त्याच्या वातावरणातील २ टक्के इतका असणारा मिथेन वायू हा कारणीभूत आहे. नेपच्यूनचा अंतर्भाग हा बहुधा दगड व बर्फाने बनलेला आहे. त्याचा व्यास पृथ्वीच्या व्यासाच्या चौपट आहे.

रेडिओ उत्सर्जनावरून नेपच्यूनचा दिवस मोजण्यात आला, तो १६.१ तासांचा आहे. पूर्वी मोजण्यात आलेल्या दिवसापेक्षा तो साधारणत: दीड तासांनी कमी भरला. व्हॉयेजरमुळे नेपच्यूनच्या तीन कड्यांचा शोध लागला. त्याचप्रमाणे ट्रायटॉन, नेरीड व अन्य सहा लहान चंद्रांचाही शोध लागला.

ट्रायटॉन या नेपच्यूनच्या आकर्षक चंद्राचा वेध घेण्यासाठी व्हॉयेजरला ताशी ६०,००० कि.मी. ते ९८,००० कि.मी. वेगाने प्रवास करावा लागला. नेपच्यूनच्या उत्तर ध्रुवावरून साधारणत: ४९०० कि.मी. इतक्या उंचीवरून व्हॉयेजरने हा प्रवास केला. हा प्रवास खरे म्हणजे अत्यंत धोकादायक होता.

ट्रायटॉनच्या पृष्ठभागावर मिथेन आणि नायट्रोजन पूर्वीच सापडले होते. त्या वेळच्या निरीक्षणांवरून शास्त्रज्ञांना असे वाटले होते की ट्रायटॉनवरील नायट्रोजन हा द्रवरूप अवस्थेत असेल आणि त्यावरील समुद्र नायट्रोजनचे असतील. तेथील खंड हे मिथेनच्या बर्फाचे असतील *(ट्रायटॉनचा आकार आपल्या चंद्राइतकाच आहे.).* परंतु अलीकडेच मिळालेल्या माहितीप्रमाणे, ट्रायटॉन हा अधिक थंड आहे. त्यामुळे त्यावरील नायट्रोजन हा घनरूपात आहे. त्याच्या दक्षिण गोलार्धावर बर्फाची प्रचंड टोपी आहे. त्याच्या कडांना निळसर पट्टा आढळून आलेला आहे. कदाचित ते धुके असावे, ट्रायटॉनचे वातावरण स्थिर नसावे. त्यात काहीतरी हालचाल नक्की होत असावी.

अन्य ग्रहांच्या चंद्रांवर शास्त्रज्ञांना उत्पातामुळे निर्माण झालेली विवरे विपुल प्रमाणात आढळली. ट्रायटॉनवर मात्र अशा प्रकारचे एकही विवर आढळून आले नाही. असे का? शास्त्रज्ञांचे या प्रश्नाला उत्तर आहे, अन् ते म्हणजे 'क्रायोव्होल्कॅनिझम'!

क्रायोव्होल्कॅनिझमचा अर्थ असा की, पृथ्वीवरील ज्वालामुखीतून सिलिकाचा लाव्हारस बाहेर पडतो, तर क्रायोव्होल्कॅनोमधून बर्फरूपी लाव्हा (?) बाहेर पडतो.

क्रायोव्होल्कॅनिझमचा अर्थ बर्फाचा ज्वालामुखी किंवा शीत ज्वालामुखीय उद्रेक असा आहे! ऐकायला जरा विचित्र वाटते नाही?

ज्वालामुखी अन् तोही बर्फाचा, हे कसे शक्य आहे?

ट्रायटॉनचे तापमान अत्यंत कमी आहे. तेथे बर्फ हा ग्रॅनाईटप्रमाणे घट्ट असतो. पृथ्वीवरील नायट्रोजन आणि मिथेन हे वायुरूपातील वायू, ट्रायटॉनवर झरे आणि ठिसूळ दगडाच्या रूपात आढळून येतात. अशा या वातावरणात ट्रायटॉनच्या अंतर्भागातला बर्फ लाव्हारसाप्रमाणे वितळतो *(थोड्या तापमानाला)* आणि पृष्ठभागावरती उफाळून येतो. पृथ्वीवरील लाव्हाप्रमाणे उफाळून येणारा बर्फ पृष्ठभागावर येताच गोठतो.

अन्य ग्रहावरील ज्वालामुखी हे पृथ्वीप्रमाणे सिलिकेट दगडाचेच असायला हवेत असे नाही. आयोवरील गंधकाचे ज्वालामुखी हेसुद्धा असेच वैशिष्ट्यपूर्ण आहेत, हे आपण यापूर्वीच पाहिले आहे.

व्हॉयेजरच्या निरीक्षणावरूनच हे शोध लागले.

ट्रायटॉनवरील ज्वालामुखी हे जिवंत आहेत. तेथे प्रचंड प्रमाणावर खळबळ चालू आहे. कदाचित तेथे खोल खोल दऱ्याही असाव्यात. तेथील पृष्ठभागावर साधारणत: शंभर कि.मी. लांब-रुंद असे भूभाग आढळून आले. कदाचित गोठलेल्या लाव्हारूपी बर्फाची ती तळी असावीत.

प्राचीन काळी ट्रायटॉन हा आजच्या प्लूटोप्रमाणेच लहानसा बर्फाळ ग्रह असावा. नैसर्गिक घडामोडींमुळे तो नेपच्यूनजवळ आला आणि लहानशा उपग्रहावर आदळला. या अपघातामुळे ट्रायटॉनचा वेग कमी झाला आणि नेपच्यूनच्या गुरुत्वाकर्षणात तो खेचला गेला किंवा अडकला.

प्रथमत: त्याची नेपच्यूनभोवतालची कक्षा ही किंचितशी तिरकी होती; पण कोट्यवधी वर्षांच्या कालावधीत नेपच्यूनच्या गुरुत्वीय आकर्षणामुळे ही कक्षा जवळजवळ वर्तुळाकार बनली. या गुरुत्वीय आकर्षणाचा परिणाम ट्रायटॉनच्या अंतर्भागावर झाला. आतील बर्फ *(पाण्याचा)* वितळला आणि प्रचंड खळबळजनक ज्वालामुखीत त्याचे रूपांतर झाले.

बहुतेक सर्व क्रायोव्होल्कॅनिझम हे ट्रायटॉनच्या बाल्यावस्थेतच निर्माण झाले असावेत, असा अंदाज आहे; पण तोही तितकासा खरा नाही. कारण ट्रायटॉनच्या दक्षिण ध्रुवावर चित्रविचित्र, गडद रंगाच्या किनारी आढळून आलेल्या आहेत. एवढेच नाही, तर तेथे भूगर्भातून उफाळणारे झरेही आढळून आलेले आहेत. अशा प्रकारचे हजारो झरे तेथे असावेत असा अंदाज आहे. त्यामुळे तेथे अजूनही खळबळ चालू असावी.

जसा मोसम बदलतो त्यानुसार ट्रायटॉनवरील गोलार्धावर नायट्रोजन आणि

मिथेनचा बर्फ आलटून पालटून बनतो. तेथील वसंत ऋतूत नायट्रोजनचे मिथेनपेक्षा अधिक वेगाने बाष्पीकरण होते *(उडून जातो)*. लक्षावधी वर्षांच्या कालावधीत वैश्विक किरणांनी मिथेनचे गोठलेल्या गडद कार्बनी धुळीत रूपांतर केले आहे. या धुळीचे किंवा मातीचे एक कायमस्वरूपी आवरण बनले आहे. कालांतराने नायट्रोजनरूपी बर्फाचा थर या आवरणावरून आच्छादला जातो आणि हरितगृहाचा परिणाम बजावतो. बर्फाखालील गडद थरात सूर्याची उष्णता शोषली जाते. या उष्णतेने आत गोठून अडकलेले वायू वेगाने प्रसरण पावतात. ज्या वेळी आतील दाब वाढत जाऊन एका ठराविक दाबाएवढा होतो, त्या वेळी हे वायू बर्फाचे कवच जेथे लवचिक असेल तेथून उफाळून येतात.

ट्रायटॉनवर दोन ठिकाणी आठ कि.मी. उंचीच्या आणि १५० किलोमीटरवर पसरणाऱ्या बर्फाच्या ज्वाळा आढळून आल्या.

अशाच प्रकारचा बर्फाचा ज्वालामुखी शनीच्या एन्क्लॅड्स या चंद्रावरही आढळून आला आहे.

हरितगृह परिणाम *(ग्रीन हाऊस इफेक्ट)* म्हणजे काय?

हरितगृह परिणाम *(ग्रीन हाऊस इफेक्ट)* हा शब्दप्रयोग आजकाल वारंवार वापरण्यात येतो. हरितगृह परिणाम म्हणजे नेमके काय ते आपण समजावून घेण्याचा प्रयत्न करू.

वातावरणातील नायट्रोजन, ऑक्सिजन हे वायू उष्णता शोषून घेत नाहीत; परंतु वातावरणात असलेली पाण्याची वाफ *(आर्द्रता)* कार्बन-डाय-ऑक्साईड आणि अंशरूपात असलेले इतर वायू मोठ्या प्रमाणावर उष्णता शोषून घेतात.

सूर्यापासून पोहोचणाऱ्या किरणोत्सर्गित ऊर्जेपैकी निम्मी ऊर्जा ही पृथ्वीच्या पृष्ठभागापर्यंत पोहोचते. कारण या ऊर्जालहरींची लांबी कमी असते. अधिक लांबीच्या ऊर्जालहरी या पृष्ठभागात शोषल्या न जाता त्यांचे परिवर्तन उष्णतेच्या लहरींत होते. ऊर्जा किंवा शक्ती ही पाण्याची वाफ, ढग, कार्बन-डाय-ऑक्साईड व अन्य वायूंकडून शोषली जाते आणि पुन्हा उत्सर्जित केली जाते. यामुळेच पृथ्वीचे वातावरणही उबदार बनते. या प्रक्रियेलाच हरितगृह परिणाम *(ग्रीन हाऊस इफेक्ट)* म्हणतात.

या प्रक्रियेअभावी पृथ्वीचे तापमान हे अत्यंत कमी झाले असते. कदाचित त्यामुळे इथे जीवसृष्टीची सुरुवात झाली नसती. पण हीच उष्णता शोषून घेण्याची प्रक्रिया अधिक व्यापक बनली तर?

साधारणत: दोन हजार वर्षांपूर्वी पृथ्वीचे तापमान हे आजच्यापेक्षा ९ अंशांनी कमी होते. वातावरणातील कार्बन-डाय-ऑक्साईडचे प्रमाण १९० ते २०० पीपीएम[१]

इतके होते. औद्योगिक युगाच्या सुरुवातीस हेच प्रमाण २६० पीपीएम इतके होते; तर नजीकच्या भविष्यकाळात ते ५५० ते ६०० पीपीएमपर्यंत जाऊ शकते. यामुळे पृथ्वीवरील वेगवेगळ्या प्रदेशांवर काय परिणाम होऊ शकतो?

सायबेरिया, कॅनडा येथे पाऊस जास्त पडेल. युक्रेनचा काही भाग वाळवंटी बनेल. वादळी वारे, धुवांधार पाऊस यांचे प्रमाण वाढेल. आर्क्टिक प्रदेशातील बर्फ वितळेल आणि कार्बन-डाय-ऑक्साईड हा अधिक प्रमाणात वातावरणात मिसळेल. समुद्राचे पाणी अधिक उष्ण होईल. अंटार्क्टिका, ग्रीनलँड येथील बर्फ वितळेल. त्यामुळे समुद्राची पातळीही वाढेल.

कॅस्पिअन समुद्राची पातळी १९७८ पासून वाढत आहे आणि ती सध्या एक फूटाने वाढल्याचे दृष्टीस आले आहे. हीच गत अन्य सागरांचीही होईल. बांगलादेशासारखे खोलगट भागात वसलेले देश पाण्याखाली जातील. ग्रीनलँडवरची बर्फाची टोपी वितळली, तर पाण्याची पातळी वीस फूटांनी वाढू शकेल.

बर्फाळ प्रदेशाचे विस्तार वाढत आहेत. ही दुसरी एक शक्यता आहे. कदाचित वाढलेल्या तापमानाचाच हा परिणाम असावा.

हा सारा विषय शास्त्रापुढे एक आव्हान आहे.

सूर्यावरील बदलही पृथ्वीच्या वातावरणावर प्रभाव पाडत असतात. सौरडागांचे परिणाम पृथ्वीच्या चुंबकीय क्षेत्रावर होतात. सूर्यावरील घडामोडींमुळे पृथ्वीच्या वातावरणाची कड किंचित उष्ण झाल्याचे आढळून आले आहे. त्याचा परिणाम म्हणजे वातावरणाचे प्रसरण झाले. वातावरणाच्या प्रसरणामुळे सूर्यनिरीक्षण करणाऱ्या उपग्रहाची कक्षा वाढली व सोलरमॅक्स हा उपग्रह १९८९ साली *(डिसेंबरमध्ये)* वितळला.

□

तळटीप

१. पीपीएम – (Parts per million) दहा लाखांत किती कण?

◆

झेप ताऱ्याकडे

अथांग समुद्रकिनारा आणि सागराचे भव्य स्वरूप ही या प्रचंड विश्वाची केवळ एक झलक दर्शवते. समुद्रकिनाऱ्यांवरील वाळूच्या कणांसारखेच अनंत तारे या अफाट विश्वात आहेत. त्यातला फारच थोडा भाग नुसत्या डोळ्यांनी माणसाला दिसतो. ग्रह-ताऱ्यांबद्दल किंवा नक्षत्रांबद्दल माणसाला फार प्राचीन काळापासून कुतूहल वाटत आले आहे. ही नक्षत्रे पृथ्वीपासून फारच दूर आहेत, त्यामुळे जगातील सर्व ठिकाणांहून त्यांचे आकार सारखेच दिसतात.

ही आकाशातील नक्षत्रे जर आपण वेगळ्या ठिकाणाहून पाहू शकलो तर ती कशी दिसतील? वेगळे ठिकाण याचा अर्थ पृथ्वीपासून कित्येक प्रकाशवर्षे दूर जाऊन पाहता येणे. समजा, अशी जागा आपण निवडली *(कल्पना करायला काय हरकत आहे?)* आणि वेगवेगळ्या कोनांतून या नक्षत्रांचा आपण अभ्यास केला तर आपल्याला या नक्षत्रांचे आकार बदलल्याचे जाणवतील.

आजच्या घटकेला केवळ संगणकाच्या मदतीने पृथ्वीवरच बसून संगणकाच्या पडद्यांवर आपण हा प्रयोग पाहू शकतो. पृथ्वीवरून आपल्याला दिसणारे सप्तर्षी हे अवकाशातील अन्य ठिकाणांवरून लांबट दिसतील. नक्षत्रांचे बदललेले आकार, केवळ स्थान बदलल्यामुळे बदलतील असे नाही, तर काळाच्या ओघातही ते बदललेले असतील. उदाहरणार्थ, काही लक्ष वर्षांनी सप्तर्षी वेगळेच दिसतील.

काळाच्या प्रवाहात नक्षत्रांमधील तारे एकमेकांपासून दूर जातात. कधी कधी एखादा तारा दुसऱ्या नक्षत्रात प्रवेश करतो. कधी कधी काही ताऱ्यांचा स्फोट होतो. काही तारे नवीन असतात, काही उत्क्रांत पावतात. विश्वामध्ये या घडामोडी सातत्याने चालू राहतात. त्यामुळेच आज आपल्याला राशींचे जे आकार दिसतात, तेच आकार काही लाख वर्षांपूर्वी तसेच्या तसे निश्चितच नव्हते. भविष्यकाळात राशींचे आकार काही वेगळेच दिसतील.

मृग नक्षत्राच्या पोटातील बाणापासून चमकणारे अस्पष्ट तीन तारे दिसतात. त्या तीन ताऱ्यांपैकी मधला तारा हा तारा नसून तो तारकापुंज आहे. तो प्रचंड वायुरूपी

मेघ आहे. त्याचे नाव आहे, 'ओरायन नेब्युला'. तेथे अनेक ताऱ्यांचा जन्म होत आहे. अनेक तारे तप्त अवस्थेत आहेत. अनेक ताऱ्यांचे तेथे स्फोटही होत आहेत *(यालाच सुपर नोव्हा म्हणतात.).* संगणकाच्या सहाय्याने हे दृश्य जर *(भविष्यातील)* बघू शकलो, तर त्यातील प्रचंड उत्पात आपल्या दृष्टीस पडतील *(कृष्णाने अर्जुनाला दाखवलेल्या विश्वरूपाचे दर्शन वरील वर्णनाशी मिळतेजुळते आहे.).*

सूर्याच्या ग्रहमालेच्या सर्वांत निकटच्या तारकामालेचे नाव आहे 'अल्फा सेंटॉरी'. अल्फा सेंटॉरीमध्ये तीन तारे आहेत. त्यातील दोन तारे हे एकमेकांभोवती फिरतात आणि तिसरा तारा हा या युग्म ताऱ्यांभोवती प्रदक्षिणा घालतो. त्याचे नाव आहे 'प्रॉक्झिमा सेंटॉरी'. हा तारा सूर्याच्या सगळ्यात जवळचा ज्ञात असलेला तारा आहे.

अवकाशात बहुतेक तारे असे जोडीजोडीने अथवा त्रिकूट बनून हिंडत आहेत. स्वत:च्या बरोबर ग्रहांना घेऊन फिरणारा आपल्या सूर्यासारखा तारा हा विरळाच!

अँड्रोमिडा या तारकापुंजातील बीटा अँड्रोमिडे हा तारा आपल्यापासून ७५ प्रकाशवर्षे इतका दूर आहे. यदाकदाचित या क्षणाला तो तारा उद्ध्वस्त झाला, तरी पुढची ७५ वर्षे आपल्याला काहीच कळणार नाही, कारण तेथून पृथ्वीवर येण्याकरता प्रकाशाला लागणारा कालावधी हा ७५ वर्षे इतका आहे.

प्रकाशाचा वेग, स्थलकालाची सापेक्षता, ताऱ्यांमधील अंतरे, प्रकाशाची दिशा यांच्यातील नाते शोधण्याचे श्रेय अल्बर्ट आईनस्टाईनकडे जाते.

स्थल आणि काल हे दोन्ही जणू एकमेकांत गुंफले गेले आहेत. काळाच्या उदरात शिरून त्याचा ठाव घेतल्याखेरीज विश्वाचे अंतरंग समजून घेता येणार नाही. प्रकाशाचा वेग प्रचंड आहे; पण या विश्वाचा पसाराच अगणित आहे. ताऱ्यांमधील अंतरे अफाट आहेत. उदाहरणादाखल बघायचे झाले तर– आपला सूर्य आकाशगंगेच्या केंद्रापासून ३०,००० प्रकाशवर्षे अंतरावर आहे. एम-३१ या चक्राकार दीर्घिकेपासून आपली आकाशगंगा २० लक्ष प्रकाषवर्षे दूर आहे. एम-३१ ही अँड्रोमिडा तारकापुंजात आहे. एम-३१ पासून निघालेल्या प्रकाशकिरणांचा प्रवाह जेव्हा पृथ्वीच्या रोखाने सुरू झाला, त्या वेळी आपल्या पूर्वजांच्या उत्क्रांतीला नुकतीच सुरुवात झाली होती. काही 'क्वासार' हे पृथ्वीपासून अब्जावधी प्रकाशवर्षे दूर आहेत. म्हणजेच ते अब्जावधी वर्षांपूर्वीचे आहेत. आकाशगंगादेखील ज्या काळी नव्हती, त्या काळातले क्वासार आज आपण बघतो.

म्हणजेच विश्वातील जड पदार्थांची एकमेकांपासून असलेली अंतरे अफाट आहेत. याउलट प्रकाशाच्या वेगाला मात्र एक मर्यादा आहे, बंधन आहे.

दुसऱ्या अर्थाने असेही म्हणता येईल, की हे जे काही ज्ञात विश्व आपल्यापुढे आहे ते भूतकाळातील विश्व आहे! आपल्याला आज ज्ञात होणाऱ्या विश्वातील घटना, घडामोडी या ऐतिहासिक आहेत, पूर्वी कधीतरी होऊन गेलेल्या आहेत.

कारण प्रकाश त्या त्या ताऱ्यापासून, घटनास्थळांपासून आपल्यापर्यंत येईपर्यंत प्रचंड काळ लोटलेला आहे. जणू काही आपण आपल्या विश्वाचा गतकालचा चित्रपटच पाहात आहोत. या क्षणी कोठे काय घडत आहे, ते आपल्याला कळत नाही. कदाचित कधीच कळणार नाही. प्रकाशाचा वेग हा विश्वातील अंतरांच्या मानाने अत्यंत गौण असल्यामुळे आपल्याला सदैव भूतकालातील घटनांचेच ज्ञान होणार! जी गोष्ट अंतराळातील घटनांना लागू पडते, तीच रोजच्या व्यवहारातही लागू पडते.

उदाहरणार्थ, सूर्यापासून पृथ्वीवर प्रकाशकिरण पोहोचण्यासाठी आठ मिनिटे लागतात. त्यामुळे कुठल्याही एका क्षणी आपण बघत असलेला सूर्य हा आठ मिनिटांपूर्वीचा असतो. इतकेच काय पण आपल्यापासून ३ मीटर अंतरावर उभी असलेली व्यक्ती ही त्याच क्षणी आपण कधीही बघू शकत नाही. कारण तिच्यापासून आपल्यापर्यंत प्रकाशकिरण पोहोचण्यासाठी *(१०⁻⁸)* सेकंद इतका कमीतकमी वेळ लागतोच. अर्थात हा कालावधी रोजच्या व्यवहारात अत्यंत गौण असल्यामुळे आपल्याला काही जाणवत नाही. परंतु अफाट विश्वाच्या पसाऱ्यात जेव्हा आपण दूरवरच्या ताऱ्यांचा, पल्सार यांचा वेध घेत असतो, त्या वेळी आपण अन्य काही बघत नसून विश्वाच्या इतिहासाचा वेध घेत असतो. याचाच दुसरा अर्थ असा की, जितक्या प्रगत तंत्रज्ञानाच्या सहाय्याने या विश्वातील घटनांचा वेध घेऊ शकू, तितका आपण विश्वाचा भूतकाळ व त्याची निर्मिती *(विश्वाची)* अधिक चांगल्या तऱ्हेने जाणून घेऊ शकू *(पल्सार, क्वासारसारख्या घटना या विश्वनिर्मितीच्या वेळच्या आहेत.).*

इ.स. १८९० साली जर्मनीत पेव्हीयाच्या रस्त्यावर एक केस वाढलेला तेरा ते चौदा वर्षे वयाचा मुलगा हिंडत होता. उडाणटप्पू, त्याचबरोबर शाळेतून काढलेला, आयुष्यात पुढे काहीही करण्यास नालायक असे सर्व शिक्के त्याच्या शिक्षकांनी त्याच्यावर लादले होते. तो वर्गात विचारीत असलेल्या शंकांमुळे सर्व वर्गच अस्वस्थ होई. वर्गाची सारी शिस्त बिघडून जात असे, असे ठाम मत झाल्यामुळे तो शाळेत नसणेच चांगले असे त्याच्या शिक्षकांनी त्याला बजावले. शाळेतून हाकलल्यामुळे साहजिकच तो दिवसभर भटकत राही, उनाडक्या करी व आपल्याच विचारांच्या तंद्रीत वेळ घालवी; परंतु या त्याच्या फावल्या वेळच्या चिंतनाने पुढील काही दशकांनंतर साऱ्या जगाचा चेहरामोहराच बदलला गेला. या उनाड मुलाचे नाव होते अल्बर्ट आईनस्टाईन!

या मुलाच्या मनात काय विचार यायचे? प्रकाशाच्या वेगाने आपण जाऊ शकलो, तर हे विश्व कसे दिसेल? काय विलक्षण कल्पना आहे नाही?

क्षणभर विचार करा की जर तुम्ही प्रकाशाच्या लाटेच्या शिखरावर चढलात तर

तुम्हाला काय वाटेल? काय दिसेल? तुम्ही जर प्रकाशाच्या लाटेच्या शिखरावर चढलात तर तुम्ही लाटेवर आहात ही तुमची जाणीव सर्वप्रथम नाहीशी होईल. जसजसे तुम्ही प्रकाशाच्या वेगाइतका वेग गाठाल, तसतशा काही विचित्र घटना, प्रचंड विरोधाभास तुम्हाला जाणवू लागतील.

प्रथमदर्शनी असे अत्यंत सोपे वाटणारे अनेक प्रश्न आईनस्टाईनने विचारले. उदाहरणार्थ, दोन घटना एकाच वेळी घडतात, म्हणजे काय होते?

समजा, राम नावाचा मुलगा सायकलवरून तुमच्या दिशेने येत आहे. त्याच वेळी रामच्या डावीकडून किंवा उजवीकडून एक बैलगाडी येत आहे, तर टक्कर चुकवण्यासाठी राम काय करेल? टक्कर होण्याच्या क्षणी राम सायकलची दिशा बदलेल, टक्कर चुकवेल आणि पुढे निघून येईल *(पुण्यासारख्या शहरात ही उदाहरणे पावलोपावली दिसून येतात.).*

आता अशी कल्पना करा की बैलगाडी आणि रामची सायकल हे दोघेही प्रकाशाच्या वेगाने येत आहेत आणि तुम्ही रस्त्याच्या बाजूला उभे आहात. तुमच्या नजरेच्या रेषेशी काटकोनात बैलगाडी येत आहे आणि रामची सायकल समोरून तुमच्याकडे येत आहे. रामकडून परावर्तित झालेल्या प्रकाशकिरणांमुळेच राम तुम्हाला दिसणार. आता रामचा वेग हा या प्रकाशाच्या वेगात मिळवला जाणार नाही का? व त्यामुळे काय होईल तर बैलगाडी तुम्हाला दिसण्याआधीच राम तुम्हाला दिसेल आणि राम तुम्हाला उगीचच सायकलची दिशा बदलून येताना दिसेल. रामच्या दृष्टिकोनातून त्याने दिशा बदलून टक्कर वाचवली. तुमच्या दृष्टिकोनातून टक्कर होण्याची सुतराम शक्यताही नसताना रामने उगीचच सायकलची दिशा बदलली.

आईनस्टाईनच्या पूर्वी अशा प्रकारच्या प्रश्नांचा विचार केल्याचे ऐकिवात नाही; परंतु अशाच सकृतदर्शनी अत्यंत प्राथमिक वाटणाऱ्या प्रश्नांवरूनच त्याने भौतिकशास्त्रात क्रांती घडवून आणली.

प्रकाशाच्या वेगाने जात असताना अशा काही विचित्र घटना टाळण्यासाठी निसर्गाचे काही नियम आहेत. हे नियम समजून घेतल्यामुळे या विश्वाची घडण समजणेही सोपे जाते.

आईनस्टाईनने आपल्या सापेक्षता सिद्धांतात हे नियम मांडले आहेत. प्रकाशाचा वेग हा निरपेक्ष असतो. परावर्तित किंवा उत्सर्जित प्रकाश हा ती वस्तू *(ज्या वस्तूपासून प्रकाश परावर्तित होतो किंवा उत्सर्जित होतो)* स्थिर आहे किंवा गतिमान आहे यावर अवलंबून नसतो. तुम्ही तुमचा वेग प्रकाशाच्या वेगात मिसळू शकत नाही. त्याचप्रमाणे कोणतीही जड वस्तू ही प्रकाशाच्या वेगाने किंवा त्यापेक्षा अधिक वेगाने जाऊ शकत नाही. भौतिकशास्त्राच्या नियमांच्या चौकटीत, त्या नियमांना

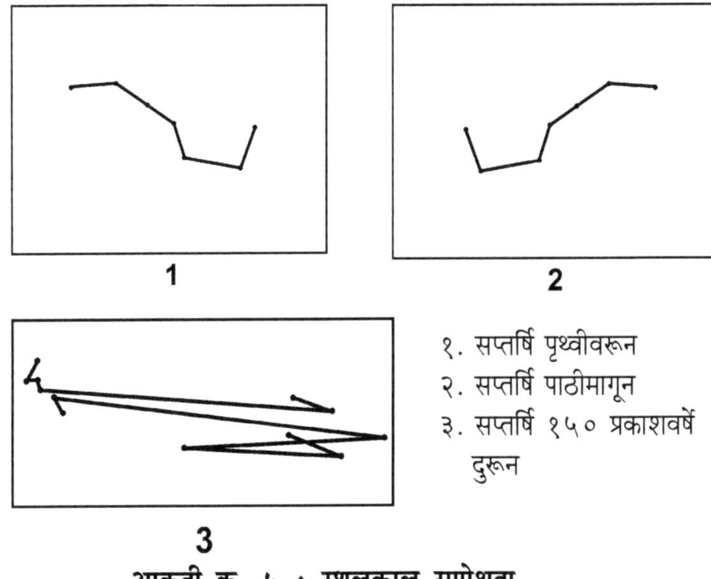

आकृती क्र. ५ : स्थलकाल सापेक्षता

अनुसरून तुम्ही भलेही प्रकाशाच्या वेगाच्या जवळ *(९९.९ टक्के)* पर्यंत जाऊ शकाल; पण कितीही प्रयत्न केले तरीही प्रकाशाच्या वेगाने तुम्ही जाऊ शकणार नाही. जर या विश्वाला काही सुसंगती असेल, नव्हे आहेच, तेव्हा इथे वेगाला बंधन आहे. ही विश्वाची प्रकाशाच्या वेगाबद्दलची मर्यादा पाळायलाच हवी.

आईनस्टाईनच्या सिद्धांताचा दुसरा भाग असा, की विश्वातील कुठलीही जागा ही ध्रुवांसारखी अढळ नाही की जेथे बसून तुम्ही साऱ्या विश्वाचे निरीक्षण करू शकाल. सर्व स्थाने आणि काल ही सापेक्ष आहेत. तुम्ही जेथून निरीक्षण करीत आहात तेथून तुम्हाला दिसणारे विश्व दुसऱ्या एखाद्या ठिकाणावरून किंवा काही कालांतराने आहे तसेच दिसणार नाही. त्या विश्वाचे रूप निरीक्षकाच्या स्थानानुरूप, निरीक्षणाच्या वेळेनुसार बदललेले असेल. या विश्वात निरपेक्ष असे काही नाही. प्रकाशाच्या वेगाचे बंधन मात्र सर्वत्र आहे *(आकृती क्र. ५)*.

गेल्या शतकात आवाजाचा वेगही प्रचंड वाटायचा. आज तो ओलांडून, त्याहीपेक्षा वेगाने जाणारी विमाने आहेत. तशीच प्रकाशाच्या वेगाची मर्यादा ओलांडता येईल का? नाही. हा केवळ तंत्रज्ञानाच्या मर्यादेचा प्रश्न नाही, की तो सुटल्यावर प्रकाशाचा वेगही गाठता येईल. प्रकाशाचा वेग हे या विश्वाचे बंधन आहे, नियम आहे. गुरुत्वाकर्षणाच्या नियमाप्रमाणेच तो महत्त्वाचा आहे.

आजतागायत सापेक्षता सिद्धांताच्या विरोधात एकही पुरावा सापडलेला नाही.

आवाजाच्या लहरींकरता माध्यमाची जरुरी असते, निर्वात पोकळीत आवाज ऐकू येत नाही. तुम्ही ऐकत असलेला प्रत्येक आवाज म्हणजे, हवेच्या रेणूंचे तुमच्या कानावर आदळणे!

प्रकाशाला मात्र माध्यमाची गरज नसते. सूर्यावरून पृथ्वीकडे येणारा प्रकाश हा लाखो मैलांच्या निर्वात पोकळीतून पृथ्वीवर येतो. सूर्यावर प्रचंड स्फोट होत असतात तरी त्या स्फोटाचे आवाज मात्र आपण ऐकू शकत नाही.

मनातील विचारांचा वेग हा प्रकाशाच्या वेगाहून प्रचंड आहे असे आपण पुष्कळदा ऐकतो. हे विधान फोल आहे. कारण मज्जातंतूमधून मेंदूप्रत जाणाऱ्या संदेशाचा वेग हा अत्यंत कमी असतो. सापेक्षता सिद्धांत मांडणारी मानवजात निश्चितच हुषार आहे. पण ती प्रकाशाच्या वेगानं विचार मात्र करू शकत नाही.

संगणकातील संदेशाचा वेग मात्र प्रकाशाच्या वेगाइतकाच असतो.

असे एक विश्व आहे, की जेथे प्रकाशाचा वेग हा फार नाही; फक्त ताशी ४० कि. मी. इतका आहे. क्षणभर अशी कल्पना करा. कल्पना करायला काय हरकत आहे? माणसाला लाभलेली ती प्रचंड देणगी आहे. कल्पनेत माणसाला विश्वाचे नियम तोडायला काय हरकत आहे? तो काही गुन्हा नाही *(आणि प्रत्यक्षात हा निसर्ग, सृष्टी स्वत:ला इतक्या विलक्षण रीतीने पुन:पुन्हा सावरत असते की त्याचे नियम तोडणे अशक्य होते.).*

तर अशा एखाद्या विश्वात तुम्ही दुचाकी *(स्कूटर)* वरून प्रवास करीत आहात. आता जसजसा तुमचा वेग वाढेल आणि प्रकाशाच्या वेगाच्या जवळ येऊ लागेल, तसतसे तुम्हाला काय दिसेल? तुम्ही पुढे बघत आहात आणि त्याच वेळी तुमच्या पाठीमागच्या वस्तू तुमच्या समोरील दृष्टिक्षेपात आहेत, असे तुम्हाला जाणवेल. प्रकाशाच्या वेगाच्या तुम्ही जितके जवळ जाल, तसतसे सारे जग तुमच्या पुढे अगदी निकट एखाद्या वर्तुळाकार छोट्याशा खिडकीत समाविष्ट झाल्यासारखे तुम्हाला दिसेल.

आता एखाद्या स्थिर निरीक्षकाच्या दृष्टिकोनातून काय दिसेल? तुमच्याकडून परावर्तित झालेला प्रकाश, तुम्ही जसजसे दूर जाल, तसतसा लाल दिसू लागेल आणि परतताना निळा. त्या निरीक्षकाकडे तुम्ही प्रकाशाच्या वेगाने येऊ लागलात तर तुम्ही पिवळसर चकाकणाऱ्या झोतात गुरफटल्यासारखे दिसाल. एरव्ही तुमच्याकडून अवरक्त प्रकाशकिरणांचे जे अदृश्य उत्सर्जन होत असते, ते उत्सर्जन दृश्य व लहान प्रकाशलहरींमध्ये होऊ लागेल.

तुमच्या गतीच्या दिशेने तुमचे आकुंचन होईल. तुमचे वजन वाढेल *(वस्तुमान वाढेल)* आणि तुमचा काळ *(समय)* हा मंदावेल. प्रसरण पावेल, विस्तारेल *(रुंद होईल)* म्हणजे काय तर तुमच्या घड्याळाचे काटे पुढे सरकणार नाहीत. मौजेची

गोष्ट अशी की तुमच्या स्कूटरवर मागे बसलेल्या तुमच्या मित्राला मात्र यातले काहीच जाणवणार नाही.

वर उल्लेखलेल्या सर्व घटना या काल्पनिक असल्या तरी त्या शास्त्रीय आहेत. तो भ्रम नव्हे. प्रकाशाच्या वेगाने गेल्यास काय होईल हे सांगण्याचा तो शास्त्रशुद्ध प्रयत्न आहे. गणिताच्या आधारे या सर्व घटना पडताळून पाहता येतात. प्रचंड वेगाने जाणाऱ्या विमानातील अत्यंत अचूक घड्याळे ही इतर घड्याळांच्या मानाने मागे पडतात. आण्विक त्वरण यंत्रांचा वेग प्रचंड असतो. या वेगामुळे त्यांचे वस्तुमान वाढते. या वाढलेल्या वस्तुमानाकरता आधीच सोय करावी लागते. ही यंत्रे बनवतानाच त्यांची रचना, वाढणाऱ्या वस्तुमानाची दखल न घेता केली तर या यंत्रातील त्वरणयुक्त कण भिंत फोडून बाहेर पडतात.

प्रकाशाच्या वेगाने जात असताना काळ का थांबतो? का मंदावतो? घड्याळे का मागे पडतात, थांबतात?

वेग म्हणजे काय? तर अंतर भागिले वेळ किंवा काळ —

$$\text{वेग} = \frac{\text{अंतर}}{\text{काळ}}$$

अंतर कायम आहे. वेग प्रचंड वाढला तर काळ कमी होणारच. फक्त वेगाला बंधन आहे. प्रकाशाच्या वेगाचे आणि या वेगात तुम्ही तुमचा वेग मिसळू शकत नाही. परिणामतः तुमचा काळ रुंदावतो, मागे पडतो. तुमच्याकरता मंद गतीने जातो.

तुम्ही अवकाशसफरीत आहात, अशी कल्पना करा. तुमच्यासाठी तुमचा काळ थांबलेला असेल. परिणामतः तुम्ही आहात तेथेच रहाल. तुमचे वय वाढणार नाही. तुम्ही म्हातारे होणार नाही. पण जेव्हा तुम्ही परत याल, तेव्हा तुम्हाला काय दिसेल? तुमचे मित्र, नातेवाईक, सगेसोयरे म्हातारे झालेले असतील आणि तुम्ही मात्र चिरतरुण असाल.

प्रकाशाच्या वेगाने नाही पण त्याच्या जवळचा वेग आपल्याला कधी काळी गाठता येईल का? आजच्या तंत्रज्ञानाला हे शक्य नाही; पण पुढच्या सहस्र वर्षांत असे होऊ शकते व अशी प्रचंड वेगाने जाणारी अवकाशयाने निर्माण करता आली तर ताऱ्यांपर्यंत प्रवास मानवाला करता येईल. अशा अवकाशयानांचे इंधन काय असेल? काही शास्त्रज्ञांनी हायड्रोजन अणूंचे इंधन वापरता येईल असे सुचवले आहे; पण अंतराळातील निर्वात पोकळीत हायड्रोजन अणूंचे प्रमाण फार कमी आहे.

पृथ्वीच्या गुरुत्वीय आकर्षणाला 1g (जी) म्हणतात. या 1g ची आपल्याला सवय झाली आहे. आता 1g इतक्या त्वरणाने जाणाऱ्या अवकाशयानात आपल्याला काही वेगळे जाणवणार नाही *(1g चा अर्थ असा की जर आपण झाडावरून किंवा*

उंच इमारतीवरून खाली पडलो तर प्रत्येक क्षणाला आपला वेग १० मीटर प्रति क्षण असा वाढत जातो.).

आता 1g या त्वरणाने जाणारे अवकाशयान एका वर्षात किती वेगाने प्रवास करू लागले? तर

गती = त्वरण × काळ

(०.०१ कि.मी./सेकंद²) × (३ × १०⁷ सेकंद)

गती = ३ × १०⁵ कि.मी./सेकंद

(त्वरण = १० मी/सेकंद²
= ०.०१ कि.मी./सेकंद²)

हा वेग प्रकाशाच्या वेगाच्या जवळपास जातो. असे अवकाशयान प्रचंड वेगाने जात असल्यामुळे त्या यानावरची घड्याळे साहजिकच मागे पडतील आणि आकाशगंगेच्या केंद्रापाशी ते एकवीस वर्षांत पोहोचेल. आंद्रेमीडा दीर्घिकेपाशी ते २८ वर्षांत पोहोचेल. याच प्रवासाला पृथ्वीवरील ३०,००० वर्षांचा कालावधी लागेल. या अवकाशयानाच्या मदतीने ज्ञात विश्वाला प्रदक्षिणा घालण्यास ५६ वर्षे लागतील; परंतु हे यान पृथ्वीवर परत येईल तेव्हा लक्षावधी वर्षे निघून गेलेली असतील. आईनस्टाईनच्या सापेक्षता सिद्धांताच्या मदतीने विश्वात भरारी मारता येते; पण त्या सफरीची माहिती जे मागे राहिले आहेत त्यांना मात्र पोहोचवणे कठीण आहे.

अंतराळातील प्रवास आणि काळातील प्रवास यात सुसंगती आहे.

सूर्याच्या ग्रहमालेत गुरू, शनी आणि युरेनस यांच्या छोट्या उपग्रहमाला आहेत. वर उल्लेखित ग्रहांना एकाहून जास्त उपग्रह आहेत. सूर्याच्या ग्रहमालेच्या बाहेर ग्रहमाला आहेत का? सध्यातरी हे शोध चालू आहेत व एक ग्रह सापडला आहे. मात्र असे ग्रह गणिताच्या आधारे शोधून काढता येतात. एखाद्या ताऱ्याभोवती जर एखादा ग्रह फिरत असेल तर त्या ताऱ्याच्या फिरण्याच्या मार्गात त्या ग्रहाच्या गुरुत्वाकर्षणाने किंचित बदल झाल्याचे आढळेल. हा सूक्ष्म बदल त्या ग्रहाचे अस्तित्व सिद्ध करील. मात्र याकरता अत्यंत अचूक निरीक्षणांची आवश्यकता आहे. बर्नार्ड ताऱ्याभोवती असे गुरूच्या वजनाइतके दोन ते तीन ग्रह असावेत असा अंदाज आहे.

संगणकाच्या सहाय्याने अशा अनेक ग्रहमाला *(परंतु दोन किंवा अधिक सूर्य असणाऱ्या)* अस्तित्वात असाव्यात, असा निष्कर्ष निघाला आहे.

संगणकाच्या मदतीनेच धूळ व वायूच्या गोळ्याची उत्क्रांती कशी होत गेली असावी, हेही समजून घेण्याचा प्रयत्न चालू आहे. जड वस्तुमान थाळीच्या आकाराच्या गोळ्यातून थोड्या थोड्या प्रमाणात बाहेर फेकले जात असावे. हे वस्तुमान आसपासच्या

कणांनाही गोळा करते. जसजसे ते बऱ्यापैकी वाढत जाते, तसतसे ते गोळ्यातील वायूलाही आकर्षित करून घेते. मुख्यत्वेकरून हायड्रोजन आकर्षिला जातो. अशा फिरणाऱ्या वस्तुमानाचे तुकडे-गोळे ज्या वेळी एकमेकांवर आदळतात, त्या वेळी ते एकमेकांना चिकटतात. जोपर्यंत आसपासची सर्व धूळ संपत नाही. तोपर्यंत ही क्रिया चालूच राहते आणि त्यातूनच ग्रहमाला निर्माण होते.

आपल्यासारखी त्यातील एकही ग्रहमाला असणार नाही. काहींमध्ये दोन तारे *(सूर्य)* असतील, काहींचे उपग्रह ग्रहांपासून फार जवळ असतील.

माणसाप्रमाणेच ग्रह तारे जन्मतात व विनाश पावतात. मात्र ग्रहताऱ्यांच्या मानाने मानवाचे आयुष्य क्षणभंगूर आहे.

या विश्वातील काल व अंतरे अफाट असली तरी क्षुद्र मानवाची गगनाला गवसणी घालायची ऊर्मी मात्र कौतुकास्पद आहे.

अणू हा मूलद्रव्याचा– त्याचे सर्व गुणधर्म दर्शवणारा– लहानात लहान कण आहे. ही मूलद्रव्ये कोठे तयार झाली आहेत? अवकाशात ताऱ्यांची निर्मिती होत असताना *(अवकाशातील धूळ मुख्यत्वेकरून हायड्रोजन; यापासूनच)* प्रचंड उष्णता व दाब यामुळे झालेल्या प्रक्रियेतून निरनिराळी मूलद्रव्ये निर्माण झाली.

हा अणू आहे तरी कसा? या अणूच्या मध्यभागी अणूकेंद्र आहे. या अणूकेंद्रात धन भारवाहक प्रोटॉन व विद्युतभाररहीत न्यूट्रॉन्स आहेत आणि या अणूकेंद्रापासून बऱ्याच अंतरावर ऋणभारवाहक इलेक्ट्रॉन्सचा मेघ फिरत असतो. अणूकेंद्र आणि इलेक्ट्रॉन्सचा मेघ ह्यात बरेच अंतर असते, पोकळी असते. असे आहे तर मग वस्तू आहे ती स्थिती कशी धारण करतात? तुम्ही तुमचे कोपरे टेबलावर ठेवले तर ते आरपार का निघून जात नाही. टेबल, टेबल या अवस्थेत का स्थिर राहते?

या गोष्टीला इलेक्ट्रॉन कारणीभूत असतात. प्रत्येक अणूतील ऋण भारवाहक इलेक्ट्रॉन्स दुसऱ्या अणूतील ऋणविद्युतभाराला दूर ढकलत असतात.

अणूचे सर्व वस्तुमान हे त्याच्या केंद्रातच सामावलेले असते आणि केंद्राबाहेरील परिभ्रमण करणाऱ्या इलेक्ट्रॉनच्या संख्येवरून प्रत्येक मूलद्रव्याचा रासायनिक गुणधर्म ठरतो.

अणूतील विद्युतभारामुळे तर हे सर्व जग चालू आहे. जर ही प्रारणे नसती तर काय झाले असते? जर ही प्रारणे नसती तर–

मूलद्रव्ये ही आहे त्या स्वरूपात न राहता, प्रोटॉन, इलेक्ट्रॉनचे मेघ विश्वात अस्ताव्यस्त फिरत राहिले असते.

अणूच्या रचनेचा जसजसा अभ्यास करू, तसतसे आपण अत्यंत लहानात लहान अशा असंख्य कणांच्या अभ्यासाकडे वळू लागतो, इतके लहान आणि

एकमेकांपासून बनलेले हे कण अनंत आहेत.

याउलट जर आकाशात नजर टाकली तर ते विश्व इतके प्रचंड आहे. तिथली अंतरे, तिथली प्रारणे, तारे ही अनंतच आहेत.

अवकाशाच्या संदर्भात विचार करताना तुकाराम महाराजांच्या ओळींची आठवण येते–

‘अणुरणिया थोकडा, तुका आकाशाएवढा’

कल्पना करा की तुम्ही दोन आरशांच्या बरोबर मध्ये उभे आहात. आता तुमच्या किती प्रतिमा दिसतील? प्रत्येक प्रतिमेचे पुन्हा परावर्तन होऊन असंख्य प्रतिमा दिसतील; पण त्या अनंत नसतील, कारण आरसे हे पूर्णतया सपाट नसतात हे एक, प्रकाशाचा वेग अनंत नाही हे दुसरे आणि तुम्ही मधे उभे आहात हे तिसरे!

अनंताची कल्पना भारतीय तत्त्वज्ञांना फार प्राचीन कालापासून ज्ञात होती.

पण अनंत म्हणजे काय ह्याचे नेमके वर्णन भास्कराचार्य *(दुसरे)* यांनी अचूक मांडले आहे *(इ.स. ११५०च्या सुमारास)*. भास्कराचार्य म्हणतात, श्वहर राशी म्हणजे अनंत! त्याचे वर्णन ते खालीलप्रमाणे करतात.

अस्मिन्विकार: खहरेण राशावपि प्रविष्टेष्वपि नि:सृतेषु ।
बहुष्वपि स्याल्लयसृष्टी कालेऽनन्तेऽच्युते भूतगणेषु यद्वत् ॥

‘ज्याप्रमाणे सृष्टी *(व्युत्पत्ती)* आणि प्रलयकाळाच्या समयी, अनंत जीव ब्रह्मातून येतात आणि जातात; परंतु तो *(ब्रह्म)* मात्र अनंतच राहतो, त्याचप्रमाणे अनंत ही संख्या आहे, त्यात काही वाढवले आणि कमी केले तरी फरक पडत नाही.’

आपल्या शरीरात किती अणू असतील? अनंत? चूक. आपल्या अणूंची संख्या $१०^{२८}$ इतकी आहे. विश्वातील एकंदर कणांची संख्या $१०^{८०}$ इतकी आहे *(ज्या विश्वाचे आपण निरीक्षण करू शकतो, त्या विश्वाची)*.

फार मोठ्या संख्या मांडणे ही कल्पना भारतीयांना नवीन नाही. वेदकालापासून प्रचंड संख्या मांडण्याचे तंत्र अवगत होते.

अणू प्रोटॉन, इलेक्ट्रॉन्स व न्यूट्रॉन्सचा बनलेला आहे. अणूतील प्रोटॉन, न्यूट्रॉन्स कशापासून बनले आहेत? मूलद्रव्याचा सर्वांत अंतिम घटक अणू असल्यामुळे अणूचे पुढे विभाजन केले की ते मूलद्रव्य बदलते. अणूतील प्रोटॉन आणि न्यूट्रॉन्स हे ‘क्वार्क’ नावाच्या कणांपासून बनले आहेत. हे ‘क्वार्क’ दोन प्रकारचे असतात. ‘रंगमय’ आणि दुसरे ‘गंधमय’. त्यांच्या नावाचा व त्या कणांच्या गुणधर्माचा संबंध नाही. शास्त्रज्ञांनी आपल्या सोयीसाठी ‘क्वार्क’ची वरील दोन गटात विभागणी केली आहे. पण यावरून पुढचा प्रश्न उद्‌भवतोच. ‘क्वार्क’ कशाचे बनले आहेत? आणि

असा शोध घेता वस्तुमानाच्या लहानात लहान मूळ घटकापाशी/ कणांपाशी आपण कधीतरी पोहोचू शकू का? आजच्या विज्ञानाला ह्याचे उत्तर माहीत नाही, पण ते शोधण्यासाठी त्याची धडपड मात्र चालू आहे.

सोन्याचे वेड प्राचीन काळापासून माणसाला आहे. या वेडापायीच केलेल्या खटाटोपातून प्राचीन भारतातील रसायनशास्त्रात तंत्रमार्गीयांनी प्रचंड किमया घडवून आणली. भारताप्रमाणे मध्ययुगातील युरोपात अन्य धातूपासून सोने मिळवण्यासाठी, अगदी न्यूटनसारख्या शास्त्रज्ञांनीही अविरत प्रयत्न केले; पण त्या काळी, सोने हे मूलद्रव्य आहे व प्रत्येक मूलद्रव्याचे गुणधर्म निराळे असतात, हे ज्ञात नव्हते. निसर्गात ९२ मूलद्रव्ये आढळून येतात. म्हणजे ९२ प्रकारचे अणू आढळून येतात. पृथ्वीवरील सर्व नैसर्गिक सृष्टी या ९२ प्रकारच्या अणूंपासूनच बनलेली आहे. पृथ्वीवर सिलिकॉन, ऑक्सिजन, अल्युमिनियम, मॅग्नेशियम आणि लोखंड ही मूलद्रव्ये फार मोठ्या प्रमाणावर आढळून येतात.

प्राचीन भारतातील तत्त्वज्ञांनुसार ही सृष्टी पंचमहाभूतांपासून बनलेली आहे. पृथ्वी, आप, तेज, वायू, आकाश ही पंचमहाभूते आहेत. आधुनिक विज्ञानानुसार ह्यातील एकही 'भूत' म्हणजे मूलद्रव्य नव्हे! काही 'भुते' ही रेणूरूप आहेत, काही रेणूंचे मिश्रण आहे.

आवर्त सारणीत *(पिरिऑडिक टेबल)* वस्तुमान आणि अणूक्रमांकानुसार मूलद्रव्यांची मांडणी केलेली आढळते. हायड्रोजन हे आवर्त सारणीतील पहिले मूलद्रव्य आहे. या हायड्रोजन अणूत एक प्रोटॉन आहे. सारणीतील शेवटचे मूलद्रव्य युरेनिअम आहे. त्याचा अणूक्रमांक ९२ आहे *(अणूकेंद्रातील प्रोटॉनच्या संख्येवरून अणूचा अणूक्रमांक ठरतो)*. तांबे, कथील, जस्त या ज्ञात व सामान्यपणे आढळून येणाऱ्या मूलद्रव्याव्यतिरिक्त हाफनियम, एरबियम, डायप्रोसियम अशी सहसा न लागणारी मूलद्रव्ये आहेत.

अणू विद्युतभारदृष्ट्या उदासीन आहे. प्रोटॉन व इलेक्ट्रॉनवरील भार हा विरुद्ध पण सारख्या किंमतीचा असतो. दोन्ही विरुद्ध भार असलेल्या घटकांमध्ये आकर्षण असते आणि त्यामुळे अणू हा अणू या अवस्थेत राहातो, फुटत नाही. अणुकेंद्रात जितके प्रोटॉन असतात तितकेच न्यूट्रॉन असतात. विद्युतभारदृष्ट्या न्यूट्रॉन उदासीन आहेत. प्रोटॉन आणि न्यूट्रॉन हे एकमेकांच्या अत्यंत निकट असल्यामुळे ते एकमेकांना घट्ट धरून ठेवतात व त्यामुळे धन भारवाहक प्रोटॉन केंद्रातून सुटून जात नाहीत. अणूच्या केंद्रस्थानातील ही प्रचंड शक्तीच अणूस्फोटांत बाहेर फेकली जाते.

दोन प्रोटॉन आणि दोन न्यूट्रॉन मिळून बनलेले हेलियमचे अणूकेंद्र किंवा हेलियमचा अणू हा सर्वांत स्थिर अणू आहे. पण विश्वात ही मूलद्रव्ये निर्माण तरी कशी झाली असावीत? विश्वातील सर्व मूलद्रव्यांमध्ये हायड्रोजन व हेलियमचे

मिळून एकंदरीत प्रमाण ९९ टक्के इतके आहे *(हे दोन्ही वायू अत्यंत हलके आहेत व पृथ्वीचे गुरुत्वाकर्षण त्यांना फार काळ धरून ठेवू शकत नाही. परिणामत: हे वायू अवकाशात निसटून जातात.)*.

ताऱ्यांच्या अंतर्भागात प्रचंड तापमान व दाब असतो. या प्रचंड दाबामुळे व तापमानामुळे हेलियम/हायड्रोजनची अणूकेंद्रे किंवा केंद्रातील न्यूट्रॉन्स व प्रोटॉन्स ही एकत्र आल्यामुळे निरनिराळी मूलद्रव्ये तयार झाली असावीत.

सूर्याकडून येणारा दृश्य आणि अदृश्य प्रकाश हा मुखत्वेकरून त्याच्या बाह्यभागातूनच बाहेर फेकला जात असतो. हायड्रोजन आणि हेलियमच्या तप्त वायूंनी सूर्य बनला आहे. सूर्यावर भीषण, रौद्र स्वरूपाची सौर वादळे होत असतात. या सौर वादळातून निर्माण होणाऱ्या झोतामुळे पृथ्वीवरील रेडिओ संदेशात अडथळे निर्माण होतात. सूर्याच्या चुंबकीय क्षेत्रामुळे तेथून निघणाऱ्या तप्तवायूंना दिशा मिळते आणि हे वायू पृथ्वीला झाकोळतात.

सूर्यास्ताच्या वेळी क्वचितच सूर्यावरील डाग साध्या डोळ्यांना दिसतात. हे डाग म्हणजे प्रचंड प्रमाणावर वाढलेल्या चुंबकीय क्षेत्रांचे किंचित थंड *(कमी तापमानाचे– सूर्याच्या दृष्टीने)* प्रदेश आहेत. या सर्व घडामोडी सूर्याच्या पृष्ठभागावर होत असतात. तेथे तापमानही कमी असते. किती कमी तर फक्त ६००० डिग्री एवढे!

पण सूर्यप्रकाश जेथे निर्माण होत असतो त्या अंतर्भागाचे तापमान किती असते?

साधारणत: ४ कोटी डिग्रीइतके!

अवकाशातील धूळ व वायूमेघांचे जेव्हा गुरुत्वाकर्षणामुळे आकुंचन होते, त्या वेळी त्या प्रक्रियेतून तारे व त्यांचे साथीदार ग्रह निर्माण होतात. वायूमेघातील रेणूंच्या घर्षणामुळे *(एकमेकांवर आदळल्यामुळे)* उष्णता निर्माण होते. या उष्णतेमुळे हायड्रोजनचे हेलियममध्ये रूपांतर होऊ लागते. चार हायड्रोनच्या अणूकेंद्राचे मिळून हेलियमचे एक अणूकेंद्र बनते. या प्रक्रियेत गॅमा किरणाच्या फोटॉनचे उत्सर्जन होते. या फोटॉनला अंतर्भागातून पृष्ठभागावर येण्यासाठी बरेच झगडावे लागते. अनेकदा वाटेतील प्रवासात तो शोषला जातो तर कधी बाहेर फेकला जातो. प्रत्येक प्रक्रियेत त्याची शक्ती क्षीण होत जाते आणि असा खडतर प्रवास करत जेव्हा तो पृष्ठभागातून अवकाशात प्रवेशतो, तेव्हा तो दृश्य प्रकाशाच्या रूपात आपल्याला दिसतो. आकाशाच्या पटलावर तारा झळकू लागतो. अवकाशस्थ वायूमेघांचे गुरुत्वाकर्षणामुळे होणारे आकुंचन थांबते. ताऱ्याच्या बाह्यभागाचे वजन हे ताऱ्याच्या पोटातील प्रचंड दाब व तापमानामुळे संतुलित केले जाते. ही उष्णता व दाब आत असलेल्या आण्विक प्रक्रियेतून निर्माण झालेली असते.

आपला सूर्य हा अशा स्थिर अवस्थेत साधारणत: गेली ५ बिलीयन म्हणजेच ५ अब्ज *(५×१०^{९} वर्षे)* वर्षे आहे. प्रत्येक क्षणाला सूर्यामध्ये ४० कोटी *(४ शत दशलक्ष)* टन *(४×१०^{१४} ग्रॅम)* हायड्रोजनचे हेलियममध्ये रूपांतर होत असते. हायड्रोजन बॉम्बमध्ये जशा प्रक्रिया होतात, तशाच प्रक्रिया सूर्यावर क्षणोक्षणी चालू असतात. अवकाशातील सर्व तारे हेही अशाच प्रकारच्या आण्विक प्रक्रियांमुळे झळकतात. डेनेब या ताऱ्याच्या दिशेत हंस तारकापुंजात *(सिग्नस स्वान)* एक अतितप्त वायूचा एक महाकाय बुडबुडा आहे. हा बुडबुडा बहुधा सुपरनोव्हाच्या स्फोटामुळे निर्माण झालेल्या धक्कालहरींमुळे आकुंचित होतो आणि या प्रक्रियेमुळे पुन्हा एकदा वायुमेघाच्या आकुंचनाची आणि ताऱ्याच्या निर्मितीची प्रक्रिया चालू होते. माणसाप्रमाणे ताऱ्यांनाही जन्म-मृत्यूच्या चक्रातून जावे लागते!

सूर्यासारखे तारे हे गटागटांनी निर्माण होतात, अन् तेही ओरायन नेब्यूलासारख्या प्रचंड वायूमेघात *(मृग नक्षत्रातील वाणापासून जे निस्तेज तीन तारे दिसतात, त्यातील मधला तारा हा तारा नसून नेब्यूला आहे. तेथे लक्षावधी सूर्य निर्माण होतात.).*

हे तारे अवकाशात जणू आपले नशीब शोधण्याकरिता भटकतात. आकाश-गंगेतील कित्येक तारे आपल्या सूर्याची सख्खी भावंडे आहेत. त्या सगळ्यांचा जन्म साधारणत: ५ अब्ज वर्षांपूर्वी झालेला आहे.

सूर्य केवळ फोटॉन्स[१] बाहेर टाकतो असे नाही *(फोटॉन्सचे झोत म्हणजेच सूर्यप्रकाश)* तर न्युट्रिनो नावाचे जवळ जवळ काहीच वस्तूमान नसलेले पण प्रकाशाच्याच वेगाने जाणारे कणही बाहेर टाकतो. पण न्युट्रिनो म्हणजे प्रकाश नव्हे. प्रोटॉन, इलेक्ट्रॉन, न्यूट्रॉनप्रमाणे न्युट्रिनोंना अंगभूत कोनीय संवेग *(इंट्रिन्झिक अँग्युलर मोमेंटम् : स्वत:भोवती फिरणे)* असतो. फोटॉनना तो नसतो. न्युट्रिनोंच्या दृष्टीने पदार्थ *(जड वस्तुमान)* हे पारदर्शक आहेत. सूर्याकडून बाहेर फेकले जाणारे न्युट्रिनो पृथ्वीतून आरपार निघून जातात. त्यातले अत्यंत अल्प न्युट्रिनोच जड वस्तुमानामुळे अडवले जातात.

ज्या वेळी तुम्ही सूर्याकडे बघता त्या वेळी कोट्यावधी न्युट्रिनो हे तुमच्या डोळ्यात शिरतात; पण तेथेच ते अडवले जात नाहीत. रात्रीच्या वेळी आकाशात सूर्याच्या दिशेने तुम्ही पाहिले *(मध्ये पृथ्वी नसेल तर)* तरी तितकेच न्युट्रिनो तुमच्या शरीरातून निघून जातात.

सेकंदाला किती न्युट्रिनो पृथ्वीतून निघून जातात, ह्याचे मोजमाप करणे अत्यंत कठीण आहे. कारण फारच थोडे न्युट्रिनो हे जड पदार्थाकडून अडवले जातात. न्युट्रिनो क्वचित प्रसंगी क्लोरीन अणूंचे अरगॉन अणूंमध्ये रूपांतर करतात. याकरता शास्त्रज्ञांनी काही प्रयोग केले.

अमेरिकेत साऊथ डाकोटा येथे शास्त्रज्ञांनी प्रचंड प्रमाणावर क्लोरीन खाणीत ओतले आणि नव्याने निर्माण झालेल्या अरगॉनची नोंद केली.

न्यूट्रॉनचे विघटन केले तर त्यातून एक प्रोटॉन, एक इलेक्ट्रॉन आणि एक न्युट्रिनो बाहेर पडतात.

प्रोटॉन ← न्यूट्रॉन →इलेक्ट्रॉन
↓
न्युट्रिनो

न्युट्रिनोचे वस्तुमान इलेक्ट्रॉनच्या वस्तुमानाच्या १ टक्का इतकेच आहे. हायड्रोजनचे हेलियममध्ये विलयन होत असताना प्रोटॉनचे न्यूट्रॉन्समध्ये रूपांतर होत असते. त्या वेळी न्युट्रिनो व फोटॉन निर्माण होतात. फोटॉन हे सूर्याच्या कवचात निर्माण झालेल्या शक्तीपैकी ९० ते ९५% शक्ती वाहून नेतात, तर उरलेली फक्त ५ ते १० टक्के शक्ती न्युट्रिनोंना मिळते. सूर्याच्या अंतर्भागातून फोटॉनला बाह्यभागात येण्यासाठी लक्षावधी वर्षे लागतात; कारण फोटॉन हे वस्तुमानाकडून अडवले जातात. न्युट्रिनोंना मात्र कुठलाच अडथळा लागत नाही. ते निर्माण झाल्यानंतर काही क्षणातच सूर्याच्या अंतर्भागातून वरील पृष्ठभागाकडे थेट उड्डाण करतात *(केवळ ३ सेकंदात ते वर येतात आणि अवकाशात झेपावतात)*. पृथ्वीपर्यंत आल्यानंतर १.१२५ सेकंदाच्या आत पृथ्वीच्या आरपार निघून जातात. साधारणत: पृथ्वीच्या १ चौरस सें.मी. क्षेत्रफळातून १० अब्ज न्युट्रिनो निघून जातात.

अमेरिकन शास्त्रज्ञ होंग-यी-चियूच्या मते ज्या वेळी तापमान ६ × $१०^{९}$ (६ अब्ज) °सें. इतके वाढते, त्या वेळी ताऱ्यांमध्ये फोटॉनचे न्युट्रिनोत रूपांतर होते. हे रूपांतर इतक्या प्रचंड प्रमाणात असते की त्या ताऱ्यातील बहुतेक सर्व शक्ती न्युट्रिनोमध्येच सामावली जाते. निर्माण झाल्या झाल्या हे न्युट्रिनो सर्व शक्तिनिशी ताऱ्यातून बाहेर पडतात. परिणामत: ताऱ्याचे कवच आकुंचन पावते आणि फार मोठ्या प्रमाणावर शक्तीचे उत्सर्जन होते. ताऱ्याचे बाह्य आवरण अवकाशात फेकले जाते. कोणताही तारा सुपरनोव्हा बनण्याचे हेच कारण असावे, असे शास्त्रज्ञांनी सूचीत केले आहे.

वरील प्रयोगावरून एकच गोष्ट ध्यानात आली अन् ती म्हणजे सूर्य फार थोड्या प्रमाणावर न्युट्रिनो उत्सर्जित करतो *(पूर्वी वर्तविलेल्या अंदाजापेक्षा.)*. याचे काय कारण असावे ते कळत नाही. काहींच्या मते न्युट्रिनो सूर्याकडून पृथ्वीकडे येण्याच्या मार्गात फुटतात, तर सूर्याच्या अंतर्भागातील आण्विक आग ही काही काळ बाजूला होते आणि सूर्यप्रकाश हा मंद गुरुत्वीय आकुंचनामुळे निर्माण होतो.

न्युट्रिनोंचे शास्त्र नवीन आहे. पण जसजसे संशोधन वाढेल तसतसे सूर्याचे

अंतरंग नीट कळायला मदत होईल.

सूर्यावरील इंधनही एक ना एक दिवस संपणार. सर्व हायड्रोजनचे हेलियममध्ये रूपांतर झाल्यानंतर काय होईल? भारतीय शास्त्रज्ञ चंद्रशेखर यांच्या मते कुठल्याही ताऱ्याचे भवितव्य, त्याचा मृत्यु किंवा पुनर्जन्म हा त्या ताऱ्याच्या प्राथमिक वस्तुमानावर अवलंबून राहील *(चंद्रशेखर ह्यांचा सिद्धांत 'चंद्रशेखर लिमिट' या नावाने प्रसिद्ध आहे.).*

एखाद्या ताऱ्याचे सर्व वस्तुमान स्फोटांद्वारे अवकाशात निसटून गेल्यानंतरही जर त्या ताऱ्याचे वस्तुमान सूर्याच्या दुप्पट किंवा तिप्पट असेल तर त्याचा मृत्यु सूर्यापेक्षा निश्चित वेगळ्या पद्धतीने होईल.

आजपासून ५ ते ६ अब्ज वर्षांनी सूर्याच्या मध्यभागातील हायड्रोजनचे हेलियममध्ये रूपांतर होईल आणि हळूहळू ही प्रक्रिया चालू असलेला भाग हा सूर्याच्या बाह्य भागापर्यंत विस्तारेल. जेथील तापमान हे १ कोटी डिग्रीपेक्षा कमी आहे. परिणामत: हायड्रोजनचे हेलियममध्ये रूपांतर होण्याची प्रक्रिया आपोआप थांबेल. दरम्यान सूर्याच्या स्वत:च्या गुरुत्वाकर्षणामुळे अंतर्भागातील हेलियमचे कवच आकुंचन पावेल. त्यामुळे तेथील दाब व तापमान वाढेल. हेलियमचे अणू या उष्णता व दाबामुळे एकमेकांच्या इतके निकट येतील की, अणूकेंद्रे ही एकमेकांना चिकटतील. आणि राखेचे इंधन बनून सूर्यावर फ्यूजन *(वितळून एकत्रीकरण)* प्रक्रिया पुन्हा एकदा सुरू होईल. राखेतून निघालेल्या फिनिक्स पक्ष्यांप्रमाणे सूर्य धगधगू लागेल.

वरील प्रक्रियेतून कार्बन, ऑक्सिजन ही मूलद्रव्ये निर्माण होतील व सूर्याला स्वयंप्रकाशित राहण्यासाठी काही काळ मदत करतील *(सूर्यापेक्षा अजस्त्र तारे दोन-तीन वेळा असे राखेतून उठू शकतील आणि या प्रक्रियेत अधिक जड मूलद्रव्यांचे एकीकरण करतील).* सूर्याचा बाह्यभाग प्रसरण पावेल, थंडावेल. त्याचा दृश्य भाग आतील भागापासून इतका दूर जाईल की, त्याचे वातावरण हे अवकाशात फेकले जाईल. एखाद्या महाकाय राक्षसासारखा सूर्य अजस्त्र बनेल आणि हा लालसर अजस्त्र सूर्य, बुध, शुक्र आणि कदाचित पृथ्वीलाही आपल्यात सामावून घेईल. सूर्याच्या ग्रहमालेतील आतील ग्रह मग सूर्याच्या आतच सामावले जातील.

आजपासून अब्जवधी वर्षांनी पृथ्वीचा अंत होईल. तांबड्या लाल सूर्याच्या निकट सहवासाने पृथ्वीवरील महासागरांची वाफ बनेल, ध्रुवीय टोप्या *(बर्फाच्या)* वितळतील. महाप्रलय होईल, आकाश ढगांनी झाकोळल्यामुळे सूर्यप्रकाश पृथ्वीवर यायला वेळ लागेल. त्यामुळे शेवट कदाचित् थोडासा लांबेल, पण अंतिमत: अंत निश्चित होईल. समुद्र उकळतील. वातावरण अवकाशात निसटेल आणि मानवी कल्पनाशक्तीबाहेरील उत्पात पृथ्वीवर घडतील. पृथ्वीचे प्रेमगीत या कवितेत कुसुमाग्रजांनी या खगोलशास्त्रीय तर्काला फार सुंदररीत्या शब्दबद्ध केले आहे. त्या कवितेत पृथ्वी,

सूर्याला म्हणते,

गमे की तुझ्या रुद्र रूपात जावे
मिळोनी गळा घालूनिया गळा
तुझ्या लाल ओठातली आग प्यावी,
मिठीने तुझ्या तीव्र व्हाव्या कळा!

तोपर्यंत मनुष्यप्राण्यात काहीतरी उत्क्रांती निश्चित झाली असेल. कदाचित त्या वेळचे सजीव हा नाश थांबवू शकतील किंवा कदाचित ते मंगळ, युरोपा, टायटन किंवा अन्य निर्जन ग्रहांवर आसरा घेतील.

एका क्षणी सूर्याचा पुनर्जन्मही संपेल. मध्यभागातील हेलियम संपल्यानंतर काही काळ सूर्य जिवंत राहील; पण अंतिमत: तो लक्षावधी वर्षांच्या काळात आकुंचन व प्रसरण पावू लागेल. हळूहळू त्यातील वायू अवकाशात फेकले जातील.

सूर्याचा उघडा पडलेला आतील तप्त भाग जंबूपार किरणांनी कवचाला उजळून टाकेल. तांबड्या-लाल आणि निळ्या रंगांच्या प्रकाशांनी प्लुटोच्याही बाहेरील कक्षा उजळल्या जातील. सूर्याची ग्रहमाला प्रकाशाच्या झोतात झगमगेल. सूर्याचे निम्मे वजन अशा रीतीने कमी होईल.

आपल्या आकाशगंगेत अनेक ताऱ्यांच्या भोवती झळाळणाऱ्या वायूंची गोलाकार कवचे आढळतात *(दुर्बिणीतून बघितल्यावर)*. हे कवच म्हणजे नेब्युला किंवा ग्रहमेघ असतात. सूर्याच्या ग्रहमालेतून ती एखाद्या हातातील कड्यासारखी दिसतात *(साबणाच्या पाण्याचा बुडबुडा बाजूने पाहिला तर अशाच कड्यासारखा भासेल)*.

आकाशगंगेत आढळून येणारा प्रत्येक ग्रहमेघ म्हणजे मृतप्राय झालेल्या ताऱ्याची निशाणी आहे. या मेघांच्या मध्यभागी मृत ताऱ्याचे अवशेष सापडतील. कधी काळी त्यातील ग्रह हे जीवनमय असतील, तेथे जीवसृष्टी असेल. आज मात्र ते वैराण रखरखीत विश्व आहे.

मृतप्राय झालेल्या आपल्या सूर्याची स्थिती कशी असेल? तोही असाच एक ग्रहमेघ बनेल. त्या मेघाच्या मध्यभागी छोटासा तारा असेल. त्याचे तापमान हळूहळू कमी कमी होत जाईल आणि त्याची घनता प्रचंड प्रमाणात वाढेल. चहाच्या एका चमच्याइतक्या जागेत जवळजवळ एका टनाइतकी घनता असेल. त्यानंतर कोट्यावधी वर्षांनी सूर्य हा श्वेत बटू बनेल आणि काळाच्या ओघात जसजसे त्याचे तापमान कमी कमी होत जाईल, तसतसा तो कृष्ण बटू बनेल.

साधारणत: समान वस्तुमान असलेले दोन तारे एकाच वेळी निर्माण होतील; पण वस्तुमान समान नसेल तर अधिक मोठ्या ताऱ्याचे आण्विक इंधन लवकर संपेल *(हे दोघे तारे एकमेकांच्या अगदी निकट असतील)*. तसेच हा मोठा तारा

पहिल्या लहान ताऱ्याच्या आधी लाल राक्षसी तारा बनेल आणि श्वेत बटू ताऱ्याच्या अवस्थेतही लवकर पोहोचेल.

अवकाशात असे द्वितारकापुंज बरेच आहेत. या जोड्या काही वेळा एकमेकांच्या इतक्या जवळ असतात की, त्यातील वायू हे एकमेकात मिसळतात. राक्षसी लाल ताऱ्याकडून पुष्कळदा श्वेत वर्णीय बटू ताऱ्याच्या एखाद्या भागावर असे वायू वाहतात. या श्वेत वर्णाच्या ताऱ्यावर अशा प्रकारे हायड्रोजनचे प्रमाण वाढू लागते. श्वेत बटू ताऱ्याच्या प्रचंड घनतेमुळे हायड्रोजनचा दाब फार मोठ्या प्रमाणावर वाढू लागतो. हायड्रोजन आकुंचन पावू लागतो. त्याचप्रमाणे तेथील तापमानही मोठ्या प्रमाणावर वाढते. या तापमानामुळे व दाबामुळे तेथे औष्णोकेंद्रिक *(थर्मोन्यूक्लीयर)* प्रक्रिया सुरू होतात. या प्रक्रिया सुरू झाल्यामुळे श्वेतवर्णीय तारा झळकू लागतो. अशा द्वितारकापुंजाच्या रचनेला इंग्रजीत नोव्हा म्हणतात. सुपरनोव्हांपेक्षा त्यांची निर्मिती ही वेगळ्या पद्धतीने झालेली असते. नोव्हा हे द्वितारकापुंजातच आढळून येतात. नोव्हामध्ये हायड्रोजनच्या फ्यूजन *(वितळणे)* प्रक्रियेनेच इंधन निर्माण होते, तर सुपरनोव्हा म्हणजे एकच तारा असतो आणि सिलिकॉनच्या फ्यूजन *(वितळण्या)* मधूनच त्याला इंधन प्राप्त होत असते.

ताऱ्यांच्या अंतर्भागात ज्या अणूंचे एकत्रीकरण केले जाते, ते अणू पुन्हा अंतराळातील वायूत येऊन मिसळतात. महाकाय रक्तवर्णीय ताऱ्यांचेही वातावरण अवकाशात निसटते. सूर्यसदृश ताऱ्यांचे ग्रहमेघात रूपांतर होते. त्यांचा वरील भाग हा अवकाशात उडवला जातो. सुपरनोव्हातून फार मोठ्या प्रमाणावर वस्तुमान अवकाशात फेकले जाते. ताऱ्यांवर चालू असलेल्या प्रक्रियांमुळे हायड्रोजनचे हेलियममध्ये, हेलियमचे कार्बनमध्ये, कार्बनचे ऑक्सिजनमध्ये रूपांतर होते. *(एकत्रीकरण प्रक्रियेमुळे दोन हायड्रोजन अणूकेंद्राचा हेलियम बनतो)* आणि सरतेशेवटी हेलियमच्या अणूकेंद्रात वाढ *(प्रोटॉन व न्यूट्रॉनची)* होत होत निऑन, मॅग्नेशिअम, सिलिकॉन, सल्फर व अत्यंत स्थिर असलेले लोखंड अशी मूलद्रव्ये बनत जातात.

नुसत्या सिलिकॉन अणूंच्या एकत्रीकरणानेही लोखंडाचा अणू बनतो *(२८ प्रोटॉन आणि न्यूट्रॉन काही अब्ज अंश तापमानाला एकत्र येऊन ५६ प्रोटॉन व न्यूट्रॉन असलेला लोखंडाचा अणू बनतो.).*

अवकाशातील प्रक्रियेतून अशी आपल्या सर्वांना माहिती असलेलीच मूलद्रव्ये बनतात. एरबियम, हाफनियम, डायप्रोसियम, यिट्रीयम अशी नेहमी न ऐकली जाणारी मूलद्रव्ये सहजासहजी बनत नाहीत.

पृथ्वीवरील सर्व मूलद्रव्ये *(अपवाद हायड्रोजन व काही प्रमाणात हेलियमचा)* ही अशीच ताऱ्यांवरील प्रक्रियेतून अब्जावधी वर्षांपूर्वी तयार झालेली आहेत. ज्या ताऱ्यांच्या प्रक्रियेतून ही मूलद्रव्ये जन्माला आली, ते तारे *(त्यातले काही तारे)* तर

आकाशगंगेच्या दुसऱ्या टोकाला आहेत.

आपल्या केंद्रकाम्लातील डीएनएमधील नायट्रोजन, दातातील कॅल्शियम, रक्तातील लोह हे सर्व अंतर्धान पावलेल्या ताऱ्यांच्या अंतर्भागातील घडामोडीतून निर्माण झालेले आहेत. थोडक्यात काय की अखिल प्राणीजात ही या विश्वाचे अपत्य आहे.

आपल्या पृथ्वीवर विपुल प्रमाणात (?) आढळून येणारी सोन्याचांदीसारखी मूलद्रव्ये सुपरनोव्हाच्या स्फोटातून निर्माण झालेली आहेत, तीही सूर्याची ग्रहमाला तयार होण्याअगोदर काही काळ.

अन्य ग्रहमाला निर्माण होत असताना काही वेगळीच मूलद्रव्ये तयार झाली असतील का? काही ग्रहांवर *(सूर्यमालेबाहेरील)* नियोबियमच्या बांगड्या, प्रोक्टिनमचे दागिने यांना प्रचंड मागणी असेल, तर सोने हे केवळ प्रयोगशाळेत शिकण्यापुरते असेल.

पृथ्वीवर प्रासेओडीयमला *(Praseodymium)* काही महत्त्व आहे का? नाही. सोन्याच्या बाबतीत असेच असते, तर माणसाचे सोन्याचे वेड आणि त्यातून उत्पन्न होणारे संघर्ष टळले असते का?

जीवसृष्टीचा उगम आणि उत्क्रांती व ताऱ्यांचा उगम आणि उत्क्रांती या दोहोंत नातं आहे, साम्य आहे. ज्या घटकांपासून आपण बनलो आहोत, तेच घटक हे मूलत: ताऱ्यांवर होणाऱ्या स्फोटातून निर्माण झाले आहेत. विश्वात विपुलतेने आढळून येणारी मूलद्रव्ये ही रक्तवर्णीय ताऱ्यांमध्ये आणि सुपरनोव्हांमध्ये आढळून येतात. त्यामुळे ताऱ्यांच्या भट्टीतच ती मूलद्रव्ये बनत गेली आहेत. सूर्य हा त्याच्या तारका पिढीतला तिसरा तारा आहे. सूर्यामधील घटकद्रव्ये दोन ते तीन वेळा ताऱ्यांच्या भट्टीतून तावून-सुलाखून निघाली आहेत. पृथ्वीवर विविध प्रकारची जड मूलद्रव्ये अस्तित्वात आहेत. ती मूलद्रव्ये बहुधा सूर्याची ग्रहमाला होण्याअगोदर सुपरनोव्हाचे जे स्फोट झाले त्यातून निर्माण झाली असावीत.

सुपरनोव्हाच्या स्फोटामुळे निर्माण झालेल्या धक्कालहरींमुळे अवकाशातील वायू व धूळ एकत्र येऊन ग्रहमाला तयार झाली *(सूर्याच्या ग्रहमालेचे आकुंचन झाले).* सूर्याच्या निर्मितीनंतर सूर्याची जंबूपार *(अतिनील)* किरणे पृथ्वीवर प्रवेशली, त्यामुळे विजा कडाडू लागल्या, या विजा समुद्रात कोसळल्या. त्यामुळे समुद्रात क्लिष्ट अणूरेणूंचे रसायन निर्माण झाले व ह्याच रसायनातून जीवसृष्टी निर्माण झाली. आपले जीवन पूर्णपणे त्या तेजोनिधी भास्करावर अवलंबून आहे. वनस्पती सूर्यप्रकाश शोषून घेतात म्हणजे काय करतात? तर फोटॉन्स शोषून घेतात आणि या सूर्यप्रकाशाचे रूपांतर रासायनिक शक्तीमध्ये करतात. शेती करणे म्हणजे तरी काय? शेतीमध्ये पद्धतशीररित्या आपण सूर्यप्रकाशाचे पीक काढतो. त्या क्रियेतील वनस्पती हा

महत्त्वाचा दुवा आहे. 'जीवो जीवस्य जीवनम्' अशी ही प्रक्रिया चालू राहण्याचे कारण आहे सूर्यप्रकाश. 'दाहक परी संजीवक' असे सूर्याचे वर्णन आपण उगीच करत नाही.

उत्परिवर्तन किंवा गुणसूत्रात नैसर्गिकरित्या होणारे बदल वैश्विक किरणांमुळे होतात. पृथ्वीवरील य:कश्चित् प्राणीजीवनाच्या उत्क्रांतीमागे विश्वातील प्रचंड ताऱ्यांवरील उत्पात कारणीभूत असतात.

सुपरनोव्हाच्या स्फोटातून वेगवान कणांचे जे झोत बाहेर पडतात, त्यांना 'वैश्विक किरणे' असे म्हणतात. त्यांचा वेग जवळ जवळ प्रकाशाच्या वेगाइतकाच असतो. म्हणजे काय तर, दूरवर अस्ताला जाणाऱ्या ताऱ्यांमुळे पृथ्वीवर उत्क्रांती होते.

युरेनियममधून सातत्याने किरणोत्सर्ग होतो. हा किरणोत्सर्ग म्हणजे नेमके काय? हेलियमची अणूकेंद्रे ही सातत्याने युरेनियममधून बाहेर टाकली जात असतात. हा किरणोत्सर्ग शिशामुळे अडवला जातो. जर युरेनियमचा तुकडा शिशाच्या डब्यात ठेवला आणि मग युरेनियममधून होणारा किरणोत्सर्ग मोजला तर असे आढळून येते, की शिशामुळे किरणोत्सर्ग जरी शोषला असला तरी उपकरणांवर *(गायगर काऊंटर)* किरणोत्सर्गाची नोंद मिळते! ही नोंद आता कोणत्या किरणोत्सर्गामुळे होते? असे आढळले आहे की ही नोंद वैश्विक किरणांमुळे होते. अवकाशात कुठे तरी एखाद्या ताऱ्याचा स्फोट होतो आणि त्यापासून उत्सर्जित झालेली वैश्विक किरणे *(इलेक्ट्रॉन आणि प्रोटॉन)* ही हजारो प्रकाशवर्षांचा प्रवास करून पृथ्वीवर येऊन आदळतात.

क्रॅब सुपरनोव्हा हा पृथ्वीपासून सुमारे ५००० प्रकाशवर्षे दूर आहे. इ.स. १०५४ च्या सुमारास वृषभ तारकापुंजात *(राशीत)* एक तारा अत्यंत प्रखरतेने चमकताना आढळून आला होता. त्याच्या स्फोटामुळे जो प्रकाश निर्माण झाला तो जवळजवळ तीन महिने टिकून होता. नुसत्या डोळ्यांनी दिवसासुद्धा पृथ्वीवरून तो दिसत असे. या ताऱ्याला आज 'क्रॅब सुपरनोव्हा' असे म्हणतात. एक प्रचंड महाकाय तारा नष्ट झाल्यानंतर जे अवशेष उरले, ते अवशेष म्हणजे हा क्रॅब सुपरनोव्हा आहे.

इ.स. १५७२ साली टायको ब्राहीने सुपरनोव्हा पाहिला होता. त्याचे निरीक्षणही केले होते. इ.स. १६०४ मध्ये योहानेस केप्लरने सुपरनोव्हा पाहिला होता *(भारतीय ज्योतिष ग्रंथात असे तारे पाहिल्याची नोंद ऐकिवात नाही.)*.

दुर्दैवाने दुर्बिणीचा शोध लागल्यानंतर मात्र अजून एकाही सुपरनोव्हाचा स्फोट आपल्या आकाशगंगेत आढळून आलेला नाही. सुपरनोव्हा हे आपल्या आकाशगंगेप्रमाणे, अन्य आकाशगंगातूनही आढळून येतात.

□

तळटीप

१. फोटॉन ही संकल्पना प्रथमतः आईनस्टाईनने मांडली. विद्युत चुंबकीय लहरी किंवा प्रकाश लहरी या आत्यंतिक मूलभूत राशींच्या बनलेल्या आहेत. अन्ती राशी म्हणजे फोटॉन.

एखाद्या f कंपने असलेल्या प्रकाशलहरींकडे कमीतकमी hf इतकी शक्ती असते.

h → प्लांकचा *(कॉन्स्टंट)* स्थिरांक आणि (E) शक्ती ही एका फोटॉनच्या शक्तीइतकी असते. E = hf *(फोटॉन शक्ती)*. सूर्याच्या अंतर्भागात अशीच थर्मोन्यूक्लिअर फ्यूजनची प्रक्रिया अव्याहत चालू आहे. ती अशी–

$4H^1 + 2e \rightarrow 4He$ + 2¡ + 6g

$4H^1$ → प्रोटॉन	e → इलेक्ट्रॉन
4He → हेलिअम	¡ → न्युट्रिनो
किंवा a (अल्फा) कण	g → गॅमा किरण फोटॉन

यातील न्युट्रिनो हे थोडी फार शक्ती घेऊन सूर्याच्या बाहेर पडतात, तर उरलेली शक्ती ही औष्णिक रूपात सूर्याच्या अंतर्भागात साठते व कालांतराने ती विद्युत चुंबकीय व दृश्य प्रकाश लहरींच्या रूपाने सूर्याच्या पृष्ठभागावर येते.

◆

स्थलकालातील प्रवास

अन्य दीर्घिकांमध्येही आता सुपरनोव्हा *(स्फोट पावणारे तारे)* आढळून आले आहेत. या बाबतीत अनेक नोंदीही अनेक शास्त्रज्ञांनी केलेल्या आहेत. डेव्हिड हेल्फॅन्ड आणि नॉक्स, लांग यांनी ६ डिसेंबर १९७९च्या 'नेचर'च्या अंकात जी माहिती दिली आहे ती अशी– "५ मार्च १९७९ रोजी आकाशात क्ष किरण आणि गॅमा किरणांच्या प्रचंड झोतांची नोंद अवकाशयानांनी केली. हे झोत एन्-४९ या सुपरनोव्हाच्या अवशेषांकडून आले होते. त्याचे स्थान आहे मेगॅलनिक मेघ. तो आकाशगंगेपासून १,८०,००० प्रकाशवर्षे दूर आहे *(सुपरनोव्हा म्हणजेच स्फोट पावणारा तारा. त्याच्या अंतर्भागात प्रचंड तापमान असते. तेथे हेलियम व न्यूट्रॉन ह्यांच्या एकत्रीकरणाने नवीन मूलद्रव्ये निर्माण होतात. ताऱ्यांचे आकुंचन होते व नंतर तो स्फोट पावतो.)*.

त्या वेळी हा स्फोट कदाचित सूर्याच्या ग्रहमालेत झाला असावा असेही वाटले होते; पण तो एन्-४९ या सुपरनोव्हाचाच स्फोट होता. हा तर्क अधिक बरोबर वाटतो.

सूर्य कालांतराने जसजसा लाल होत जाईल, तसतसे सूर्याच्या ग्रहमालेच्या आतील ग्रहांचे भविष्य अत्यंत वाईट असेल, निर्दयी असेल. त्यातल्या त्यात एक गोष्ट मात्र नक्की की ग्रह हे सुपरनोव्हा फुटून झालेल्या स्फोटामुळे वितळणार मात्र नाहीत. हे भाग्य (?) सूर्याच्या ग्रहमालेच्या बाहेर जे ग्रह आहेत आणि सूर्यापेक्षाही प्रचंड ताऱ्यांच्या जवळ आहेत, त्यांच्या वाट्याला येईल. प्रचंड तापमानामुळे आणि दाबामुळे अशा मोठ्या ताऱ्यांमधील इंधन लवकर संपते *(इंधन : आण्विक इंधन)*. त्यामुळे त्यांची आयुर्मर्यादाही कमी असते. सूर्यापेक्षा दहापटींनी मोठा असलेल्या ताऱ्याचे आयुष्य जरा जास्त असेल. त्यातील हायड्रोजनचे हेलिअममध्ये रूपांतर होईल आणि काही दशलक्ष वर्षांनी संपेल. त्यामुळे अशा ताऱ्यांच्या जवळपासच्या ग्रहांवर प्रगत सजीव उत्क्रांत होण्यासाठी पुरेसा अवधी मिळणार नाही आणि जे निर्माण होतील *(इतरत्र)* त्यांना त्याचा तारा सुपरनोव्हा होईल किंवा नाही, हे कधीच

कळणार नाही. आणि हे समजण्याइतका त्यांना अवधी मिळणार असेल *(ते उत्क्रांत होऊन प्रगत अवस्थेत येणार असतील)* तर त्यांचा तारा हा सुपरनोव्हा बनण्याची शक्यता फारच कमी आहे.

सुपरनोव्हाचा स्फोट होण्यासाठी त्या ताऱ्याचा अंतर्भाग हा सिलिकॉन अणूंच्या एकत्रीकरणामुळे लोहाचा बनणे आवश्यक आहे *(लोहाचा आवर्त सारणीतील अणूक्रमांक २६ आहे तर सिलिकॉनचा अणूक्रमांक १४ आहे).*

प्रचंड दाबामुळे अंतर्भागातील मुक्त इलेक्ट्रॉन *(ऋण कण)* हे लोहाच्या अणूच्या केंद्रातील प्रोटॉनबरोबर संयोग पावतात. इलेक्ट्रॉनवर ऋण भार व प्रोटॉनवर धन भार असतो. त्यामुळे दोन्ही विरुद्ध भार एकमेकांना नाहीसे करतात व ताऱ्याच्या आत एकच प्रचंड अवाढव्य अणूकेंद्र बनते. या अणूकेंद्राचा आकार, पूर्वासूरीच्या इलेक्ट्रॉन आणि लोहाच्या केंद्रापेक्षा कमी असतो. आतील गाभा हा अक्षरश: चिरडला जातो. बाह्य कवच हे आत आपटून उसळी घेते. परिणामत: सुपरनोव्हाचा स्फोट होतो.

ज्या दीर्घिकेत सुपरनोव्हा असेल तेथील ताऱ्यांच्या एकत्रित तेजापेक्षाही अधिक तेजाने सुपरनोव्हा प्रकाशतो *(इतका तो प्रखर असतो).* मृग नक्षत्रात नुकतेच जन्माला आलेले हे प्रचंड नील श्वेत तारे, काही लाख वर्षांनी सुपरनोव्हा बनतील आणि वैश्विक आतषबाजी करतील.

प्रचंड सुपरनोव्हाच्या स्फोटातून पूर्वाश्रमीच्या ताऱ्यातील जवळ जवळ सर्व वस्तुमान अवकाशात फेकले जाते. उरलेला हायड्रोजन, हेलिअम बरेचसे इतर अणू कार्बन, सिलिकॉन, लोह आणि युरेनियम हेही फेकले जाते. मग तेथे काय शिल्लक राहते? तेथे उष्ण न्यूट्रॉनचा गाभा शिल्लक राहतो. हा गाभा आण्विक बळामुळे बांधला गेलेला असतो. तेथे एकच प्रचंड भव्य अणूचे केंद्र उरते. त्याचे वजन *(आण्विक)* $१०^{५६}$ इतके अवाढव्य असते. तो तीस किलोमीटर व्यासाचा छोटासा घनदाट, निस्तेज झालेला पण प्रचंड वेगाने फिरणारा न्यूट्रॉनचा तारा बनतो. सुपरनोव्हाचे भवितव्य हे असे असते! तो कालांतराने न्यूट्रॉन तारा बनतो. महाकाय रक्तवर्णी तारा. जेव्हा न्यूट्रॉन तारा बनतो, तेव्हा तो प्रचंड वेगाने फिरू लागतो.

क्रॅब नेब्यूलाच्या केंद्रस्थानी असलेला न्यूट्रॉन तारा हा सेकंदाला ३० वेळा फिरतो. तो तारा म्हणजे एक महाकाय आण्विक केंद्र आहे. त्याचे प्रचंड ताकदीचे चुंबकीय क्षेत्र, तारा चिरडला जात असताना अधिकच शक्तिशाली बनले आहे. ते चुंबकीय क्षेत्र भारयुक्त कणांना पकडून ठेवते. फिरत्या चुंबकीय क्षेत्रातील इलेक्ट्रॉन हे केवळ रेडिओलहरीच नाही तर दृश्य प्रकाशही उत्सर्जित करतात. आपली पृथ्वी जर या वैश्विक दीपगृहाच्या झोताच्या टप्प्यात आली तर, प्रत्येक परिभ्रमणाच्या वेळी आपल्याला एक प्रकाशझोत दिसतो. या कारणाकरताच त्या ताऱ्याला 'पल्सार' असे म्हणतात. ठराविक वेळीच चमकणारे, प्रकाशझोत सोडणारे टिक टिक करणारे

पल्सार पृथ्वीवरील कुठल्याही साध्या अचूक घड्याळापेक्षाही अचूकतेने वेळ दर्शवतात.

ज्या वेळी ताऱ्याच्या गाभ्यातील आण्विक इंधन कमी होते, त्या वेळी त्याची आण्विक भट्टीदेखील मंदावते. त्या वेळी तो तारा अंतर्भागात केंद्राच्या दिशेकडे कोसळू लागतो, आकुंचन पावू लागतो. परिणामत: त्याच्या आतील भागाचा दाब, प्रचंड प्रमाणावर वाढतो. तो तारा इतका लहान बनतो की, कधी कधी फक्त काही किलोमीटर इतकाच त्याचा व्यास असतो. आतले वस्तुमान प्रचंड दाबाच्या न्यूट्रॉन वायूच्या रूपात दाबले जाते.

आकुंचन पावण्याच्या प्रक्रियेत याचा स्वत:भोवती फिरण्याचा वेग प्रचंड वाढतो. जवळ जवळ सेकंदाला ६०० प्रदक्षिणाही तो घालू शकतो *(सूर्याला १ प्रदक्षिणा पूर्ण करण्यासाठी १ महिना लागतो.)*.

PSR0329+54 या पल्सारचा रेडिओलहरी पाठवण्याचा दर जरा जास्त आहे. यावरून असे अनुमान काढता येते की त्या पल्सारच्या जवळ एखादा लहानसा ग्रहही असू शकतो. एखाद्या ताऱ्याचे त्या पल्सारमध्ये रूपांतर होईपर्यंत एखादा ग्रह नष्ट झाला नसावा किंवा एखादा ग्रह काही कालांतराने या पल्सारने ओढून घेतला असावा.

एका चमच्यात *(चहाच्या)* जर न्यूट्रॉन ताऱ्याचे वस्तुमान घेतले तर ते चमचाभर वजन, पृथ्वीवरील कुठल्याही डोंगराएवढे होईल. हा चमचा जर सोडून दिला तर पृथ्वीला आरपार भोक पाडून तो पृथ्वीच्या पलीकडे जाईल. जर अवकाशातून न्यूट्रॉन ताऱ्याचा तुकडा पडला, तर तो फिरणाऱ्या पृथ्वीवर वारंवार आपटून तिला अनेक भोके पाडेल आणि काही काळाने घर्षणानेच त्याची हालचाल थांबेल. पृथ्वीच्या केंद्रस्थानी तो जाईल; पण त्यामुळे पृथ्वीचा अंतर्भाग पार विस्कळीत होईल. पृथ्वीवर मोठा न्युट्रॉन तारा किंवा त्याचे मोठे तुकडे अजून तरी कोसळले नसल्याने त्याच्या ताकदीचा अंदाज नाही; पण त्याचे छोटे छोटे भाग तदृश अंश सगळीकडे आहेत. कुठे? तर प्रत्येक अणूच्या केंद्रस्थानी, ही न्यूट्रॉन ताऱ्याची ताकद सुप्तावस्थेत आहे. तो तारा आपल्याला लहान लहान गोष्टींचाही मान ठेवायला शिकवतो. कारण प्रत्येक वस्तूच्या अणूच्या केंद्रस्थानी न्यूट्रॉन आहेत.

सूर्यासारखा तारा हा प्रथम रक्तवर्णी राक्षसी तारा बनेल आणि नंतर श्वेतवर्णी *(लहान)* तारा बनेल, त्यानंतर तो नष्ट होईल. सूर्यपेक्षा दुप्पट आकाराचा तारा नष्ट होण्यापूर्वी प्रथम सुपरनोव्हा बनेल व नंतर न्यूट्रॉन तारा बनेल. पण त्याहीपेक्षा मोठा तारा, म्हणजे सूर्याच्या पाचपट आकाराच्या ताऱ्याचे भवितव्य काय असेल? त्याच्या नशिबात विलक्षण घटना असतील. त्याच्या गुरुत्वीय बलामुळे असा तारा कृष्ण विवर बनेल.

असे समजा की, आपल्याकडे एक गुरुत्वीय यंत्र आहे. या यंत्राच्या सहाय्याने

आपण पृथ्वीचे गुरुत्वीय आकर्षण, यंत्राची तबकडी फिरवून कमीजास्त करू शकतो.

सुरुवातीला यंत्राची तबकडी १ *g* (जी) इतक्या गुरुत्वीय बलावर स्थिरावली आहे. त्या वेळी आपल्याला काहीच फरक जाणवणार नाही. कारण पृथ्वीवरील प्राणीमात्र, आपण, आपल्या इमारती, यंत्रे सारेच इतक्या गुरुत्वीय बलाला सरावलेले आहेत.

जर हे बल कमी असते तर तेथे उंच, बारीक, लंबकार आकार राहिले असते. जर हे बल अधिक असते ती *(१ g पेक्षा)* तर पृथ्वीवरील सर्वच घटक, प्राणी, माणसे पक्षी इ. ठेंगणी, आडवी, सशक्त झाली असती. जसजसे गुरुत्वीय बल कमी होते तसतसे आपले वजनही कमी होत जाते. ज्या वेळी g *(जी)* शून्य होईल त्या वेळी आपल्यापैकी कोणीही थोडीशी जरी हालचाल केली तरी हालचाल करणारे हवेत तरंगू लागतील *(अवकाशयाने ही गुरुत्वीय बलविरहीत असतात. त्यामुळे अंतर्भागातील अवकाशवीरही असेच यानात तरंगत असतात.)*. तेथे चहा किंवा अन्य कुठलेही द्रव सांडले तर त्याचे गोल गोल थेंब तरंगू लागतील. द्रवाचे पृष्ठीय बल हे गुरुत्वीय बलापेक्षा जास्त झाल्यामुळे त्याचे अनेक चेंडू तरंगू लागतील. या वेळी जर आपण यंत्राची तबकडी फिरवून १ g वर नेली तर तेथे चहाचा पाऊस पडेल. जर आपण हे बल ३ किंवा ४ g वर नेले तर तेथील सर्वच गोष्टी जागच्या जागीच खिळून राहतील. हात हलवण्याकरतासुद्धा प्रचंड परिश्रम करावे लागतील.

प्रकाश हा ० g ला सरळ रेषेत जातो *(प्रकाशकिरण नेहमीच सरळ रेषेत जातात हे पृथ्वीवर भौतिकशास्त्रात शालेय अभ्यासात आपण नेहमीच शिकत आलेलो आहोत. फक्त ते पृथ्वीच्या गुरुत्वबलाइतके बल असेल, तर सरळ रेषेत जातात.)*. 'g' जर १००० पर्यंत वाढवला तरी प्रकाश सरळ रेषेतच जाईल. पण १००० g ला झाडे चिरडली जातील, १,००,००० g ला कातळ, पाषाण त्यांच्या स्वत:च्याच वजनाने चिरडले जातील. सरतेशेवटी सारेच विश्व *(पृथ्वीवरील)* चिरडले जाईल. जर गुरुत्वीय बल वाढत वाढत एक अब्ज g पर्यंत वाढवत नेले, तर प्रकाश किरण जे आत्तापर्यंत सरळ रेषेत जात होते, ते वक्राकार व्हायला सुरुवात होईल. प्रचंड गुरुत्वीय बलामुळे प्रकाशावरही परिणाम होतो. जर गुरुत्वीय बल अजून वाढवले तर प्रकाशही तेथून बाहेर जाऊ शकत नाही. अशा ठिकाणाला कृष्णविवर असे म्हणतात. जर घनता आणि गुरुत्वीयबल पुरेसे वाढले तर हे कृष्णविवर, विश्व पटलांच्या दृष्टीपटलावरून निघून जाते आणि म्हणूनच त्याला कृष्णविवर म्हणतात. प्रत्यक्ष प्रकाशकिरणही त्यातून बाहेर पडू शकत नाहीत. पण हे कृष्णविवर अंतर्भागातून अतिशय आकर्षक दिसेल. कारण प्रकाशकिरण हे आत अडकलेले असतात. पण जरी कृष्णविवर दिसले नाही तरी त्याच्या गुरुत्वीय बलामुळे त्याचे अस्तित्व जाणवते.

जर अंतरिक्षातून प्रवास करताना आपण त्याकडे दुर्लक्ष केले तर तो अक्षम्य गुन्हा ठरेल. अक्षम्य अशासाठी, की ते कृष्णविवर अंतराळ यानाला ताबडतोब आपल्याकडे खेचून घेईल. एखाद्या लांब धाग्याच्या रूपात यानासकट सगळ्या वस्तू कृष्णविवराकडे खेचल्या जातील. कृष्णविवराचा आसपासचा भाग, आतील भाग व आसपासचे वस्तुमान गोलाकार तबकडीच्या रूपात आत जाताना अतिशय रम्य दिसेल; पण ते पाहण्यासाठी कुणीही सजीव जिवंत राहणार नाही.

सूर्याच्या अंतर्भागातील औष्णिक-आण्विक प्रक्रियांमुळे गुरुत्वीय बलामुळे होऊ शकणारा सूर्याचा नाश टळतो. निदान काही अब्ज वर्षांकरता. श्वेतवर्णी तारे त्यांच्या केंद्रापासून काढून टाकलेल्या इलेक्ट्रॉनच्या दाबामुळे तारे तग धरतात. न्यूट्रॉन ताऱ्यांना त्यांचा अंतर्भूत दाब वाचवतो; पण सुपरनोव्हाच्या स्फोटातूनही बचावलेल्या सूर्यापेक्षाही मोठ्या ताऱ्याला कुठलेही ज्ञात बल चिरडण्यापासून वाचवू शकत नाही. तो तारा अतिशय मोठ्या प्रमाणावर आकुंचन पावतो. स्वत:भोवती गरागरा फिरतो आणि लाल लाल होत शेवटी अदृश्य होतो. सूर्यापेक्षा ज्याचे वस्तुमान वीसपटीने जास्त आहे असा तारा गुरुत्वीय बलामुळे आकुंचन पावत जाईल. त्याचा आकार कमी होईल. स्थळकालाच्या स्वत:च निर्माण केलेल्या फटीतून तो निसटेल आणि आपल्या विश्वातून अदृश्य होईल.

१७८३ मध्ये इंग्रजी खगोलशास्त्रज्ञ जॉन मिचेल याने प्रथम कृष्णविवरांचा अंदाज मांडला. पण त्या काळात लोकांना ही कल्पनाच इतकी असंभवनीय वाटली की, तो विचारच लोकांनी दुर्लक्षिला, अगदी आत्तापर्यंत! त्यानंतर, मात्र अनेक कृष्णविवरांच्या अस्तित्वाच्या खुणा अवकाशात दिसल्या *(क्ष-किरणांकरिता पृथ्वीचे वातावरण अपारदर्शक आहे. अवकाशस्थ ताऱ्यांपासून कमी लांबीच्या लहरी पाठवल्या जातात की, नाही हे ठरवण्यासाठी, किरणांची दुर्बिण आकाशातून बरीच वर न्यावी लागते.).* हिंदी महासागरात उहरू नावाची दुर्बिण केनियाच्या किनाऱ्यावरून अंतरिक्षात पाठवलेल्या प्रयोगशाळेत होती. १९७१ साली उहरूने 'सिग्नस' या नक्षत्रपुंजातील हंस या तारकापुंजातून क्ष किरणे प्रक्षेपित होत असल्याचे दर्शवून दिले. एका क्षणात हजार वेळा हे प्रक्षेपण होत होते. त्याचे स्रोत *(सिग्नस एक्स-१)* हे आकाराने लहान होते. या प्रक्षेपणाचे कारण काहीही असले, तरी प्रकाशापेक्षा अधिक वेगाने कोणतीही माहिती जाणार नाही *(प्रकाशाचा वेग आहे सेकंदाला ३,००,००० कि.मी)* म्हणजेच सिग्नस एक्स-१ हा जास्तीत जास्त (३,००,००० कि.मी/सेकंद) × (१/१००० सेकंद) = ३०० कि.मी. व्यासाचा असणार.

या स्रोताचा आकार एखाद्या अशनीएवढाच आहे. इतक्या लहान आकाराची वस्तू क्ष किरणांचा स्रोत आहे आणि अवकाशातील प्रचंड अंतरावरून ती इतक्या प्रखरतेने दिसते म्हणजे नेमके काय असेल? अवकाशात एका प्रचंड निळ्या

ताऱ्याच्या जागी सिग्नस एक्स-१ आहे. आणि त्याच्या निकट प्रचंड महाकाय पण अदृश्य साथीदार आहे. हा अदृश्य साथीदार गुरुत्वीय बलाने निळ्या ताऱ्याला कधी एका बाजूला तर कधी दुसऱ्या बाजूला खेचतो. राक्षसी निळा तारा क्ष-किरणांचे स्रोत नाही व त्या अदृश्य ताऱ्याचे वजन सूर्याच्या दसपट आहे, हे आपण पाहिलेच. आता सूर्यापेक्षा इतका प्रचंड *(वजन)* तारा पण आकाराने इतका लहान कसा काय असू शकतो? या ताऱ्याचे वजन प्रचंड आहे, पण आकार फार छोटा आहे. म्हणजे हा तारा नसून कृष्णविवर असू शकतो. सिग्नस एक्स-१ च्या आजूबाजूची धूळ निळ्या राक्षसी ताऱ्यामुळे निर्माण झाली आहे. ती धूळ आणि वायू त्यांच्या घर्षणातून क्ष-किरणांचा जन्म होतो. व्ही-८६१स्कॉर्पी, जीएक्स-३३९-४, एसएस-४३३ आणि सरसिनस-एक्स-२ हे तारे बहुधा कृष्णविवरे असावीत. कॅसिओपिया-ए हा ताराही बहुधा सुपरनोव्हाचा अवशेष असावा. त्याचा प्रकाश हा त्याच्या स्फोटानंतर इसवीसनाच्या १७ व्या शतकात पृथ्वीवर पोहोचला असावा. त्या काळीही तेथे बरेच खगोलशास्त्रज्ञ होते; पण या स्फोटाचा उल्लेख मात्र कुठेही आढळून आलेला नाही. कदाचित तेथे कृष्णविवर असावे असा अंदाज आहे. त्या कृष्णविवराने हा प्रकाश शोषून घेतला असेल.

स्थळाची *(जागेची)* वक्रीयता जर समजून घेता आली तर कृष्णविवराचे आकलन होण्यास मदत होईल. एखादा रबराचा तुकडा घेऊन त्यावर आलेख-कागदाप्रमाणे चौकटी आखल्या *(हा तुकडा सपाट सहज वाकणारा आहे)* आणि आता त्या तुकड्यावर एखादी लहानशी वस्तू टाकली, तर रबराचा पृष्ठभाग पूर्ववत न राहता वेडावाकडा होईल. तेथे एक खड्डा निर्माण झाल्यासारखे होईल. एखादी गोटी टाकली तर ती गोटी ग्रह जसे सूर्याभोवती कक्षेत फिरतात, तशी फिरू लागेल, असा उल्लेख आईनस्टाईनने केला आहे. त्याचे श्रेय त्याच्याकडे जाते. त्याने असे मांडले की, स्थलाच्या धाग्यामध्ये जी मोडतोड होते ती मोडतोड म्हणजे गुरुत्वीय बल आहे. आपल्या या उदाहरणात रबरी तुकडा हा द्विमितीरूपी मानला आहे. आणि गोटीमुळे ही द्विमितीतली जागा, स्थळ आणि त्रिमितीमध्ये वाकली आहे *(द्विमिती = दोन मिती = लांबी आणि रुंदी).*

आता अशी कल्पना करा की आपण अशा त्रिमित विश्वात राहतो, की जेथील स्थल हे एखाद्या जागी वस्तुमानामुळे चौथ्या मितीमध्ये वाकडेतिकडे झाले आहे *(खरं तर ही अशी कल्पना आपण करूच शकत नाही, कारण आपण त्रिमित विश्वात राहतो.).*

जितके वस्तुमान जास्त तितके तेथील गुरुत्वीय बल जास्त. तितकी स्थलाची त्या ठिकाणची मोडतोड जास्त. कृष्णविवर हे असेच आहे. त्याला कुठलाही तळ नाही; त्याला अंत नाही असे हे विवर किंवा खड्डा आहे. जर त्यात तुम्ही पडलात

तर कसे दिसेल?

बाहेरून पाहिले तर, बाहेरील प्रेक्षकाच्या दृष्टीने खाली पडण्यासाठी अनंत काळ जावा लागेल. कारण तुमची सर्व घड्याळे ही बंद पडल्यासारखी वाटतील; पण तुमच्या दृष्टिकोनातून पाहिले तर ती व्यवस्थित चालू असतील. या प्रचंड गुरुत्वीय बलाला आणि देदिप्यमान प्रकाशाला तुम्ही पुरून उरलात आणि कृष्णविवराच्या बाहेर पडलात तर मात्र तुम्ही स्थळकाळाच्या वेगळ्याच भागात पोहोचाल *(कृष्णविवरे फिरत आहेत असे गृहीत धरले आहे).* कुठल्याही स्थळी कुठल्यातरी वेळी पोहोचाल. सफरचंदाच्या आतून जसे छिद्र असते तसे छिद्र/विवरे अवकाशात असतील असा अंदाज किंवा तर्क लढवला आहे. त्याला अजून पुरावे मिळाले नाहीत. कदाचित हे गुरुत्वीय बोगदे हे अंतरिक्षातील एका ठिकाणाहून दुसऱ्या ठिकाणाकडे नेणारे मार्ग असतील. त्यातून प्रवास केल्यामुळे कदाचित अन्य अंतरिक्ष प्रवास-साधनांपेक्षा हा अधिक जलद गतीने होईल. कृष्णविवरे ही कालयंत्रासारखे काम करू शकतील का? कालयंत्रातून आपल्याला भविष्यकाळातही जाता येते? *(विज्ञानकथा किंवा कॉमिक्सना हा विषय अत्यंत प्रिय आहे.)* विज्ञानकथासारखे साहित्य व आधुनिक विज्ञान या दोन्हीतून अशा कल्पना मांडल्या जातात, ह्यातच विश्वातील घटना किती रम्य व अनाकलनीय आहेत हे जाणवते.

आपण खऱ्याखुऱ्या अर्थाने या विश्वाचे वंशज आहोत. उन्हाळ्याच्या दिवसात, एखाद्या रणरणत्या दुपारी, निरभ्र आकाशात तळपणाऱ्या सूर्याकडे फक्त एक दृष्टी टाकण्याचा प्रयत्न करा. बघा, थेट त्या सूर्याला न्याहाळण्याची हिंमतच होणार नाही. एक क्षणही त्याच्याकडे बघणे हे किती धोक्याचे आहे हे लगेच जाणवेल. १५ कोटी किलोमीटर इतक्या प्रचंड अंतरावरूनही त्याच्या प्रखरतेची आपल्याला जाणीव होते. त्याच्या प्रचंड शक्तीची कल्पना येते. मग अत्यंत प्रकाशमान पृष्ठभागावर किंवा त्याच्या आण्विक भट्टीमध्ये आपली काय अवस्था होईल? सूर्यच आपल्याला संजीवनी देतो, शक्ती देतो, आपले पालनपोषण करतो आणि त्याच्याच प्रकाशात त्यालाच न्याहाळण्याची क्षमता देतो. त्यानेच या पृथ्वीला सुजलाम् सुफलाम् बनवले आहे. मानवी अनुभवापलीकडे त्याचे सामर्थ्य आहे. ही अगाध शक्ती मानवी मनाला अनाकलनीय आहे! ज्ञानेश्वरीत याच अर्थाची ओवी आहे.

अगा सूर्योदये जालिया । सूर्यें सूर्येंचि पाहावा धनंजया ।
तेवि मांते मियां जाणावया मीचि हेतू ॥

अर्थ : हे धनंजया, सूर्य उगवल्यावर सूर्याच्या तेजानेच सूर्य पाहावा लागतो, त्याचप्रमाणे मला जाणण्यास मीच कारण आहे.

पक्षी त्याच्या आगमनाची वार्ता किलबिलाट करून पसरवतात. अगदी छोट्याशा एकपेशीय सजीवालासुद्धा सूर्यप्रकाशाच्या दिशेने कसे जावे, हे ठाऊक असते.

आपल्या पूर्वजांनी तर सूर्याला देव मानले. त्याची पूजा केली. त्याला जगाचा पालनकर्ता म्हणून आदरणीय मानले. आपले पूर्वज निश्चितच शहाणे होते, सूज्ञ होते. त्यांना त्या पालनकर्त्या सूर्याची महती ज्ञात होती!

पण हे तितकेच खरे आहे की सूर्य हा या आकाशगंगेतील एक मध्यम प्रतीचा तारा आहे. जर आपल्यापेक्षा शक्तिशाली गोष्टींना आपल्याला पूजनीय मानायचेच असेल तर सूर्य व ताऱ्यांनाच शक्तिशाली मानणे योग्य होणार नाही का?

प्रत्येक खगोलशास्त्रज्ञांच्या खगोलशास्त्रीय संशोधनाच्या पाठीमागे कुठेतरी या प्रगल्भ शक्तीला वंदनीय मानण्याची सूप्त भूमिका असते. आपली आकाशगंगा ही अनेक ताऱ्यांनी भरलेली आहे. आज त्यातले अनेक तारे हे शोधलेलेही नाहीत. त्यांचा पाठपुरावा करणे तर दूरच! आता कुठे मानवाने या अंतरिक्षाचा वेध घेण्यास सुरुवात केली आहे. या भव्य आकाशगंगेतील काही रहिवाशांशीच आपली जुजबी ओळख झाली आहे. ज्यांना आपण ओळखतो त्यांच्याशी, त्या ताऱ्यांशी, साधर्म्य दर्शवणारे त्यातले फारच थोडेजण आहेत.

इतर तारे तर आपल्या कल्पनेपेक्षाही विलक्षण आहेत, अगम्य आहेत, कल्पनातीत आहेत; पण माणूस हा संशोधनांच्या पहिल्याच टप्प्यात आहे. अनेक विलक्षण वाटणारे, कुतूहल वाटणारे तारे हे मानवी ज्ञानाच्या कक्षेच्या पलीकडेच आहेत. त्यांच्याविषयी आपल्याला काहीच माहिती नाही.

मॅग्लेनिक मेघ हा, आकाशगंगेच्या पासून फार दूर नाही. त्यात अनेक तारे आहेत आणि त्याभोवती फिरणारे काही ग्रहही आहेत. काही ग्रह हे आकाशगंगेभोवती फिरणाऱ्या खगोलांमध्येही असावेत. अशा सूर्यांच्या ग्रहमालेच्या जगामधून पाहिल्यास आकाशगंगा कशी दिसेल? ४०० अब्ज खगोलांना घेऊन फिरणारी, मध्यबिंदूकडे चक्राकार गतीने जाणाऱ्या असंख्य बिंदूंनी आकारलेल्या आकृतीप्रमाणे, प्रचंड मेघांनी आकुंचन पावणाऱ्या ग्रहमालांनी भरलेली, तळपणारी, भव्य देदिप्यमान, रक्तवर्णी, श्वेतवर्णी ताऱ्यांनी जडवलेली, न्यूट्रॉन ताऱ्यांची, नोव्हा, सुपरनोव्हा, मेघ:पुंजाची, कृष्णविवरांची, रत्नांकित आकाशगंगा किती विलक्षण सुंदर दिसेल नाही? या आकाशगंगेमधूनच आपल्याला आपल्या पृथ्वीचं, आपलं, आपल्या जीवनाचं दर्शन, त्याचे या विश्वाशी असलेले घनिष्ठ नाते समजू शकेल.

◆

ग्रह-ताऱ्यांचे जीवन

(सृष्टीच्या प्रारंभी) अप्रकाशित अस्तित्व, अंधारातच जाणिवेच्या पार दडून होते. ब्रह्म आणि माया यांचे अविभाज्य अस्तित्व तरंगरूपात सर्वत्र अस्तित्वात आले. त्याने, सर्व *(विश्व)* स्वत:त सामावून घेतले. ते स्वत:च्या अत्युच्च तापमानामुळे अस्तित्वात आले.

नासदीयसूक्त

ऋग्वेद - मंडल १०
सूक्त क्र. १२९

साधारणत: दहा ते वीस अब्ज वर्षांपूर्वी एका प्रचंड विस्फोटातून हे विश्व निर्माण झाले. त्या निर्मितीचे प्रयोजन काय हे आजच्या विज्ञानाला ठाऊक नाही. निर्मितीपूर्वी विश्वातील सर्व वस्तुमान व शक्ती किंवा ऊर्जा ही एका बिंदूत साठवली होती.

गणिताच्या भाषेत बोलायचे तर त्या बिंदूला कोणतेच मोजमाप नव्हते, मितीही नव्हती. त्या वैश्विक बीजातच सर्व काही साठवले गेले होते. स्थल आणि काल या दोन्ही मर्यादा त्या बीजाला नव्हत्या, कारण स्थलच त्यात सामावले गेले होते.

प्रचंड स्फोटातून, त्या बिंदूतून वस्तुमान आणि शक्ती बाहेर फेकली गेली आणि हे विश्व त्याच क्षणापासून प्रसरण पावू लागले, ते आजतागायत प्रसरण पावत आहे.

हे विश्व कसे आहे? एखाद्या फुगत जाणाऱ्या बुडबुड्यासारखे आहे का? बुडबुड्याची उपमा विश्वाला देणं चूक आहे, कारण फुगणारा बुडबुडा हा आपण बुडबुड्याच्या बाहेरून बघत असतो. आणि प्रत्यक्षात आपण मात्र या विश्वाच्या आतच सामावलेले आहोत. एवढेच नव्हे, तर आपल्याला ज्ञात असणारे काहीही या विश्वाच्या बाहेर असू शकत नाही!

मग या विश्वाला कशाची उपमा लागू पडेल? जर अशी कल्पना केली की हे विश्व म्हणजे ताणले जाऊ शकणारे कापड आहे; पण त्या कापडाचे धागे हे

स्थलरूपी आहेत आणि असे हे स्थलरूपी कापड सर्व दिशांना प्रसरण पावत आहे. जसजसे हे स्थल प्रसरण पावले, तसतसे विश्वातील वस्तुमानही प्रसरण पावले आणि विश्वातील ऊर्जेचेही प्रसरण झाले. परिणामत: या विश्वाचे तापमान निवळले. विश्वाच्या हिरण्यगर्भातून गॅमा लहरी उत्सर्जित झाल्या. नुसत्याच गॅमा लहरी नव्हे तर, दृश्य प्रकाशलहरी, रेडिओलहरी वा रेडिओ तरंगापर्यंतच्या सर्व लहरी उत्सर्जित झाल्या आणि त्या तरंगांनी सारे विश्व व्यापले; आजही त्या तरंगांचे पडसाद आपल्याला ऐकू येतात.

नुकतेच जन्मलेले विश्व काही काळ प्रकाशाने व्यापले गेले होते; परंतु काळाच्या ओघात ते निवळले आणि दृश्य प्रकाशाच्या दृष्टीने ते अंधारमय झाले. स्थलरूपी धागे, कापड ताणले गेले.

नूतन अवस्थेतील विश्वात हायड्रोजन व हेलियम हे दोन्ही वायू अस्तित्वात आले होते. बघण्याजोगे असे त्या विश्वात काहीच नव्हते *(बघायला तरी कुणी होते का?)*. कालांतराने विश्वाच्या पोकळीत वायूचे मेघ जमा झाले. ते वाढू लागले. त्यानंतर तारे, ग्रह, आकाशगंगा, दीर्घिका निर्माण झाल्या.

महास्फोटानंतर साधारणत: एक अब्ज वर्षांच्या आतच विश्वातील वस्तुमान अस्ताव्यस्त झाले होते, विखुरले होते आणि हे विखुरलेले वस्तुमान काही ठिकाणी जास्त होते, तर काही ठिकाणी कमी. जेथे जास्त वस्तुमान होते, त्या ठिकाणी किंवा त्या ठिकाणाचे गुरुत्वाकर्षण वाढले. परिणामत: जवळपासचे वस्तुमान किंवा जड हे तेथे अधिकाधिक गोळा झाले. याच प्रक्रियेत वेगवेगळ्या आकाराच्या दीर्घिका निर्माण झाल्या. काही चपट्या होत्या, काही सर्पाकार होत्या, काही लंबवर्तुळाकार झाल्या. त्यांचे गुरुत्वाकर्षण कमी होते. तरीही दीर्घिकांचे आकार साऱ्या विश्वात वर उल्लेखलेल्या आकारांपैकीच आहेत; याचे कारण असे आहे की भौतिकशास्त्राचे नियम साऱ्या विश्वालाच लागू होतात. गुरुत्वाकर्षण कोनीयसंवेगाचे अविनाशित्व हे दोन्ही सर्वत्र सारखेच आहेत.

ताऱ्यांचा उदय, सुपरनोव्हाचे स्फोट, गुरुत्वाकर्षणामुळे त्यांचे आकुंचन, अशा अनेक प्रक्रियांतून विश्वात आकाशगंगा आणि तारे उदयास आले.

महास्फोट घडून गेल्याचा पहिला पुरावा १९६५ साली मिळाला. या विश्वातील वस्तुमान हे काही ठिकाणी जास्त प्रमाणात गोळा झाले असल्याचा पुरावाही शास्त्रज्ञांना मिळू लागला आहे. १९८९ सालापासून नासाचा 'कॉस्मिक बॅकग्राऊंड एक्सप्लोअरर्' (कोबे[१]) हा उपग्रह पृथ्वीभोवती भ्रमण करत आहे. या उपग्रहाद्वारे ही माहिती मिळाली आहे.

विश्वाची निर्मिती महास्फोटातून झाली असावी, हा सिद्धांत प्रथमत: जॉर्ज गॅमॉव या शास्त्रज्ञाने मांडला. गॅमॉवच्या मते तप्त जड वस्तुमान आणि किरणोत्सर्ग यात

ज्या निरनिराळ्या आण्विक प्रक्रिया झाल्या, त्यातूनच वेगवेगळ्या अणूंची अणूकेंद्रे निर्माण झाली. किरणोत्सर्ग हा सर्व दिशांना सारखाच पसरलेला आहे, हेही मत गॅमॉवने मांडले. १९४८ साली मांडलेल्या सिद्धांताचा पुरावा १९६५ साली मिळाला.

पण त्याचबरोबर अजूनही काही प्रश्न निर्माण झाले. प्रथमत: विश्वातील वस्तुमान एकजिनसी होते. आता या एकजिनसी वस्तुमानातून हे विविधता दर्शवणारे विश्व कसे काय निर्माण झाले?

'कोबे' या उपग्रहावर डिफरेन्शियल मायक्रोव्हेव रेडिओमीटर नावाचे एक उपकरण आहे. या उपकरणाच्या मदतीने विश्वात वस्तुमान हे सर्वत्र सारखे नाही हे शोधून काढले. काही ठिकाणी ते अधिक प्रमाणात आहे, तर काही ठिकाणी कमी प्रमाणात. उपकरणाने तापमानाच्या सूक्ष्म फरकाच्या सहाय्याने वस्तुमानातील असमानता शोधून काढली.

कोबेच्या नोंदीवरून शास्त्रज्ञांनी असा निष्कर्ष काढला की, महास्फोटानंतर साधारणत: ३ लक्ष वर्षे विश्व आहे त्याच अवस्थेत होते. त्या वेळेपर्यंत अणू, अणुकेंद्रे निर्माण झाली नव्हती. विश्वात फक्त प्रचंड गतीने फिरणारे सूक्ष्म कण होते.

विश्वातील अदृश्य वस्तुमानाचा अजून तरी काहीच थांगपत्ता लागलेला नाही. काहींच्या मते, हे वस्तुमान संपूर्ण विश्वाच्या वस्तुमानाच्या ९९% आहे!

आकाशगंगा आणि देवयानी *(m-31)* या दीर्घिका वेटोळ्याच्या *(सर्पिल)* आकारांच्या आहेत. कन्या राशीमध्ये अशा सहस्रावधी दीर्घिका आहेत. पृथ्वीवरून पाहिल्यास या दीर्घिका विविध आकारांच्या दिसतात. काहींमध्ये लक्षावधी तारे आहेत, तर काही दीर्घिकांनी अन्य दीर्घिकांनाच गिळंकृत केले आहे.

सारे विश्वच विविधतेने नटले आहे. मानवी कल्पनेच्या पलीकडे भासतील असे अजस्र तारे या विश्वात आहेत. काही दीर्घिका एकमेकींच्या इतक्या जवळ आहेत, की त्यांच्या कडा या एकमेकांच्या गुरुत्वाकर्षणाने वाकल्या आहेत. कधी कधी एकमेकीतील वायू ओढले गेल्यामुळे त्यांच्या दरम्यान पूल निर्माण झालेले आहेत दीर्घिकांचे आकार आणि त्यांची संख्या मानवी मनाला थक्क करून सोडते.

जेव्हा दोन दीर्घिका एकमेकींवर आदळतात, तेव्हा काय होईल? त्या दोहोतले तारे एकमेकांतून निघून जातील. कारण दीर्घिका म्हणजे मुळात काहीच नसते. दीर्घिकांमधील तारे एकमेकांपासून फारच प्रचंड अंतरावर असतात. मध्ये असते ती फक्त निर्वात पोकळी. एकमेकांवर आदळल्यामुळे या दीर्घिकांची रचना बदलते.

या दीर्घिकांनाही जन्म-मृत्यूच्या फेऱ्यातून जावे लागते. दीर्घिकेची रचना बदलली की दुसरी नवीन दीर्घिका बनते. दीर्घिकेचे आयुष्य साधारण काही खर्व वर्षे असते!

आत्महत्येचा दर हा दीर्घिकांमध्ये जास्त आहे. नष्ट होत असताना काहींतून क्ष

किरण, अवरक्त किरण आणि रेडिओ तरंगांचे उत्सर्जन होत राहते. काहींमधून पिसाप्रमाणे हजारो प्रकाशवर्षे लांबीची प्रारणे बाहेर पडतात. आपल्या पृथ्वीपासून तीन कोटी प्रकाशवर्षे अंतरावर एक प्रचंड कृष्णविवर असल्याचे शास्त्रज्ञांनी नोंदवले आहे. हे कृष्णविवर इतके प्रचंड आहे, की त्यात कोट्यावधी सूर्य सहज मावू शकतील.

एन्जीसी-३११५ या दीर्घिकेत वर उल्लेखलेल्या कृष्णविवराची नोंद केली गेली आहे. जॉन कॉरमेंडी या शास्त्रज्ञांच्या मते हे कृष्णविवर आतापर्यंत नोंदल्या गेलेल्या कृष्णविवरांच्यापेक्षा शंभर पटींनी मोठे आहे.

या दीर्घिकेच्या केंद्राभोवती फिरणाऱ्या ताऱ्यांचे वस्तुमान आणि त्यांचा भ्रमणाचा वेग या दोन गोष्टींवरून तेथे कृष्णविवर असल्याचा शोध शास्त्रज्ञांनी लावला आहे. ही दीर्घिका तशी प्रकाशमान दीर्घिका नाही, पण कधी काळी ही निश्चितपणे अत्यंत तेजस्वी दीर्घिका असणार.

आपल्या आकाशगंगेच्या मानाने ही दीर्घिका अति प्रचंड आहे. तेथे वायू नाही, खळबळ नाही. फक्त तारे आहेत. तारे त्यांच्या कक्षांतून फिरत असताना दीर्घिकेच्या केंद्राजवळ आल्यावर त्यांचा वेग प्रचंड वाढतो. प्रचंड गुरुत्वाकर्षण हे त्याचे एक कारण असावे. दीर्घिकेच्या मध्यभागी कृष्णविवर असावे व त्यामुळे गुरुत्वाकर्षण प्रचंड वाढले आहे, असा शास्त्रज्ञांचा अंदाज आहे. या कृष्णविवराचा आकार आपल्या सूर्यमालेइतका असला तरी कोट्यावधी सूर्यांना गिळंकृत करण्याची त्याची क्षमता आहे. दीर्घिकांमधून हजारो प्रकाशवर्षे लांबीच्या ज्वाळा *(दृश्य व अदृश्य रूपातील तरंग)* पसरतात.

एन्जीसी-६२५१ आणि एम्-८७ या दीर्घिकांमध्येही सूर्याच्या अजस्रपटीने मोठ्या आकाराच्या कृष्णविवरांचे अस्तित्व असल्याचा अंदाज आहे.

एम्-८७ मध्ये सूर्याच्या ग्रहमालेच्या आकाराचे पण प्रचंड घनतेचे वस्तुमान आहे.

क्वासारसारखा अब्जावधी प्रकाशवर्षे दूर असणारा प्रकार अवकाशात आहे. क्वासार म्हणजे कदाचित नूतन दीर्घिकांचे स्फोट असावेत. क्वासार हे अत्यंत दूर आहेत हे शास्त्रज्ञांना वर्णपटाच्या अभ्यासावरून समजले. ते अत्यंत वेगाने आपल्यापासून दूर जात आहेत. त्यांचा वेग प्रकाशाच्या वेगाच्या ९० टक्के इतका आहे. ज्या अर्थी हे क्वासार आपल्यापासून इतके दूर असूनदेखील दिसतात, त्या अर्थी ते अति तेजस्वी असले पाहिजेत. कदाचित त्यामध्ये हजारो सुपरनोव्हाचे स्फोट होत असतील, कदाचित फार छोट्या आकारातून फार मोठ्या प्रमाणावर ऊर्जा बाहेर पडत असेल. शास्त्रज्ञांनी क्वासारविषयी खालील स्पष्टीकरणे दिलेली आहेत.

१) क्वासार हे पल्सारसारखेच अजस्ररूपी आहेत. त्यांचा अंतर्भाग हे अतिवेगाने

फिरणारे प्रचंड कवच आहे आणि हे अत्यंत प्रबळ अशा चुंबकीय क्षेत्राला जोडलेले आहे.

२) लक्षावधी तारे एकमेकांच्या अत्यंत निकट येऊन एकमेकांवर आदळून जे स्फोट होतात, त्या स्फोटांमुळे ताऱ्यांचे बाह्य कवच नष्ट होऊन प्रचंड तापमानाचा आतला भाग झळकत राहतो. तो भाग म्हणजे क्वासार आहे आणि या क्वासारचे तापमान अब्जावधी अंश इतके असावे.

३) क्वासार या एकमेकांपासून अत्यंत निकट असलेल्या ताऱ्यांच्या दीर्घिका आहेत आणि तेथे साखळी प्रक्रियेने स्फोट चालू आहेत.

४) वस्तुमान आणि प्रतिवस्तुमान यांच्या परस्पर शोषणाने निर्माण होणारी प्रचंड ऊर्जा म्हणजे क्वासार!

५) एखाद्या दीर्घिकेच्या अंतर्गत भागातील कृष्णविवरात ज्या वेळी तारे, धूळ, वायू खेचले जातात, त्या वेळी प्रचंड ऊर्जा अथवा उष्णता निर्माण होते. ही ऊर्जा म्हणजेच क्वासार आहेत. कदाचित अशा प्रकारच्या दीर्घिकाही लहान लहान कृष्णविवरे एकमेकांवर आदळून जोडल्या गेल्या असतील.

६) क्वासार म्हणजे श्वेतविवरे आहेत. तेथे कृष्णविवरात होत असणाऱ्या प्रक्रियांच्या बरोबर उलटी प्रक्रिया घडत असते किंवा कृष्णविवरांचे दुसरे टोक अथवा बाजू म्हणजे क्वासार आहे. येथून कृष्णविवरात खेचले जाणारे वस्तुमान विश्वाच्या अन्य भागात फेकले जात असावे. कदाचित ते अन्य वेगळ्या विश्वातही ओतले जात असावे.

आज तरी क्वासार हे गूढतेच्या, अनाकलनीयतेच्या पडद्याआड दडले आहेत. क्वासारवरून फक्त एकच गोष्ट स्पष्ट होते. अन् ती म्हणजे क्वासार तयार होताना न भूतो न भविष्यति असे उत्पात होत असावेत. प्रत्येक क्वासार स्फोटात लक्षावधी सजीव/निर्जीव विश्वसृष्ट्या नष्ट होत असाव्यात.

दीर्घिकांच्या अभ्यासातून विश्वाचे सौंदर्य आणि रचनेतील वैश्विक सुसंगती कळून येते; पण त्याचबरोबर क्वासारसारख्या घटनांवरून हे विश्व किती रौद्र रूप धारण करू शकते, याची थोडीशी कल्पना येते.

ज्या विश्वात आपण जन्मलो ते विश्व किती भव्य आहे, याची जाणीव मनाला थक्क करून सोडते आणि त्याचबरोबर मनुष्यप्राण्याच्या क्षुद्रतेची जाणीवही होते. आपली आकाशगंगा तशी फारच शांत आणि संगतवार रचना असलेली आहे. तरीही येथेसुद्धा संहारक घटना घडत आहे.

आपल्या आकाशगंगेतून हायड्रोजन वायूचे दोन प्रचंड मेघ बाहेर पडत आहेत. प्रचंड म्हणजे किती प्रचंड, तर आपल्या सूर्यासारखे लक्षावधी सूर्य त्यापासून बनू शकतील. आपल्या आकाशगंगेच्या आतील भागातून गॅमा किरण बाहेर पडत

आहेत. तेथे जवळपास एखादे कृष्णविवर असावे असा अंदाज आहे.

आपली आकाशगंगा ज्या अर्थी इतकी शांत आहे, त्या अर्थी ती तिच्या प्रौढावस्थेत असणार. तरुण वयात ती क्वासारप्रमाणेच बंडखोर असणार. क्वासार ही अब्जावधी वर्षांपूर्वी विश्वात घडून गेलेली घटना आहे. क्वासार हे अति दूर असल्यामुळे तेथून प्रकाश येथे पोहोचेपर्यंत इतकी वर्षे लोटलेली आहेत.

आपली आकाशगंगा कशी दिसते? अत्यंत सुंदर! शिस्तीत चाललेल्या मुलांसारखे तारे रुबाबात व शिस्तीत फिरतात. अनेक वेळा ते प्रतलातून आरपार जातात *(खाली, वर या माणसाच्या दृष्टिकोनातून जाणाऱ्या दिशा आहेत.)*. आकाशगंगेचा आकार हा बदलत असतो. परंतु आकाशगंगेच्या प्रदक्षिणेला १/४ अब्ज वर्षे लागतात, त्यामुळे हा बदललेला आकार आपल्याला कधीच जाणवत नाही. आकाशगंगेचा आतील भाग एखाद्या, भरीव वस्तुप्रमाणे फिरतो तर बाहेरील भाग त्यामानाने कमी वेगाने फिरतो.

सूर्य व त्याची ग्रहमाला आकाशगंगेच्या बाहेरील भागात आहे. पूर्ण न केलेल्या चकलीच्या वेटोळ्याप्रमाणे आपली आकाशगंगा आहे. त्या वेटोळ्याचा बाहेरील भाग आत वळण्याचा प्रयत्न करीत असतो. या बाहेरील भागातच नवनवीन तारे निर्माण होत असतात. जास्तीत जास्त वायू आणि धूळ या भागावरच गोळा होत असते. येथे निर्माण होणारे तारे केवळ काही कोटी वर्षे जगतात आणि मग नष्ट होतात. आकाशगंगेच्या एकूण परिभ्रमणाच्या केवळ ५ टक्के भागातच ते सामील होतात. हे तारे नष्ट झाले तरी त्याच वस्तुमानातून नवीन तारे, मेघपुंज तयार होत राहतात आणि आकाशगंगेचा वेटोळ्यासदृश्य आकार कायम राहतो. या बाह्य भागातील कुठलेच तारे आकाशगंगेच्या पूर्ण परिभ्रमणकाळात जिवंत राहात नाहीत. आकाशगंगेच्या मध्यभागातील ताऱ्यांचा वेग व बाह्यभागातील ताऱ्यांचा वेग हा वेगवेगळा असतो.

आपला सूर्य आणि ग्रह चार कोटी वर्षे या वेटोळ्याच्या हाताच्या आत असतात. आठ कोटी वर्षे बाहेर असतात तर परत चार कोटी वर्षे आत असतात. हे चक्र चालू आहे. सूर्याचा आकाशगंगेतील भ्रमणाचा वेग सेकंदाला २०० कि.मी. किंवा ताशी ५ लाख मैल इतका आहे.

सूर्य व त्याची ग्रहमाला वेटोळ्याच्या आतील भागातही नाही आणि बाहेरही नाही. ती मध्ये आहे.

सूर्य हा प्रौढावस्थेतील तारा आहे. सूर्याच्या आकाशगंगेतील भ्रमणाचा आपल्यावर काय परिणाम होतो?

एक कोटी वर्षांपूर्वी सूर्य मृगाच्या सर्पाकार बाहूतून बाहेर पडला. आज सूर्यापासून त्याचे अंतर १००० प्रकाशवर्षे आहे

सूर्य वेटोळ्याच्या बाहूतून आरपार निघून जाईल. कदाचित तो आकाशगंगेतील वायू मेघपुंजातूनही बाहेर पडेल आणि असा जर तो वायू मेघपुंजात घुसला, तर अंतराळातील जड वस्तुमानाची त्याच्याशी टक्कर होईल; पण यापेक्षाही तो आरपार निघून जाण्याचीच शक्यता अधिक आहे.

दर दहा कोटी वर्षांनी पृथ्वीवर जी हिमयुगे येतात; ती सूर्य व पृथ्वी यांच्यामध्ये अंतराळातील वस्तुमान आल्यामुळे येतात, असा शास्त्रज्ञांचा अंदाज आहे.

चंद्र, धुमकेतू, शनीसारख्या ग्रहांची कडी, उल्का या एकेकाळी अवकाशात भ्रमण करत होत्या. सूर्याने मृग नक्षत्राच्या सर्पाकार बाहुतून प्रवेश करताना आपल्याकडे त्या ओढून घेतल्या असाव्यात, असा शास्त्रज्ञांचा कयास आहे. या तर्काला अजून पुरावा मिळालेला नाही. पण हा तर्क मात्र निश्चितपणे पुरावा शोधण्याजोगा आहे.

जर आपल्याला फोबोस किंवा एखाद्या धुमकेतूवरील नमुने मिळाले, तर आपल्या हाती काही निष्कर्ष लागेल. नमुने कशाचे हवेत? तर मॅग्नेशियम समस्थानिकाचे[२]; कारण मॅग्नेशियम समस्थानिकाचे अस्तित्व हे अवकाशातील अणू-एकत्रीकरण घटनांच्या अचूक क्रमावर अवलंबून असते. जवळपास कुठंही सुपरनोव्हाचा स्फोट झाला, तरी त्यातून निर्माण होणारे मॅग्नेशियम व त्या स्फोटाचा काळ यावर समस्थानिकाचे अस्तित्व अवलंबून असते.

विश्वाचे प्रसरण हे 'डॉपलर परिणाम[३]' या भौतिक गुणधर्मावरून कळून आले.

'डॉपलर परिणाम' म्हणजे नेमके काय?

आपल्या शेजारून वेगाने जाणाऱ्या स्कूटरच्या हॉर्नचा आवाज कसा येतो? जसजशी स्कूटर आपल्या जवळ येते तसतसा आवाजाचा कर्कशपणा वाढतो. जसजशी स्कूटर लांब जाईल, तसतसा कर्कशपणा कमी कमी होतो. ह्यालाच 'डॉपलर परिणाम' असे म्हणतात.

आवाज म्हणजे काय? आवाज म्हणजे हवेवर उमटलेले तरंग किंवा हवेच्या एकामागून एक येणाऱ्या लाटा. या लाटांना शिखरे आहेत तसेच दऱ्या *(तळही)* आहेत. या आवाजाच्या लाटा किंवा तरंग एकमेकांच्या जितक्या जवळ जातील, तितका आवाजाचा कर्कशपणा वाढेल. म्हणूनच आपल्या दिशेने येणाऱ्या स्कूटरच्या हॉर्नच्या आवाजाच्या लाटा, तरंग हे स्कूटर आपल्याकडे येताना अधिकाधिक जवळ जवळ येतील.

प्रकाश हाही तरंगरूपीच आहे. आवाजाला हवेचे माध्यम लागते; प्रकाशाचे तसे नाही. प्रकाश निर्वात पोकळीतून प्रवास करतो. पण 'डॉपलर परिणाम' प्रकाशालाही लागू होतो. अशी कल्पना करा की, स्कूटरच्या हॉर्नमधून हवेच्या लाटांऐवजी पुढून आणि मागून शुद्ध पिवळ्या किरणांचा झोत बाहेर पडत आहे. आता स्कूटर तुमच्याकडे येत आहे.

तुमच्या दिशेने येताना, पिवळ्या प्रकाशाच्या तरंगांची कंपनसंख्या वाढेल तर दूर जाताना ती कमी होईल. रोजच्या जीवनातील स्कूटरचा वेग मर्यादित असतो. आता समजा, की स्कूटर प्रकाशाच्या वेगाच्या १/४ किंवा १/८ वेगाने तुमच्याकडे येत आहे. आता तुम्हाला काय दिसेल?

जसजशी स्कूटर तुमच्याकडे येईल, तसतशी प्रकाशाची कंपनसंख्या वाढेल परिणामत: तुम्हाला निळ्या रंगाचा झोत तुमच्याकडे येताना दिसेल. जेव्हा स्कूटर तुमच्यापासून दूर जाईल, तसतसा तुम्हाला लाल रंगाचा झोत दिसेल. याचे कारण काय?

निळा रंग म्हणजे प्रकाश तरंगांची कंपनसंख्या जास्त, लाल रंग म्हणजे कमी कंपनसंख्येचे प्रकाश तरंग; येथे एक गोष्ट लक्षात घेतली पाहिजे. अन् ती म्हणजे हॉर्नच्या रंगाचा किंवा स्कूटरच्या रंगाचा यात कुठेही संबंध येत नाही.

या उदाहरणावरून शास्त्रज्ञांनी असा निष्कर्ष काढला, की जी वस्तू आपल्यापासून दूर जात आहे, तिच्यापासून येणाऱ्या प्रकाशाचे विश्लेषण केले, तर तिच्यापासून येणाऱ्या तरंगांची लांबी ही कमी झालेली आढळते. म्हणजे ती वस्तू जर स्थिर असती, तर तिच्या प्रकाश तरंगांची लांबी जास्त झाली असती. वर्णपट विश्लेषण केले असता दूर जाणाऱ्या वस्तूकडून येणाऱ्या प्रकाशकिरणांची कंपनसंख्या कमी झालेली आढळते व तरंगांची लांबीही वाढल्यासारखी वाटते. या परिणामाला 'रेड शिफ्ट' *(ताम्रसृती)* असे म्हणतात. हा डॉपलर परिणाम हा वैश्विक अभ्यासाची गुरूकिल्ली आहे.

पहिल्या महायुद्धानंतर एडविन हबलने, सर्पिल आकाराचे मेघ हे आपल्या आकाशगंगेसारखीच प्रचंड विश्वे आहेत, याचे प्रात्यक्षिक दाखवले. दीर्घिकांची पृथ्वीपासून अंतरे मोजण्याचे मापनही त्याने ठरवले. त्याने व त्याचा साथीदार ह्युमॅसन या दोघांनी दीर्घिकेचे वर्णपट विश्लेषण केले.

एखाद्या दीर्घिकेकडून येणारा प्रकाश हा त्या दीर्घिकेतील एकूण ताऱ्यांच्या परावर्तित प्रकाशाएवढा असतो. ज्या वेळी या ताऱ्यांकडून प्रकाश परावर्तित केला जातो, त्या वेळी त्या ताऱ्यांच्या बाह्य भागातील अणूंकडून तो शोषला जातो. जे तरंग शोषले न जाता उत्सर्जित केले जातात, त्यांच्या वर्णपट विश्लेषणावरून त्या ताऱ्यावरील मूलद्रव्यांचा शोध घेता येतो.

विश्वनिर्मितीच्या वेळच्या प्रत्येक वैश्विक चक्राच्या सुरुवातीला शंकराने नटराजाचा अवतार घेतला, अशी श्रद्धा आहे.

ह्युमॅसन आणि हबल यांना असे आढळून आले की दूरवरच्या दीर्घिकेकडून येणारे प्रकाश तरंग, हे लाल रंगाकडे झुकलेले आहेत. म्हणजेच त्या दीर्घिका एकमेकांपासून व आपल्याकडून दूर जात आहेत. इतकेच नव्हे, तर दूरवरील

दीर्घिकांचा वेग हा प्रचंड आहे.

प्रश्न असा उद्‌भवतो की या दीर्घिका एकमेकांपासून दूर का जात आहेत? यामागे विश्वातले काही रहस्य किंवा विश्वातील आपल्या स्थानाचे काही वैशिष्ट्य दडलेले आहे का? का आपल्या आकाशगंगेने असा काही घोर अपराध केला आहे आणि म्हणूनच सर्व दीर्घिकांनी तिला वाळीत टाकले असून त्या तिच्यापासून दूर जात आहेत?

या गोष्टीचे, घटनेचे शास्त्रज्ञांनी असे कारण दिले आहे, की आपले विश्व प्रसरण पावत आहे. आणि महास्फोट हा विश्वाचा जन्म आहे की नाही हे नक्की नाही, पण पुनर्जन्म मात्र खचित आहे!

डॉपलर परिणाम, रेडशिफ्ट, महास्फोटातून विश्वाचा जन्म या सिद्धांताला प्रतिकूल असे सबळ पुरावे अजूनतरी मिळालेले नाहीत.

काही वेळा प्रचंड गुरुत्वाकर्षणामुळे प्रकाशकिरणे वाकतात आणि त्या वस्तूपासून बाहेर पडताना त्यांच्यातील प्रचंड शक्तीचा ऱ्हास होतो. दुरून ही घटना पाहणाऱ्यांना अशा वेळी नेमके काय दिसेल?

त्यांना प्रकाशकिरणांची लांबी वाढल्याचे आढळते *(रेड शिफ्ट).* आपण पाहिलेच की कृष्णविवरांमुळे प्रकाशाचे शोषण होते, त्यामुळे कदाचित् असे दिसत असेल. ते प्रकाशकिरण कृष्णविवराच्या गुरुत्वाकर्षणाच्या तडाख्यातून सुटून पृथ्वीपर्यंत येतात, त्यांचे विश्लेषण केल्यास ते प्रचंड घनतेच्या वस्तूपासून उत्सर्जित झाल्यासारखे दिसायला हवे. प्रत्यक्षात मात्र ते एखाद्या विरळ वायूकडून उत्सर्जित झाल्यासारखे वाटतात.

कदाचित असे असेल, की डॉपलर परिणामाचा विश्वाच्या प्रसरण पावण्याशी संबंध नसेल. आकाशगंगेतील एखाद्या स्फोटामुळे हा परिणाम जाणवत असेल. एक निरीक्षण मात्र सर्वमान्य आहे अन् ते म्हणजे ताम्रसृती *(रेड शिफ्ट)* प्रमाणे नीलसृती *(ब्ल्यू शिफ्ट)* मात्र कोठेही आढळून आलेली नाही. म्हणजेच दीर्घिका एकमेकांच्या जवळ येत आहे असे दर्शविणारे पुरावे मिळाले नाहीत. काही दीर्घिकांतून वेगवेगळ्या प्रकारची 'रेड शिफ्ट' आढळून आलेली आहे. या दीर्घिका एकमेकांच्या जवळ आहेत असे वाटते. मात्र त्या दीर्घिका एकमेकांपासून दूर असल्याप्रमाणे ताम्रसृती दिसते. प्रत्यक्षात मात्र या दीर्घिका एकमेकांपासून दूर नाहीत. इतकेच नव्हे तर वायूरूपी पुलांनी त्या जोडल्या गेलेल्याही असाव्यात. काही शास्त्रज्ञांच्या मते, मात्र आपल्या दृष्टीच्या रेषेत अशा दीर्घिका येत असल्यामुळे त्या एकमेकांच्याजवळ आहेत असे भासते. प्रत्यक्षात मात्र त्या दूरच आहेत.

एकंदरीत या विश्वात अनाकलनीय गोष्टींचा खजिनाच आहे असे वाटते.

विश्वाच्या प्रसरणाचा अजून एक पुरावा म्हणजे विश्वातील सर्व दिशातून अत्यंत

क्षीण रेडिओ तरंग नोंदवले गेले आहेत, ह्यालाच कॉस्मिक बॅकग्राऊंड रेडिएशन[४] म्हणतात *(वैश्विक पार्श्वभौमिक प्रारण)*.

पृथ्वीच्या वातावरणातून यू-२ या यानाने जेव्हा या वैश्विक प्रारणाची नोंद घेतली, त्या वेळी ते सर्व दिशांना सारखेच आढळून आले; परंतु ज्या वेळी ही नोंद अत्यंत अचूकतेने केली, त्या वेळी मात्र ही समानता आढळून आली नाही. या असमानतेचे काय कारण असावे?

शास्त्रज्ञांच्या मते आपली आकाशगंगा आणि तिच्या आसपासचे तारे हे कन्या राशीच्या दिशेने प्रवास करत आहेत. या प्रवासाचा वेग साधारणत: ताशी दशलक्ष मैल किंवा सेकंदाला ६०० कि.मी. इतका आहे. या वेगाने पुढील १० अब्ज वर्षांत आपण कन्या राशीत सहज पोहचू शकू. कन्या रास ही अत्यंत सुंदर रास आहे. कारण तेथे चमकणाऱ्या दीर्घिका आहेत. त्या दीर्घिकांचे आकारही निरनिराळे आहेत. नावाप्रमाणेच ही कन्या रास सालंकृत आहे!

पण मुळात आपण कन्या राशीच्या दिशेने का जात आहोत? जॉर्ज स्मट व त्यांच्या सहाध्यायांच्या मते आपली आकाशगंगा, गुरुत्वाकर्षणामुळे कन्या राशीकडे खेचली जात आहे. कन्या राशीचा पसारा अफाट आहे. तिची लांबी एक ते दोन अब्ज प्रकाशवर्षे इतकी प्रचंड आहे.

आपल्या दृष्टीपथात येणारे विश्व हे साधारणत: दशअब्ज प्रकाशवर्षांइतक्या लांबीचे आहे *(दृष्टीपथात येणारे विश्व म्हणजे अत्यंत आधुनिक दुर्बिणीच्या सहाय्याने पाहता येते तेवढेच)*. या विश्वात कन्या राशीइतक्या प्रचंड ताऱ्यांचा मेळावा आहे. तसेच ज्या विश्वाच्या भागाविषयी आपल्याला काहीही माहिती नाही अशा ठिकाणांचे असेही अनेक तारकापुंज आहेत. आजच्या विज्ञानाला त्यांची नोंद घेणे अशक्यप्राय आहे. कन्या राशीमध्ये इतके प्रचंड वस्तुमान आहे की नूतन अवस्थेतील विश्वाला ते एकत्र करण्याइतका अवधीच मिळालेला नाही. याचाच दुसरा अर्थ असा की महास्फोटानंतर वस्तुमान सर्व दिशांना सारख्याच प्रमाणात पसरले नाही, तर काही ठिकाणी ते अधिक प्रमाणात होते *(विश्वातील वस्तुमान हे काही ठिकाणी जास्त आणि काही ठिकाणी कमी असणे स्वाभाविक आहे. या थोड्याशा असमानतेमुळे तर दीर्घिकांचे आकुंचन होऊ शकले. दीर्घिका तयार होऊ शकल्या)*; पण आज विश्वात आढळून येणारी वस्तुमानातील असमानता अफाट आहे. कदाचित दोन-तीन महास्फोट एकाच वेळी झाले असतील!

महास्फोटासमयी *(विश्वाची)* काय अवस्था होती? त्या निर्मितीपूर्वी अनंत वस्तुमान फार लहान जागेत *(गणिताच्या भाषेत– मिती नसलेल्या बिंदूत)* गोळा झाले होते का? विश्वाची निर्मिती कशी झाली? अचानक अभावातून, शून्यातून या जडाची निर्मिती झाली का?

(वरील प्रश्न विचारत असताना आपण विज्ञानविषयक लेख वाचत आहोत की काही उपनिषदांसम वाचन करत आहोत असा प्रश्न मनात येतो. याचे कारण असे की भारतीय तत्त्वज्ञानाने फार प्राचीन काळी फार मूलभूत शंका स्पष्टपणे विचारल्या आहेत.)

जगातील अनेक संस्कृतींनी हे विश्व देवाने शून्यातून निर्माण केले आहे असे सांगितले आहे. ह्याला अपवाद आहे फक्त भारतीय तत्त्वज्ञानाचा! भारतीय तत्त्वज्ञानाचे अत्यंतिक प्राचीन ग्रंथ स्पष्टपणे विचारतात की जर ते विश्व देवाने निर्माण केले आहे, तर तो देव तरी कुठून आला? ऋग्वेद म्हणतो–

'जेव्हा म्हणजे मूळारंभी असत् नव्हते आणि सत्‌ही नव्हते. अंतरिक्ष नव्हते आणि त्यापलीकडचे आकाश तेही नव्हते. अशा स्थितीत कोणी कोणाला आवरण घातले म्हणावे?'

जेव्हा नाशवंत सृष्टी नव्हती, मृत्यु नव्हता व म्हणून अमृत अविनाशी नित्य पदार्थ नव्हता, रात्र व दिवस कळण्यास काहीच साधन नव्हते, ते *(जे काय होते ते)* एकच स्वेच्छेने म्हणजे आपल्या शक्तीने वायूशिवाय श्वासोच्छ्वास करीत होते. म्हणजे स्फुरत होते; त्याखेरीज किंवा त्यापलीकडे दुसरे असे काहीच नव्हते.

> *'(सत्‌चा) हा निसर्ग म्हणजे पसारा कशापासून किंवा कोठून आला? हे (यापेक्षा) विस्ताराने कोण सांगणार? कोण निश्चयात्मक जाणतो? देवही या सृष्टीच्या (सत्‌सृष्टीच्या) निसर्गानंतरचे. मग ती जेथून निघाली ते कोण जाणणार?*
>
> *सत्‌चा हा निसर्ग म्हणजे पसारा जेथून निर्मिला गेला, ते परम आकाशात असणारा या जगाचा जो अध्यक्ष (हिरण्यगर्भ) तो जाणीत असेल किंवा नसेल? (कोणी सांगावे?)'*

वर उद्‌धृत केलेले विचार म्हणजेच सुप्रसिद्ध 'नासदीय सूक्त' आहे. ऋग्वेदाच्या १०व्या मंडळातील १२९वे हे सूक्त प्रजापतीने रचले आहे व त्यातीलच काही ऋचा वर दिलेल्या आहेत.

जगातील अत्यंत प्राचीन वाङ्‌मयातील हे प्रगल्भ विचार आजही आपल्याला गंभीरपणे विचार करायला लावतात आणि ज्या चौकटीपाशी आजचे विज्ञान येऊन थांबते, त्या चौकटीतून बाहेर बघायला शिकवतात.

आधुनिक विज्ञान, हे जग का निर्माण झाले आणि ते कुणी निर्माण केले याचे उत्तर देऊ शकत नाहीत. ते फक्त उत्तराची एक पायरी गाळून महास्फोटानंतर निर्माण झालेल्या विश्वाचा विचार करते.

जगातील प्रत्येक संस्कृतीने विश्वाची निर्मिती ही मानवी जन्माप्रमाणेच गृहीत

धरली आहे. प्रत्येक संस्कृतीने आपापल्या परीने या विश्वाचे गूढ उकलण्याचा प्रयत्न केलेला आहे. पण या सर्व उत्तरांमध्ये आणि विचारात एक मूलभूत फरक आहे. अन् तो म्हणजे विज्ञान स्वतःच्या स्वतःला प्रश्न विचारते, वैज्ञानिक आपल्या कल्पना पडताळून पाहण्यासाठी प्रयोग करतात, नोंदी ठेवतात.

प्रत्येक संस्कृतीने निसर्गाच्या चक्राची दखल घेतली आहे. सुप्रसिद्ध शास्त्रज्ञ डॉ. कार्ल सॅगन म्हणतात की, ''हिंदू धर्म हा एकमेव धर्म आहे, की ज्यात संपूर्ण विश्वच जन्म आणि मृत्यूच्या चक्रातून फिरते असे मानले आहे. जगातील हा एकमेव धर्म आहे की जेथील कालगणना ही आधुनिक खगोलशास्त्राला सुसंगत आहे.'' 'निश्चितच योगायोगाने' एक सुरस उदाहरण असे आहे की, आपल्याकडे ब्रह्मदेवाचा दिवस व रात्र ही प्रत्येकी ८.६४ अब्ज वर्षांची मानली आहे. आधुनिक विज्ञानानुसार महास्फोटानंतर आजतागायत १७.२८ अब्ज वर्षे *[म्हणजेच ब्रह्मदेवाचा एक पूर्ण दिवस (२×८.६४)]* झाली आहेत. हिंदू संस्कृतीनुसार ब्रह्मदेवाचा एक पूर्ण दिवस झालेला आहे!

इतकेच नव्हे तर वैदिक तत्त्वज्ञानात हे विश्व म्हणजे ब्रह्मदेवाला दर शंभर वर्षांनी *(ब्रह्मदेवाची वर्षे)* पडणारे स्वप्न आहे, असे मानले आहे. दर शंभर वर्षांनी ब्रह्मदेवाची झोप मोडते, त्याचबरोबर हे वैश्विक स्वप्नही लयाला जाते. ब्रह्मदेव जागा होतो. पुन्हा पुढचे स्वप्न पहातो. आपल्या विश्वाप्रमाणेच अशी अनंत विश्वे आहेत. प्रत्येक देवाला पडणारे स्वप्न म्हणजेच ते विश्व! ह्याच्या आणखीन पुढची कल्पना अशी की माणूस हे देवाचं स्वप्न नसून देव हे माणसाचे स्वप्न आहे!

'देव दानवा नरे निर्मिले हे तर लोका कळवू द्या' ऋग्वेदापासून केशवसुतांसारख्या बंडखोर कवींनी मांडलेले विचार भारतीय मनाच्या वैचारिक प्रगल्भतेची चूणूक दर्शवतात.

अकराव्या शतकात चोल राजांनी दक्षिणेत जी विविध देवळे बांधली ती शिल्पकलेचा एक अप्रतिम नमुना म्हणून मानली जातात. त्यात शंकराची अनेक देवळे आहेत. शंकराच्या त्या अनेक रूपांपैकी प्रसन्न आविष्कार आहे, तो नटराजाचा! *(विश्वनिर्मितीच्या वेळी प्रत्येक वैश्विक चक्राच्या सुरुवातीला शंकराने नटराजाचा अवतार घेतला अशी श्रद्धा आहे.)*

हा नटराज कसा आहे? तो नृत्यकलेचा ईश्वर तर आहेच पण त्या मूर्तीमागे कोणती कल्पना वर्षानुवर्षे आपण बाळगत आलेलो आहोत? या नटराजाला चार हात आहेत. त्यापैकी वरच्या उजव्या हातात डमरू आहे! या डमरूचा आवाज म्हणजे विश्वनिर्मितीचा डंका आहे. डावीकडील वरच्या हातात मशाल आहे. ही मशाल कशाचे प्रतीक आहे? हे नवनिर्मित विश्व अब्जावधी वर्षांनी या सर्वसंहारक शिवामुळे *(तांडव नृत्य)* नष्ट होणार आहे, ह्याची आठवण म्हणून ती ज्योत तळपत आहे.

हिंदू तत्त्वज्ञानानुसार उत्पत्ती आणि लय या चक्रातून हे विश्व आंदोलत आहे.

आधुनिक विज्ञानानुसार हे विश्व प्रसरण पावत आहेच. पण ते किती काल प्रसरण पावेल? कधीतरी ही प्रसरणाची क्रिया थांबून परत आकुंचन सुरू होईल का? ही प्रसरणाची क्रिया नेमक्या कोणत्या गोष्टींवर अवलंबून राहील?

शास्त्रज्ञ म्हणतात की जर या संपूर्ण विश्वातील सर्व वस्तुमान हे एका विशिष्ट मर्यादेपेक्षा कमी असेल, तर या विश्वाचे प्रसरण कधीच थांबणार नाही. कारण दूरवर पसरत जाणाऱ्या दीर्घिकांचे गुरुत्वाकर्षण या विश्वाचे प्रसरण थांबविण्यासाठी अपुरे पडेल आणि जर हे वस्तुमान त्यापेक्षा जास्त असेल, तर विश्वाची प्रसरण पावण्याची प्रक्रिया थांबेल व आकुंचनास सुरुवात होईल. आता हे वस्तुमान जर विशिष्ट मर्यादेपेक्षा जास्त असेल तरी ते कुठे असेल? शास्त्रज्ञांच्या मते कृष्णविवरात, अवकाशाच्या पोकळीत तप्त अदृश्य वायूंच्या रूपाने असे वस्तुमान दडलेले आहे.

आणि जर असे वस्तुमान असेल, तर मग हे विश्व हिंदू तत्त्वज्ञानानुसार जन्म-मृत्यूच्या फेऱ्यात आंदोलने घेत राहणार. प्रसरण व प्रसरणानंतर पुन्हा आकुंचन हे चक्र सदैव चालू राहणार? इतकेच नव्हे तर अशी अनंत विश्वे कदाचित असतील. *(अनंत कोटी ब्रह्मांडे?)*

आणि जर आपण अशा आंदोलने घेणाऱ्या विश्वाचे रहिवासी असू तर मग महास्फोट म्हणजे विश्वाचा जन्म असूच शकत नाही, तर केवळ आधीच्या फेऱ्याचा शेवट व नवीन फेऱ्याची सुरुवात असेल. विश्वाचा नवीन अवतार हा या महास्फोटानंतर सुरू झालेला आहे व पुनश्च 'हरि ॐ' या नावाने हे विश्व प्रसरण पावू लागलेले आहे.

माणसाच्या लहानशा आयुष्यात ह्यातील कुठल्याच कल्पनेने काय फरक पडेल?

आतापर्यंत आपण विश्वाविषयी दोन कल्पना पाहिल्या. पहिली कल्पना अशी की हे विश्व कायमचेच प्रसरण पावेल. दीर्घिका एकमेकांपासून कायमच्या दूर जातील. विश्वाच्या क्षितिजापलीकडे निघून जातील. कालांतराने या विश्वाचे तापमान ओसरेल, तारे थंडावतील आणि सारे विश्व हे शक्तिहीन कणांनी भरून जाईल. मग अशा विश्वात खगोलशास्त्र कसले अन् खगोलशास्त्रज्ञ तरी कुठले? सारेच चैतन्यहीन!

दुसरी कल्पना अशी की हे विश्व जन्म-मृत्यूच्या फेऱ्यातून जाते, आंदोलने घेते. आंदोलने कशाची तर आकुंचन प्रसरणाची. मग अशा या आंदोलन घेणाऱ्या विश्वाला अंत तरी कसा असेल? आणि निर्मिती तरी कसली? प्रसरणानंतर आकुंचन तद्नंतर पुन्हा प्रसरण या चक्रात ते इतके गुंतले आहे की आधीच्या जन्माची *(आधीच्या फेऱ्याची)* कुठल्याही प्रकारची माहिती किंवा ज्ञान नंतर अवतरणाऱ्या विश्वाला ज्ञात नसेल. सध्या अस्तित्वात असलेल्या विश्वाला गतजन्मीचे तारे, दीर्घिका, सुपरनोव्हा,

भौतिक नियम कशाकशाचीच काहीच माहिती असण्याचे कारण नाही. कधी अशी माहिती होणेही अशक्य आहे.

मानवी आयुष्याला नैराश्यजनक वाटणाऱ्या दोन्हीही कल्पना आहेत. पण इतके निराश होण्याचे कारण नाही. कारण या सर्व गोष्टींना लागणारा काळ हा मानवी जीवन मनाला अतर्क्य वाटेल असाच आहे. पुढील खर्व-निखर्व परार्ध वर्षांत काय घडेल याचा विचार करून दुःख मानायचे कारण नाही. माणसाने आजवर नेहमीच आशावादी विचार मांडलेले आहेत. कदाचित माणूस त्या वेळी अन्य काही रूपात उत्क्रांत झाला असेलही. इतक्या कालावधित आपल्या वंशजांनी खूप काही मिळवले असेल.

आपले विश्व आपल्या संस्कृतीनुसार *(हिंदू संस्कृतीनुसार)* जर खरोखरीच आकुंचन-प्रसरण पावत असेल, तर मग काही वैचित्र्यपूर्ण घटना या विश्वात घडत असतील का?

उदाहरणार्थ, आकुंचन ही प्रसरणाच्या बरोबर उलटी क्रिया आहे. मग ज्या वेळी हे विश्व आकुंचन पावेल, त्या वेळी घटनांचा क्रम हा आतापर्यंत घडलेल्या घटनांच्या बरोबर उलटा असेल. म्हणजे काय?

आज दीर्घिका दूर दूर जात आहेत. त्यामुळे त्याच्या वर्णपटात 'रेड शिफ्ट' *(ताम्रसृती)* आढळून येते. पण आकुंचनाच्या फेऱ्याच्या वेळी दीर्घिका जवळ जवळ येऊ लागतील व मग 'रेड शिफ्ट' ऐवजी 'ब्यू शिफ्ट' *(नीलसृती)* आढळून येईल. आजच्या विश्वात जे कारण व त्यामुळे झालेला परिणाम हे दोन्ही उलटे होतील. परिणाम कारण बनेल. म्हणजे नेमके काय होईल? समजा, तुम्ही एखादा खडा तळ्यात टाकला तर काय दिसते? खडा टाकल्यावर पाण्यावर तरंग उमटतात. पाण्याची वर्तुळे उमटतात. ही घटना प्रसरण पावणाऱ्या विश्वातली आहे. आता आकुंचित होणाऱ्या विश्वात काय दिसेल? आधी तरंग उमटलेले असतील? अन् नंतर तुम्ही खडा टाकाल? परिणाम कारण बनेल?

पणतीचा प्रकाश आधी उजळेल मग तुम्ही पणती पेटवाल किंवा टी. व्ही. आधी चालू होईल, अन् मग तुम्ही बटन 'ऑन' कराल. मग याच न्यायाने भविष्य भूत बनेल आणि मानवी जीवन? त्याचे काय? माणूस आधी मरेल आणि मग त्याचा जन्म होईल?

आकुंचन पावणाऱ्या विश्वात घटनांचा क्रम उलटा असेल? आणि घटनांचा क्रम, काळाचा ओघ किंवा प्रवाह म्हणजेच घटनांचा क्रम नाही का? म्हणजे काय? म्हणजेच याचा दुसरा अर्थ असा की आकुंचन पावणाऱ्या विश्वात काळाची दिशा बदलली असेल. काळाचा दिशारूपी बाण बरोबर उलटा फिरेल! का अशा प्रश्नांना काहीच अर्थ उरणार नाही?

अशा या आंदोलने घेणाऱ्या विश्वात प्रसरण संपून आकुंचन सुरू होणाऱ्या नेमक्या क्षणाला काय घडेल? शास्त्रज्ञांना या गोष्टीचे कुतूहल आहे. काहींच्या मते निसर्गाचे नियम बदलतील. आज विश्वाला चालवणारे भौतिक, रसायनशास्त्राचे नियम अंतिम नाहीत, तर विश्वाच्या अनंत चक्रातील, एका चक्रातला नियमांचा तो एक संच आहे. नियमांचे असे अनंत संच या विश्वात असतील.

हे विश्व आंदोलने घेते की ते कायमचे प्रसरण पावणार आहे, हे केव्हा समजेल? यापूर्वीच आपण पाहिले, की विश्वातील दृश्य व अदृश्य वस्तुमानाची नोंद झाल्यानंतरच काहीतरी निष्कर्ष निघेल. विश्वातील वस्तुमानाची नोंद करण्याचे प्रयोग सध्या शास्त्रज्ञांनी हाती घेतले आहेत.

रेडिओ दुर्बिणीच्या सहाय्याने अतिदूरच्या वस्तूपासून निघालेले तरंग टिपता येतात. अवकाशातील जितक्या दूर ताऱ्याचा आपण वेध घ्यायला जाऊ तितके अधिक आपण भूतकाळात डोकावत असतो. सगळ्यात जवळचा क्वासार हा १/२ अब्ज प्रकाशवर्षे अंतरावर आहे, तर सगळ्यात दूरचा क्वासार हा १० ते १२ अब्ज प्रकाशवर्षे दूर आहे. ह्याचाच दुसरा अर्थ असा की ज्या वेळी आपण इतक्या दूरवरचा वेध घेतो, त्या वेळी त्या काळातला क्वासार आपण बघत असतो. विश्वाची आजची स्थिती आपल्याला कधीच कळू शकणार नाही का?

शास्त्रज्ञांनी पृथ्वीच्या व्यासावर वेगवेगळ्या ठिकाणी दुर्बिणी बसवल्या असून त्या एकमेकांना जोडल्या आहेत. त्यामुळे पृथ्वीच्या व्यासाइतकी दुर्बिण बनण्याचा परिणाम साधला आहे. या सर्व दुर्बिणी अत्यंत संवेदनाक्षम आहेत. क्वासारहून येणारे संदेश हे अत्यंत क्षीण असतात. हे संदेशही या दुर्बिणी टिपू शकतात.

ताऱ्यांमधले काही वस्तुमान हे दृश्य असते. ते ओळखणे सोपे जाते. पण ज्या वस्तुमानातून दृश्य प्रकाश तरंग बाहेर पडत नाहीत, ते वस्तुमान शोधून काढणे कठीण असते. त्या वस्तुमानातून अदृश्य रेडिओ तरंग बाहेर फेकले जात असतात. पुष्कळदा हे तरंग अत्यंत क्षीण असतात. म्हणूनच अवकाशाचे निरीक्षण करण्याकरता लागणारी उपकरणे ही अत्यंत संवेदनाक्षमच असावी लागतात. इतकेच नव्हे तर दृश्य प्रकाशाव्यतिरिक्त इतर तरंगांची नोंद घेण्याचीही क्षमता त्यांच्यामध्ये असावी लागते.

पृथ्वीच्या कक्षेतून निरीक्षण करणाऱ्या उपग्रहांच्या निरीक्षण यंत्रांनी दीर्घिकांमधून येणारे क्ष-किरणांचे झोत नोंदवले आहेत. प्रथमत: हे झोत तप्त हायड्रोजनपासून निर्माण झालेले असावेत, असे शास्त्रज्ञांना वाटले. तप्त हायड्रोजन आकाशात फार मोठ्या प्रमाणावर आहे. पण पुन्हा घेण्यात आलेल्या निरीक्षणानुसार हे झोत तप्त हायड्रोजनचे नसून अतिदूरच्या क्वासारपासून निघालेले असावेत, असा अंदाज आहे. आजपर्यंत विश्वातील ज्या वस्तुमानाची नोंद झालेली नव्हती, त्यातील वस्तुमान क्वासारचे होते.

ज्या वेळी विश्वातील सर्व दीर्घिका, कृष्णविवरे, अवकाशातील हायड्रोजन, गुरुत्वीय तरंग यांची पूर्णपणे नोंद घेतली जाईल, त्या वेळी आपण आंदोलने घेणाऱ्या विश्वात राहत आहोत, की पूर्णपणे प्रसरण पावणाऱ्या विश्वात हे कळून चुकेल.

□

तळटीपा

१. COBE – १९९२ साली जी निरीक्षणे घेण्यात आली, त्यानुसारही COBEने *(Cosmic Background Explorer)* असे निदर्शनास आणले की हे वैश्विक उत्सर्जन सर्व ठिकाणी सारखे नाही आणि महास्फोटानंतर विश्वातले वस्तुमान असमान प्रमाणात विखुरले गेले आहे. वैश्विक निरीक्षणातील मेख अशी आहे की, तुम्ही जितके दूर पहाता तितके तुम्ही प्राचीन काळातील विश्व पहात असता. कारण प्रकाश तुमच्यापर्यंत येण्यासाठी तेवढा अवधी लागतो. म्हणूनच महास्फोटानंतर ३ लाख वर्षांपूर्वीच्या निरीक्षणातून विश्वातील वस्तुमान समान असल्याची नोंद होते. तर तत्पूर्वीच्या *(दूरच्या)* निरीक्षणातून विश्वातील वस्तुमान हे असमान असल्याची नोंद होते.

२. समस्थानिक – समान अणुक्रमांक व वेगवेगळ्या वस्तुमान क्रमांकांच्या मूलद्रव्यांना समस्थानिक म्हणतात. उदाहरणार्थ, C_{12} व C_{14} अणूकेंद्रातील प्रोटॉनच्या संख्येला अणूक्रमांक म्हणतात व प्रोटॉन आणि न्यूट्रॉनच्या एकत्रित संख्येला वस्तुमान क्रमांक म्हणतात.

३. डॉपलर परिणाम – जर एखादी पोलिसांची गाडी सायरन वाजवत रस्त्याच्या कडेला उभी असेल आणि तुम्ही जर त्या गाडीच्याच दिशेने तुमच्या वाहनावरून जात असाल, तर त्या सायरनच्या आवाजाची कंपने ही तुम्हाला वाढलेली जाणवतात. जर तुम्ही त्या गाडीपासून दूर जात असाल तर ती कंपने कमी होताना जाणवतात.

त्यासारखाच दुसरा अनुभव पुष्कळदा रेल्वे स्टेशनच्या प्लॅटफॉर्मवर येतो. आपण गाडीची वाट पहात उभे असतो. जसजशी गाडी प्लॅटफॉर्मच्या दिशेने, आपल्याकडे शिटी वाजवत येऊ लागते, तसतसा शिटीचा आवाज कर्कश्श वाटू लागतो. जेव्हा ती गाडी आपल्यापासून दूर जाते तेव्हा त्यातील कर्कश्शता कमी कमी होऊ लागते. या परिणामालाच डॉपलर परिणाम म्हणतात. सर्व प्रकारच्या लहरींना हा परिणाम लागू होतो. उदा. प्रकाश, विद्युत चुंबकीय, आवाज *(मायक्रोव्हेव)* लघुलहरी! आवाजाच्या लहरींचा डॉपलर परिणाम व प्रकाश लहरींचा डॉपलर

परिणाम या दोन्हीमध्ये थोडासा फरक आहे. आवाजाचा डॉपलर परिणाम हा दोन गोष्टींच्या वेगावर अवलंबून असतो. १) स्रोताचा वेग, २) ऐकणाऱ्याचा हवेशी सापेक्ष वेग. याउलट प्रकाशाचा डॉपलर परिणाम हा फक्त एकाच वेगावर अवलंबून असतो. अन् तो म्हणजे स्रोत आणि दर्शक यांचा आपापसातील सापेक्ष वेग. याचे महत्त्वाचे कारण म्हणजे प्रकाशलहरींना माध्यमाची गरज नसते, तर आवाजाच्या लहरी हवेसारख्या माध्यमातूनच प्रवास करतात.

आईनस्टाईनच्या सिद्धांतानुसार डॉपलर परिणाम हा तुम्ही कोठून बघता आहात, त्यावरही अवलंबून असतो; कारण त्या सिद्धांतानुसार विश्वातील कुठलेही स्थान हे निरपेक्ष नाही. डॉपलर परिणामामुळे तारे, दीर्घिका, नेब्युला, यांच्यातील अंतरे, किंवा ते आपल्यापासून वा एकमेकांपासून दूर जात आहेत, का जवळ येत आहेत, हे सांगता येते. प्रकाश लहरींच्या बाबतीत डॉपलर परिणाम मोजताना, कंपनसंख्येऐवजी प्रकाशाच्या लहरींची लांबी विचारात घेतात.

जर एखादा तारा हा आपल्यापासून दूर जात असेल, तर त्याच्याकडून आपल्याकडे येणाऱ्या प्रकाश लहरींची कंपनसंख्या कमी होते व त्याच्या लहरींची लांबी *(वेव्हलेंथ)* ही वाढलेली असते *(जाणवते)*. आता प्रकाशाच्या वर्णपटात जर प्रकाश लहरींची लांबी वाढली तर दिसणारा प्रकाश हा लाल रंगाचा असतो/दिसतो. म्हणजेच दूर जाणाऱ्या ताऱ्याच्या प्रकाश लहरींची लांबी (λ) हा तो तारा स्थिर असताना, त्यांच्याकडून येणाऱ्या प्रकाश लहरींच्या लांबीपेक्षा (λ_0) वाढलेली जाणवते.

४. कॉस्मिक बॅकग्राऊंड रेडीएशन – १९६५ साली बेल टेलिफोन प्रयोगशाळेचे अर्नो पेनसिआस आणि रॉबर्ट विल्सन हे दोन शास्त्रज्ञ एका मायक्रोवेव्ह रिसीव्हरच्या *(लघुतरंग ग्रहणीच्या)* चाचण्या घेत होते. त्यांना त्या वेळी असे आढळून आले की, एक प्रकारचा क्षीण संदेश तो रिसीव्हर सातत्याने नोंदवत होता. त्या संदेशाची तीव्रता सर्व दिशांना सारखीच होती, त्या संदेशाला Cosmic background Radiation म्हणतात. १.१ मिमि (mm) लांबीच्या लहरींमध्ये या प्रारणाची तीव्रता सर्वाधिक असते. महास्फोटानंतर ३ लाख वर्षांनी हे प्रारण निर्माण झाले व ते सर्वदूर पसरले.

◆

सीमोल्लंघन

या अथांग विश्वाच्या रचनेची चर्चा करताना खगोलशास्त्रज्ञ निरनिराळी मते मांडत असतात. कधी ते म्हणतात की स्थल हे वक्राकार आहे, तर कधी असे मत मांडतात की, विश्वाला केंद्रबिंदूच नाही. कधी असंही म्हणतात, की हे विश्व अनंत नाही, सांतच आहे; पण त्याला सीमा नाहीत. या सर्व मतांचा नक्की काय अर्थ होतो? ते समजून घेण्याचा थोडासा प्रयत्न करू या.

अशी आपण कल्पना करू की या विश्वात एक असा विचित्र देश आहे की तेथे प्रत्येकजण सपाट आहे. त्याला इंग्रजीत 'फ्लॅट लॅण्ड' किंवा मराठीत सपाट देश अथवा 'सपाट भूमी' या नावाने संबोधता येईल. आपल्यापैकी काहीजण चौकोनी आहेत तर काहीजण त्रिकोणी. काहींचे आकार विचित्र आहेत. आपली या सपाटभूमीत धावपळ चालू आहे. आपण आपल्या सपाट घरातून आत-बाहेर करतो. आपल्या सपाट जगातले सर्व व्यवहार करतो; पण आपले विश्व कसे आहे? तर ते सपाट आहे. त्याला लांबी आहे, रुंदी आहे, पण उंची वा खोली नाही. द्विमितीत बंदिस्त आहे, असे आपले विश्व आहे.

आपल्याला डावी, उजवी बाजू ज्ञात आहे. पुढे, मागे, माहिती आहे; परंतु वर वा खाली या गोष्टींचा अनुभव नाही. इतकेच नाही तर असे काही असते ही कल्पनाच करता येत नाही. उंची वा खोली या मितींची आपल्याला गंधवार्ताही नाही. अपवाद आहे तो फक्त गणिततज्ज्ञांचा! ते आपल्याला सांगण्याचा प्रयत्न करतात की, 'बघा, कल्पना करा, डावी, उजवी बाजू! पुढे, मागे या दिशा तुम्हाला माहिती आहेत. आता त्या दोन्ही दिशांना ९० अंशाचा कोन करणारी तिसरी दिशा आहे.' यावर आपण सपाट भूमीतील सपाट नागरिक त्यांना चक्क वेड्यात काढू. दोन दिशांना ९० अंश कोन करणारी अशी तिसरी दिशा असणे, शक्य तरी आहे का? 'या जगात फक्त दोनच मिती आहेत अन् तिसरी असल्यास, ती दाखवा बघू?' बिचारे गणिततज्ज्ञ हार पत्करतील, हिरमुसले होतील, गणिततज्ज्ञांचे कोणीच कधीच ऐकत नाही!

आता या सपाट भूमीतील प्रत्येक रहिवाशाला, शेजारचा नागरिक म्हणजे एक रेषाखंड दिसेल. तो चौकोनी असला तरी त्या चौकोनाची जी बाजू त्याच्याकडे आहे, तेवढ्या लांबीचा रेषाखंड. चौकोनाची पलीकडील बाजू त्याला, चौकोनाला पूर्ण वळसा घालूनच पाहावी लागेल. पण चौकोनाची आतील बाजू मात्र सदैव अनाकलनीयच राहील. क्वचित प्रसंगी जर अपघात झालाच किंवा चिरफाड झाली तरच चौकोनाच्या आतील बाजू उघडकीला येईल.

आता एके दिवशी त्रिमिती विश्वातील सफरचंदाच्या आकाराचा प्राणी समजा. त्या द्विमितीतल्या सपाट भूमीत आला. समजा, त्याने वरून ही भूमी न्याहाळली, तर काय होईल?

आता, आपल्या त्रिमितीतल्या पाहुण्याने, हे विश्व, ही भूमी पाहिली! तेव्हा त्याला तेथे एक बऱ्यापैकी दिसणारा आकर्षक चौरस आढळला. आता या प्रवाशाला असे प्रकर्षाने वाटले, की आपण त्रिमितीतून आलो आहोत तर द्विमितीतल्या या चौरसाकार रहिवाशाचे अभिवादन करू! म्हणजे आंतरमितीय स्नेहभावाचाही पायंडा पडेल. या विचाराने आपला सफरचंदाच्या आकाराचा पाहुणा त्या चौरसाची विचारपूस करू लागतो. 'नमस्कार, मी तिसऱ्या मितीतला पाहुणा आहे.' असे त्याला सांगतो.

द्विमितीतील रहिवाशी मात्र त्या उद्‌गारांनी चांगलाच भांबावतो. तो इकडे तिकडे पाहतो, आजुबाजूला पाहतो, पण कुणीच नाही! त्याला त्रिमितीतील रहिवाशाचा आवाज, स्वत:च्याच शरीरातून आल्यासारखा वाटतो. क्षणभर त्याला त्रास झाल्यासारखे वाटते. मग त्याला वाटते, की आपल्या घराण्यात वेडेपणाचे खूळ आहेच आणि त्याचे, असे मानसिक संतुलन ढळण्याकरता आपण कारणीभूत झालो असा त्या सफरचंदावर, वृथा आरोप केला गेल्यामुळे, आपला हा पाहुणा सफरचंद वैतागतो. आणि तो चिडून त्या सपाट भूमीत उतरतो. आता त्रिमितीतील सफरचंद द्विमितीत उतरल्यानंतर ते कसे दिसेल? त्याची उंची ही जाणवणारच नाही, तर त्याचा छेद *(वर्तुळाकार)* दिसेल आणि ही काही तरी वर्तुळाकार आकृती त्या भूमीत उतरली आहे; इतकेच जाणवेल!

हे वर्तुळ तरी कसे आढळेल? ज्या वेळी त्या भूमीच्या प्रतलीय पृष्ठभागावर त्या सफरचंदाचा संपर्क येईल, तेवढ्याच बिंदूतून जाणारे वर्तुळ तेथे आढळून येईल.

वरून खाली येणारे ते सफरचंद त्या सपाट भूमीतील लोकांना प्रथमत: केवळ बिंदूरूप भासेल. ते जसजसे खाली येईल, तसतशा त्याच्या वर्तुळाकार चकत्या दिसतील. त्या भूमीतील चौरसाला काय दिसेल? खोलीत त्याला प्रथम एक बिंदू दिसेल व नंतर त्या बिंदूचे वाढत वाढत वर्तुळ झाल्याचे दिसेल. त्याच्या दृष्टीने केवळ एक विचित्र, आकार बदलणारा प्राणी कुठूनतरी नकळत आल्याचे त्याला

दिसेल, जाणवेल!

आता वैतागून जर त्या सफरचंदाकृती पाहुण्याने त्या चौरसाला वरती उचलले तर त्याला काय वाटेल?

प्रथमत: त्याला काहीच कळणार नाही; पण त्याला वरती उचलल्यानंतर तो प्रथमत: त्याची ती सपाट भूमी 'वरून' पाहील. त्याच्या सपाट सहकाऱ्यांची आतील बाजूही त्याला दिसेल. तिसऱ्या मितीतून बघितल्याचा त्याला एक फायदा होईल. अन् तो म्हणजे त्याला क्ष-किरणांची दृष्टी प्राप्त होईल *(क्ष-किरण हे वस्तूमधून आरपार जातात).* आता तो जेव्हा पुन:श्च त्याच्या सपाट भूमीत येईल तेव्हा तेथे काय प्रतिक्रिया झाली असेल?

त्याच्या सहकाऱ्यांच्या दृष्टीने तो अचानक नाहीसा झाला होता आणि आता अचानक कुठून तरी उगवला. त्यांची प्रतिक्रिया काय होईल? काय झाले याला? त्यावर आपला चौरस उत्तरेल, 'मी ना जरा, वरती गेलो होतो.' त्या उत्तराने त्याचे ते सपाट सहकारी जरा सहानुभूतीनेच त्याच्याकडे बघतील. त्याला पाठीवर थाप मारून दिलासा देतील आणि एकमेकांस म्हणतील, 'नाहीतरी याच्या घराण्यात भ्रमिष्ट लोकांची परंपराच आहे?'

हे उदाहरण झाले द्विमिती व त्रिमिती विश्वांच्या आपापसातील संपर्काचे. एक मिती विश्वात, प्रत्येक जण हा एक रेषीय प्राणी असेल आणि शून्यमिती विश्वात, प्रत्येक जण बिंदूरूप असेल.

आपले विश्व हे त्रिमित विश्व आहे. असेच चतुर्मित विश्व असेल का? ते कसे असेल?

त्याची थोडीशी कल्पना आपण करू शकतो. घनाकृती ठोकळा कसा निर्माण होतो याची जरा कल्पना करा. समजा, एक रेषाखंड घेतला आणि त्या रेषाखंडाला स्वत:भोवतीच ९०° कोनातून त्या रेषाखंडाच्या लांबीइतके उचलले तर चौरस निर्माण होईल. आपण कुठल्याही घनाकृती ठोकळ्याची सावली बघतो, ती कशी दाखवतो?

अशाच रीतीने तो चौरस जर समान लांबीतून स्वत:भोवती ९०° कोनातून फिरवला, तर घनाकृती ठोकळा निर्माण होईल *(चौरसाला २ मिती आहेत. लांबी व रुंदी, तर घनाकृती ठोकळ्याला ३ मिती आहेत. लांबी, रुंदी व उंची).*

या सावलीतून आपल्याला असे निदर्शनास येईल की, त्यातील सर्व रेषाखंडांची लांबी सारखी नाही आणि सगळे कोन हे काटकोनही नाहीत. त्रिमितीतली वस्तू ही जशीच्या तशी द्विमितीमध्ये दर्शवणे कठीण आहे. भौमितीय चित्राद्वारे दर्शवताना एक मिती नीटपणे कधीच दर्शवता येत नाही.

आता जर आपण हा त्रिमितीतला घनाकृती ठोकळा घेतला, तो ९० अंशातून

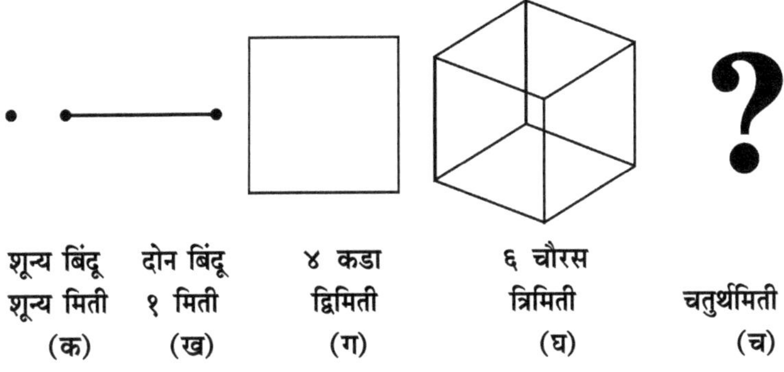

पुढे नेला. चौथ्या मितीत डावी-उजवीकडे नाही, पुढे-मागे, वर-खाली नाही, तर एकाच वेळी या सर्व दिशांना ९०° कोन करणाऱ्या दिशेतून हा ठोकळा पुढे नेला तर?

अशा पद्धतीने हा कोणत्या दिशेतून नेला पाहिजे हे सांगणे सर्वथैव अशक्य आहे. कारण ही दिशा *(चौथी मिती)* आपल्या त्रिमिती विश्वातून दर्शविणे कठीण आहे.

पण केवळ अशी कल्पना केली, तर निर्माण होणारी आकृती ही चौथ्या मितीतल्या घनाकृतीची असेल. त्याची सावली कशी दिसेल? *(दोन चौरस एकमेकांत अडकलेले आणि कर्णांचे शिरोबिंदू एकमेकांना रेषाखंडानी जोडलेले आहेत अशा प्रकारची असू शकेल.)* सावलीमध्ये चौरसांच्या रेषांची लांबी समान नसेल; पण प्रत्यक्षात चौथ्या मितीतील घनाकृतीचे रेषाखंड हे समान लांबीचे असतील.

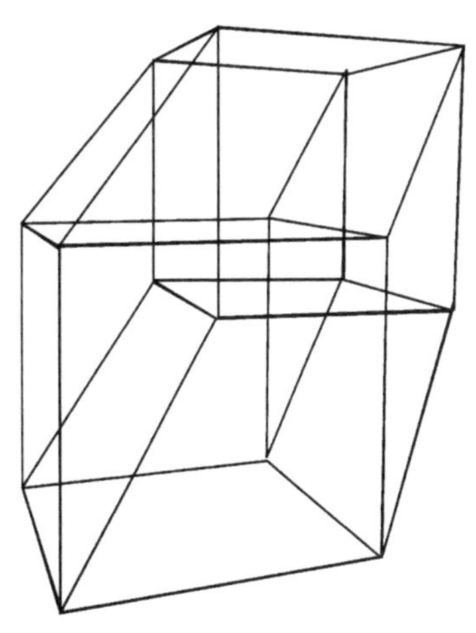

चतुर्थमिती : हायपरक्यूब
(छ)

आता अशा एका विश्वाची कल्पना करा, की ज्याची भूमी ही एरवी द्विमितीत आहे; पण तिसऱ्या मितीत वळलेली आहे आणि हे तेथील रहिवाशांना कळायला काही मार्गच नाही. या भूमीवरील रहिवासी जेव्हा छोट्या छोट्या मोहिमा काढतात, तेव्हा त्यांना त्यांची जमीन ही सपाटच दिसते. पण जेव्हा त्यातील एखादा सरळ रेषेत मोठी मोहीम काढतो, तेव्हा त्याला मध्ये

कुठलाच अडथळा वाटेत येत नाही आणि तरीही तो पुन्हा जेथून निघाला तेथेच पोहोचतो. त्याला आश्चर्य वाटते. त्याचे द्विमितीतील विश्व हे वाकलेले आहे, वळले आहे. त्याला या तिसऱ्या मितीची कल्पना करता येत नाही; पण तिसऱ्या मितीत हे द्विमित विश्व वळले असावे, हा निष्कर्ष काढता येतो.

आता वरील उदाहरणात द्विमित विश्वाच्याऐवजी त्रिमित विश्वाची कल्पना केली तर ते विश्व व ती कल्पना आपल्याला लागू होते.

आपल्या या विश्वाचे केंद्र कोठे आहे? या विश्वाला कडा *(सीमा)* आहेत का? त्या सीमेपलीकडे काय आहे? द्विमित विश्वाचे केंद्र हे निश्चितपणे त्या विश्वात नाही. एखाद्या चेंडूच्या पृष्ठभागावरील, द्विमितीतल्या, जीवाच्या दृष्टिकोनातून पाहिल्यास त्याला त्या चेंडूचे केंद्र खाली आहे हे कळणे, समजून घेणे अवघड आहे. ते केंद्र त्याला कधीही गाठता येणार नाही. त्याच्या दृष्टीने चेंडूचा पृष्ठभाग हा अथांग आहे त्याला सीमा नाहीत. म्हणजेच त्याचे विश्व हे सांत आहे; पण त्याला सीमा नाहीत. त्या सीमेच्या पलीकडे काय आहे या प्रश्नाला काही अर्थ नाही. कारण त्या द्विमित विश्वातील प्राणी हे स्वत:हून त्यांचे विश्व ओलांडून जाऊ शकत नाहीत.

आता या उदाहरणातही द्विमित विश्वाऐवजी त्रिमिती विश्वाची कल्पना केली तर, त्या त्रिमिती विश्वातील प्राण्यांनाही चौथी मिती कधीच कळणे शक्य नाही. आपण त्या त्रिमिती विश्वाचेच रहिवासी आहोत. अशी कल्पना करा, की हे विश्व म्हणजे चतुर्मिती विश्वातील एक गोल आहे, ज्याला आपल्या दृष्टीने केंद्र नाही, कडा नाहीत; जे सांत आहे पण सीमाबद्ध नाही. आपल्याला सर्व दीर्घिका या आपल्यापासून दूर जाताना का दिसतात? हा विश्वाचा गोल एखाद्या फुग्यासारखा प्रसरण पावत आहे आणि फुग्यावरील ठिपके जसे फुगा फुगत असताना एकमेकांपासून दूर जातात, तशा दीर्घिका एकमेकांपासून दूर जात आहेत. त्या गोलावरील दीर्घिका दूर जात आहेत, त्याचप्रमाणे तेथील खगोलशास्त्रज्ञांना दिसणारा प्रकाश हा त्या गोलाच्या वक्रीय पृष्ठभागावरच अडकला आहे. जसजसा गोल प्रसरण पावतो, तसतशा त्या दीर्घिका अधिकाधिक दूर जातात. त्या गोलावर कोणतीही विशिष्ट अशी संदर्भचौकट नाही. त्या दीर्घिका जेवढ्या दूर, तेवढ्याच त्या वेगाने अधिक दूर जात आहेत. दीर्घिकांमधील स्थळरूपी वस्त्रच ताणले गेल्यामुळे, प्रसरण पावल्यामुळे, स्थळरूपी धाग्यात अडकलेल्या दीर्घिका दूर दूर जात आहेत.

मग या विश्वात, 'बिग बँग किंवा महास्फोट' हा कोठे झाला? या प्रश्नाचे उत्तर काय? उत्तर असे आहे की सगळीकडेच हा स्फोट झाला.

जर या विश्वातील वस्तुमान हे विश्वाचे प्रसरण थांबण्याइतके नसेल, तर मग या विश्वाचा आकार मुक्त असेल. घोड्याच्या पाठीवरील खोगीरासारखा *(आपल्या त्रिमिती विश्वात खोगीराप्रमाणे वक्राकार आणि पृष्ठभाग अनंताकडे जाणारा)* आणि

जर या विश्वातील वस्तुमान हे प्रसरण थांबवण्याइतके पुरेसे असेल, तर या विश्वाचा आकार सीमित असेल *(त्रिमिती विश्वातील चेंडूप्रमाणे हे विश्व असेल.)*.

जर विश्व हे असे संकुचित असेल बंदिस्त असेल, तर प्रकाश या त्या विश्वात अडकला आहे. १९२० साली M-31 च्या विरुद्ध दिशेला निरीक्षकांना, दूरवर चक्राकार, वर्तुळाकार दीर्घिकांची जोडी आढळून आली. त्यांना नवल वाटले. त्यांना असे वाटले की आकाशगंगा आणि M-31 ही दीर्घिकाच ते दुसऱ्या दिशेने तर बघत नाहीत ना? जर प्रकाश वळून पुन्हा तेथेच आला, तर जणू काही डोक्याची मागची बाजू समोरून बघितल्यासारखे वाटेल, त्याप्रमाणे?

आज आपल्याला हे ज्ञात आहे की, शास्त्रज्ञांना १९२० साली जे विश्व ज्ञात होते त्यापेक्षा आपले विश्व हे प्रचंड मोठे आहे. ते इतके प्रचंड आहे, की प्रकाशाला या विश्वाला प्रदक्षिणा घालण्याकरता अनेक युगे लागतील आणि या विश्वातील दीर्घिका या विश्वापेक्षाही तरुण आहेत; पण जर खरोखरच हे विश्व बंदिस्त असेल आणि प्रकाश त्यातून बाहेर पडू शकत नसेल, तर मग हे विश्वच एका कृष्णविवराप्रमाणे आहे आणि जर कृष्णविवराच्या आतून ते कसे दिसते हे जर तुम्हाला जाणून घ्यायचे असेल, तर मग तुमच्या आजुबाजूला बघा. कारण हे सारे विश्वच कदाचित एक कृष्णविवर आहे आणि आपण त्याच्या आतले रहिवासी आहोत, अशीही एक शक्यता आहे!

आपण यापूर्वीच विश्वाच्या एका टोकापासून दुसऱ्या टोकाकडे जाण्यासाठी, विवरांची शक्यता पडताळली होती. मधले अंतर पार करण्याची आवश्यकताच या विवरांमुळे भासणार नाही; कारण ते कृष्णविवरांमधून पार पाडले जाईल. आपण अशीही कल्पना करू शकतो, ही विवरे बंद भुयाराप्रमाणे चौथ्या मितीत उघडतील. अशी विवरे आहेत की नाहीत हे आपल्याला आज तरी ज्ञात नाहीत; पण जर असतील तर त्यांची दुसरी बाजू ही आपल्याच विश्वात उघडेल हे कशावरून? ती बाजू अन्य विश्वात का नाही उघडणार? अशा विश्वात की तेथे अन्य कोणत्याही मार्गाने आपल्याला जाणे जमणार नाही. कदाचित येथे अशी अनेक विश्वे असतील. कदाचित एकमेकांत गुंफलेली, अशीही विश्वे असतील!

अशीच अजून एक कल्पना आहे, अद्‌भुत, किंचित भयावह आणि धर्म व शास्त्र यांच्या तर्कावर आधारलेली आणि म्हणूनच ती रोमांचकारी आहे, अद्‌भुत आहे! कोणती कल्पना आहे? कल्पना अशी आहे की येथे चढत्या क्रमाने अनेक विश्वे अस्तित्वात आहेत. अगदी छोट्यातल्या छोटा मूलभूत कण म्हणजे इलेक्ट्रॉन हा जरी आतून पाहिला, तरी तोसुद्धा एक विश्वरूप दर्शन दाखवेल. एका बंदिस्त विश्वाचे दर्शन! त्यातही दीर्घिका असतील, अनेक मूलभूत कण असतील, ते स्वत:च एक विश्व असतील! आणि अशी अगणित विश्वांची अनंत उतरंड असेल.

विश्वांतर्गत विश्वे अनंत विश्वे! कदाचित अस्साच चढता क्रमदेखील अस्तित्वात असेल आणि दीर्घिका, ग्रह, सजीव यांनी बनलेले आपले विश्वही असेच कुठल्यातरी विश्वातील एक मूलभूत कण असेल! अनंत विश्वांच्या चढत्या क्रमातील एक पायरी.

हिंदू खगोलशास्त्राच्या, अनंत प्राचीन पण पुन्हा पुन्हा जन्मणाऱ्या *(पुनरपि मरणम् पुनरपि जननम्)* विश्वांच्या संकल्पनेपेक्षाही ही कल्पना विलक्षण वाटते.

अशी अनंत विश्वे कशी असतील? त्यांचे भौतिक व रसायनशास्त्राचे नियम काय असतील? त्यांचे तारे, दीर्घिका कशा असतील? आपल्याप्रमाणेच? का वेगळ्या? तेथील सजीवांना, अन्य ग्रहांवरील कल्पनेपलीकडील सजीवांना समजून घेण्याची क्षमता असेल का? पण हे सर्व समजण्यासाठी, तेथे जाण्यासाठी आपल्याला काहीही करून चौथ्या भौतिक मितीत जावे लागेल.

हे सहजगत्या शक्य नाही. कठीण काम आहे; पण कदाचित कृष्णविवरे एखादा मार्ग दाखवू शकतील आणि कदाचित सूर्याच्या ग्रहमालेच्या शेजारीच, अशी लहान कृष्णविवरे असतील. त्यांत उडी टाकून आपण कदाचित अन्य विश्वांमध्येही जाऊ शकू.

◆

उत्क्रांत मानव आणि देवमासा

लक्षावधी वर्षांच्या उत्क्रांतीच्या प्रक्रियेत पृथ्वीवर माणसासारखा बुद्धिवान प्राणी जन्माला आला. पृथ्वीवर जशी उत्क्रांती होत गेली, तशीच प्रक्रिया विश्वातील इतर ग्रहांवरही कदाचित घडत असेल. या विश्वात अगणित तारे आहेत, ग्रह आहेत. काहींवर निश्चितपणे आपल्यासारखेच प्राणी निर्माण झाले असतील. त्यांची शारीरिक ठेवण निश्चितच आपल्यासारखी नसेल. किंबहुना कार्बनवर आधारित अशी त्यांची रचना नसेलही.

काहींना आपल्यापेक्षाही अधिक ज्ञान असेल; पण बुद्धिमत्ता याचा अर्थ खूप माहिती असणे असा करणे कितपत योग्य आहे? एखाद्या गोष्टीची खूप माहिती असणे म्हणजे काही ती व्यक्ती प्रगल्भ आहे असे होत नाही, तर माहितीबरोबरच निर्णय घेण्याची क्षमता, सारासार विचार करण्याची कुवत असणेही आवश्यक असते. प्रगल्भ बुद्धिमत्तेची माणसे ही केवळ ज्ञान साठवत नाहीत तर ज्ञात माहितीचा कुठे व कसा वापर करायचा, याचाही ते अचूक निर्णय घेऊ शकतात.

ज्ञात माहितीचा योग्य तऱ्हेने वापर हे बुद्धिमत्तेचे लक्षण आहे. पण तरीदेखील आपल्या जवळील माहिती हे बुद्धिमत्ता मापनाचे एक मापन आहे *(निदान सध्याच्या शैक्षणिक पद्धतीत तरी.)*.

संगणकात फार मोठ्या प्रमाणावर माहिती साठविता येते. तशी माहिती साठवण्याची अनेक साधने आहेत. पुस्तकातून, रेकॉर्डमधूनही माहिती साठवता येते.

परंतु सर्वांत अधिक माहिती साठवता येते ती मेंदूमध्ये! हा मेंदू माणसाचाच असतो, असे नाही.

लक्षावधी वर्षांच्या उत्क्रांतीच्या प्रक्रियेत, या पृथ्वीवर केवळ माणूसच अवतरला नाही, तर अथांग सागरात जिथे सूर्यप्रकाशदेखील पोहचणे कठीण आहे, अशा सागरात देवमासा उत्क्रांत झाला आणि त्यांच्या इतिहासाच्या जवळजवळ ९९.९९ टक्के कालावधीत त्याने या सागरावर सार्वभौम राज्य केले.

पृथ्वीवर उत्क्रांत झालेल्या सर्व प्राण्यांपेक्षा ते अजस्र आहेत. अगदी डायनोसॉरपेक्षाही.

हे देवमासे पाण्यात पोहतात, खेळतात, पाण्याचे फवारे उंच उडवतात. साधारणत: ७ कोटी वर्षांपूर्वी देवमाशांचे पूर्वज जमिनीवरून सागरात गेले. ते सस्तन प्राणी आहेत. देवमासे आपल्या पिलांची काळजी घेतात. माणसांप्रमाणेच देवमाशांची पिल्ले बराच काळ आपल्या मातापित्यांवर अवलंबून असतात. वेळ घालवण्यासाठी करमणूक म्हणून देवमासे पाण्यात खेळतात *(बुद्धिमान प्राण्यांचे हे एक लक्षण आहे.)*.

वास आणि दृष्टी ही भूचर प्राण्यांना कोणत्याही गोष्टीचे ज्ञान होण्यासाठी आवश्यक असतात; परंतु अथांग सागरात ही दोन्ही निरुपयोगी ठरतात. देवमाशांचे जे पूर्वज पिल्लांचा शोध घेण्यासाठी या दोन्हींवर अवलंबून राहिले असतील त्यांचे अस्तित्व निश्चितपणे संपले, त्यांची वंशवेल खुंटावली. पण मग, देवमासे आपापसात संपर्क साधतात तरी कसा? आवाजाच्या माध्यमातून देवमासे एकमेकांशी सुरेख संपर्क साधतात. ते बोलतात किंवा नाही हे आज तरी ज्ञात नाही. शब्दरूपी भाषा ते बोलत नाहीत; परंतु वेगवेगळ्या प्रकारच्या पट्टीतल्या सुरावटी देवमासे काढतात.

त्या सुरावटीची भाषा आपल्याला अजूनही अवगत नाही. या सुरावटींची कंपनसंख्या वेगवेगळी असते. काही वेळा ते इतक्या लहान पट्टीत एकमेकांना साद देतात की मानवी कानाला तो आवाज ओळखू येणे कठीण असते.

देवमाशांची ही गाणी पंधरा मिनिटांपासून तासभर चालतात. अनेकदा त्याच त्याच सुरावटी ते पुन्हा पुन्हा आळवतात. ती पट्टी, तोच ताल– कुठेही फरक आढळून येत नाही. अनेकदा तर असे घडते की आदल्या वर्षाच्या हिवाळ्यात ज्या सुरावर हे गाणे थांबवलेले असते, पुढील वर्षी तोच सूर पुन्हा पकडून देवमासे गातात.

यावरून एक गोष्ट लक्षात येते. अन् ती म्हणजे देवमाशांची स्मरणशक्ती फार तीव्र असते. कधी कधी त्या सुरावटी एकमेकांच्या अनुमतीने बदलल्या जातात. पण त्या अत्यंत सावकाश बदलल्या जातात. हा बदल महिनोन् महिने होतो. एकमेकांच्या अनुमतीने होतो.

जर त्या सुरावटी भाषेत बदलता आल्या तर? या सुरावटींमधून देवमासे एकमेकांना काय सांगू इच्छित असतात? आपल्या पिलांना या सुरावटी ते का शिकवतात? त्यांना एकमेकांत इतके संभाषण का साधायचे असते? आणि कशाबद्दल इतके संभाषण साधायचे असते? त्यांना माणसासारखे हातपाय नाहीत, त्यामुळे त्यांनी कुठल्याही वस्तूची, रचनेची निर्मिती केलेली नाही. मग त्यांना एकमेकांशी एवढे काय बोलायचे असते? हे आज तरी आपल्याला माहिती नाही.

पण आज आपल्याला इतके ज्ञात आहे की, देवमासे हे आपल्याइतकेच कदाचित आपल्यापेक्षाही अधिक बुद्धिमान प्राणी आहेत.

ते शिकार करतात. पोहतात, खेळतात, प्रेम करतात. हल्ल्यांपासून स्वतःचा बचाव करण्यासाठी पळ काढतात. पिल्लांना वाढवतात, संरक्षण देतात, शिकवतात.

प्राचीन कालापासून या पृथ्वीतलावरील पाण्यात आपले सार्वभौम राज्य प्रस्थापित करणाऱ्या देवमाशांना खरा धोका निर्माण झाला, तो नव्याने उत्क्रांत झालेल्या आणि आधुनिक विज्ञानाचा शिल्पकार समजणाऱ्या मानवाकडून!

समुद्रात देवमासे आवाजाच्या साहाय्याने एकमेकांशी संपर्क साधतात, हे आपण पाहिलेच. २० हर्टझ् इतक्या कमी कंपनसंख्येला हे देवमासे फार जोरात आवाज काढू शकतात. इतकेच नव्हे, तर या कंपनसंख्येला हे मासे एकमेकांशी जगात कुठेही संपर्क साधू शकतात. १५००० कि.मी. अंतरावरून ते एकमेकांशी बोलतात! *(काय बोलत असतील? ते संभाषण नसते, तर सुरांची भाषा असते; शब्दांच्या पलीकडली.).*

ते उत्क्रांत झाल्यापासून आजपर्यंत त्यांना कुणीही नैसर्गिक शत्रू नव्हते. आज मात्र माणसाने त्यांचा हजारो वर्षांचा आवाज काही दशकात बंद केला आहे.

समुद्रात व्यापार, सैन्य या निमित्ताने हिंडणाऱ्या जहाजांमुळे प्रदूषण वाढले आहे. नुसतेच रासायनिक प्रदूषण नव्हे तर आवाजाचे प्रदूषण वाढले आहे. २० हर्टझ् या कंपनसंख्येला ही जहाजे फार मोठा आवाज करतात. परिणामतः दोनशे वर्षांपूर्वी जे देवमासे एकमेकांशी १० हजार कि.मी. अंतरावर संपर्क साधू शकत होते, ते आज केवळ काहीशे किलोमीटर अंतरावरून संपर्क साधू शकतात. आपण इतकेच करून थांबलो नाही, तर सौंदर्य प्रसाधनाकरिता दर वर्षी आपण या बुद्धिमान प्राण्याची निर्घृण हत्या करतो.

आज आपण परग्रहावरील बुद्धिवान जीवसृष्टीशी संपर्क साधण्याच्या गोष्टी करतो; पण जे या पृथ्वीवरील सर्वांत जुने शांत आणि हुषार प्राणी आहेत, त्यांचा आवाजच आपण बंद करून टाकला आहे! हे माणसाच्या अनिष्ट बुद्धीचेच द्योतक नाही का?

प्रत्येक प्राण्याला जगण्यासाठी काही मूलभूत ज्ञान किंवा माहिती असावी लागते. अन् ही माहिती त्याच्या जीन्समध्ये आणि मेंदूत साठवलेली असते. डी.एन.ए. किंवा केंद्रकाम्लातील माहिती ही चार अक्षरी भाषेत लिहिलेली असते. चार वेगवेगळ्या प्रकारच्या न्यूक्लिओटाईड्सनी केंद्रकाम्लाचा रेणू बनतो.

संगणकाच्याच भाषेत बोलायचे झाले तर एका विषाणूच्या रेणूत साठवलेली माहिती दहा हजार बिट्स इतकी असते. एका जंतूच्या डी.एन.ए.तील माहिती ही लक्षावधी बिट्स असते, तर एकपेशीय अमिबाच्या डी.एन.ए.तील माहिती किंवा सूचना या एखाद्या हजारो पानी ग्रंथाचा मजकूर बनेल इतक्या असतात.

माणूस किंवा देवमाशाच्या डी.एन.ए.त ५×१०^{९} बिट्स इतकी माहिती साठवलेली

असते. आपल्यापैकी प्रत्येकात जन्मापासून मृत्यूपर्यंत पेशीने काय काय काम करावयाचे, यांच्या लक्षावधी, नव्हे, कोट्यावधी सूचना आपल्याच शरीरात दडवलेल्या असतात.

प्रत्येक पेशीमध्ये शरीराच्या अन्य अवयवांची पेशी कशी बनवायची, याचे सुप्त ज्ञान साठवलेले असते. शिकायचे कसे, हसायचे कसे, चालायचे कसे, माणसे कशी ओळखायची, अन्न कसे पचवायचे, या व अशा अनेक क्रिया आपल्याला करता येतात. म्हणजे त्या काही आपण जाणीवपूर्वक करतो असे नाही; उदाहरणच द्यायचे झाले तर एखादे फळ खाल्ल्यानंतर ते पचविण्यासाठी जे काही पाचक रस शरीराला निर्माण करावे लागतात, ते आपण कृत्रिमरित्या करायचे म्हटले तर ते करून आपण प्राशन करीपर्यंत बहुधा आपण उपासमारीने मेलेलो असू.

आपले शरीर इतके विविध रस निर्माण करते, इतक्या चतुरतेने अनेक जीवाणूंचा शरीराच्या कार्याकरता उपयोग करून घेते आणि हे सर्व आपल्या नकळत. या शरीराचा व्यापार चालण्यामागे, आपला जाणीवपूर्वक असा कितीसा सहभाग असतो? जवळ जवळ नसतोच.

ज्या गोष्टी किंवा जी कार्ये एक डी.एन.ए.चा रेणू सफाईने करू शकतो, त्यातला लहानसा भागसुद्धा आपल्या अत्याधुनिक अद्ययावत प्रयोगशाळेत आपण करू शकणार नाही. उत्क्रांतीरूपी शिक्षकाने डी.एन.ए.च्या रेणूला फार चांगले शिक्षण दिले आहे. पण कधी कधी परिस्थिती अचानक बदलली तर? तर डी.एन.ए.पाशी असलेले ज्ञान या जीवनाच्या संघर्षाकरता अपुरे पडते आणि मग प्राण्यांना गरज भासते ती मेंदूची.

माणसाचा मेंदू हा लक्षावधी वर्षांच्या उत्क्रांतीनंतर आजच्या अवस्थेला आलेला आहे. तो आतून बाहेर उत्क्रांत झाला आहे.

मानवी मेंदूचे परीक्षण केल्यास तो उत्क्रांतीच्या कोणकोणत्या टप्प्यातून पार पडला, हे कळून येते. मेंदूच्या मुळाशी असलेला मस्तिष्कस्तंभ *(ब्रेनस्टेम)* भाग हा अत्यंत प्राचीन आहे. सजीवांना आवश्यक असलेल्या मूलभूत घटना, उदा. हृदयाचे स्पंदन, श्वासोच्छ्वास यांची कार्यवाही मेंदूचा हा भाग पार पाडतो. मेंदूच्या पुढच्या अवस्था यानंतर विकसित झाल्या. तीन टप्प्यात त्यांचे वर्णन करता येईल. जालरचना *(आर कॉम्प्लेक्स)* ही मस्तिष्क स्तंभाची जणू टोपी आहे.

आक्रमकता, एखाद्या प्रदेशाविषयी ममत्व, सामाजिक रचना, कर्मकांड इ. अनेक गोष्टींचे ज्ञान होण्यासाठी आवश्यक असणारे केंद्र आर कॉम्प्लेक्समध्ये आहे. आपल्यापैकी प्रत्येकात मगरीच्या मेंदूसदृश मेंदू असतो. मेंदूच्या या भागामुळे सस्तन प्राणी वात्सल्य, आपल्या पिल्लांची जपणूक इ. भावना दर्शवितो. मेंदूचा हा भाग एक कोटी वर्षांपूर्वी सरपटणाऱ्या प्राण्यांमध्ये उत्क्रांत झाला.

मेंदूचा यावरील भाग म्हणजे परिघी संस्था *(लिम्बिक सिस्टीम)*. या भागावरील मेंदूचा भाग, बुद्धिवान प्राण्याचे द्योतक आहे. मेंदूच्या वरील आवरणाला मस्तिष्क बाह्यांग *(सेरेब्रल कॉर्टेक्स)* असे म्हणतात.

मेंदूचा हा भाग काही लक्ष वर्षांपूर्वी आपल्या पूर्वजांच्यात विकसित झाला. मानवी मन, मानवी संवेदना, चेतना या साऱ्या जाणिवांना माणसाच्या मेंदूचा मस्तिष्क बाह्यांग हा भाग कारणीभूत आहे. जडाने, चैतन्याने, जाणिवेचे जे रूप घेतले त्याचे हे मूर्तीमंत उदाहरण आहे. मेंदूच्या एकूण वजनाच्या जवळजवळ दोनतृतीयांश वजन या मस्तिष्क बाह्यांगाने व्यापले आहे.

आपल्या कल्पना, आपली स्वप्ने, आपली स्फूर्ती, प्रतिभा, चिकित्सा आपली सृजनशीलता, कलांची निर्मिती, सारे सारे मेंदूच्या या भागामुळे घडते.

आपल्या जागृतावस्थेतील सर्व घटना, आयुष्य यावर मस्तिष्क बाह्यांगाचे नियंत्रण असते. मानवी संस्कृती ही मानवी मेंदूच्या या भागांची फलनिष्पत्ती आहे.

मेंदूच्या पेशींना चेतापेशी असे म्हणतात. आपल्यापैकी प्रत्येकात अब्जावधी चेतापेशी असतात. प्रत्येक चेतापेशी ही अनेक चेतापेशींशी जोडली गेलेली असते. माणसाच्या मेंदूत खास करून मस्तिष्क बाह्यांग या भागातील चेतापेशींच्या जोडणीची संख्या $१०^{१४}$ आहे.

आपल्या मेंदूत कायम विद्युत तरंगाचे प्रवाह चालू असतात. झोपेतही आपला मेंदू कार्यक्षम असतो.

मनाच्या पर्वतामध्ये *(प्रत्यक्षात मेंदूमध्ये)* अनेक दऱ्या आहेत, वेटोळी आहेत. या वेटोळ्यांमुळे, वळ्यांमुळे, मेंदूच्या *(बाह्यांगाच्या)* पृष्ठभागाचे क्षेत्रफळ हे कवटीच्या आकारात, सीमित असूनही वाढते. मानवी मेंदूतील विचारांचे विश्व हे साधारणत: दोन अर्धगोलामध्ये विभागले गेले आहे. मेंदूचा उजवा भाग हा सृजनशीलता, आकार व रचना ओळखणे, संवेदनशीलता इ. कार्यासाठी कार्यरत राहतो; तर वैचारिक सुसूत्रता, समीक्षा, वास्तव विचार ही कार्ये डावा मेंदू पार पाडतो. ही दोन्ही कार्ये परस्परविरुद्ध आहेत; पण ती आवश्यक आहेत. मानवी मेंदूची ही दोन्ही कार्ये पार पाडण्याची ताकद, क्षमता, विलक्षण आहे. त्यामुळेच माणसाचा वेगळेपणा उठून दिसतो. मेंदूतील दोन्ही भाग हे नवीन कल्पनांचा उगम आणि त्यांची सत्य-असत्यता पडताळून पाहण्यासाठी उपयोगी ठरतात. एकच भाग कार्यरत असेल तर माणूस अपुरा होईल. कदाचित तो वास्तवाकडे पाठ फिरवून नुसताच कल्पनांमध्ये रममाण होईल. किंवा कदाचित कायम कठोर, तार्किक भूमिका घेऊन रुक्ष बनेल; पण मेंदूच्या पूर्णत्वामुळे माणसाचे पूर्णत्व आहे. मेंदूच्या दोन्ही भागामध्ये सदैव संवाद चालू असतो. डावा मेंदू व उजवा मेंदू हे एकमेकांना चेतातंतूंनी जोडलेले असतात. त्यामार्फत सृजनशीलता व कठोर चिकित्सा या मानवी जीवनातील अत्यंत आवश्यक

भावनांचा कायम संवाद चालू असतो. जगरहाटी समजण्यासाठी या दोन्ही गोष्टी आवश्यक आहेत.

आपली स्वप्ने, स्मृती, विचार, कल्पना म्हणजे नुसत्या कल्पना नसतात, तर त्यांना भौतिक वास्तवता असते. प्रत्येक विचार म्हणजे विद्युत रासायनिक तरंगाची साखळी असते. जर आपण चेतापेशींइतके लहान झालो तर आपल्याला मेंदूमध्ये विविध प्रकारच्या रचना दिसतील.

मेंदू हा हळूहळू उत्क्रांत झालेला आहे. आजही मेंदूमध्ये आपल्याला प्राचीन भाग आढळून येतात *(प्राचीन काळी उत्क्रांत झालेले)*. एखाद्या शहराचा विकास होत असतो, त्यावेळी ते शहर बाहेरील बाजूंना विकसित होते. आतला जुना गावभाग जसाच्या तसाच राहतो; पण तोही कार्यरतच असतो. मेंदूच्या विकासाचे थोडेफार तसेच आहे. अजूनही आपल्या मेंदूत सरपटणाऱ्या प्राण्यांमध्ये आढळून येणारे गुण आहेत. स्वामित्वाची भावना, ईर्षा या आपल्या मेंदूच्या प्राचीनत्वाची साक्ष देतात.

स्मरणशक्ती आणि ज्ञान हे दोन प्रकारचे आहे. एक– वंशपरंपरेने उत्क्रांत होत आलेले ज्ञान आणि स्मरणशक्ती, तर दुसऱ्या प्रकारात माणसाने स्वतःहून वृद्धिंगत केलेले व साठवून ठेवलेले ज्ञान!

या पृथ्वीतलावर माणूस हा एकच प्राणी असा आहे, की ज्याने जीन्स व मेंदू याव्यतिरिक्त ज्ञान स्वतःच्या सोयीने साठविले आहे.

हे ज्ञान त्याने साठविले आहे पुस्तकांच्या रूपाने! प्राचीन कालापासून आतापर्यंत त्याने काही ज्ञान मौखिक परंपरेने जोपासले, तर काही तक्षशीला, नालंदा, अलेक्झांड्रिया यांसारख्या प्राचीन ग्रंथालयांतूनच प्रयत्नपूर्वक साठविले. ग्रंथांच्या रूपाने त्याने ही किमया घडवून आणली. ही ग्रंथालये म्हणजे मानवी ज्ञानाचे मेंदूच असे म्हटले तर अतिशयोक्ती ठरू नये. या ग्रंथालयाची निगा आपण कशी राखतो, यावरून आपल्याला आपल्या संस्कृतीची आणि भविष्याची किती काळजी आहे, याची पारख होणार आहे.

जर या पृथ्वीवर पुन्हा एकदा शून्यापासून उत्क्रांती सुरू झाली तर काय होईल? सर्व घटक उदाहरणार्थ, भौतिक, रासायनिक. परिस्थिती पृथ्वीच्या निर्मितीसमयी होती तशीच आहे असे गृहीत धरले, तर आज ज्या ज्या अवस्थांमधून प्राणी व वनस्पती उत्क्रांत होत आले, त्याच अवस्थांतून ते पुन्हा जातील? पुन्हा एकदा पृथ्वीवर माणसासारखाच प्राणी निर्माण होईल?

त्याचे उत्तर नकारात्मक आहे. अवकाशातून भडीमार करणाऱ्या वैश्विक किरणांच्या माऱ्याचा उत्क्रांतीच्या प्रक्रियेत फार मोठा वाटा आहे. वैश्विक किरणांच्या माऱ्यामुळे जीन्समध्ये परिवर्तन घडून येते.

पण वैश्विक किरणांचा पृथ्वीवरील भडीमार यात कुठल्याच प्रकारचे सातत्य

नसते. त्याचप्रमाणे या माऱ्यामुळे जीन्समध्ये कोणते परिवर्तन होईल, हेही अत्यंत अनिश्चित असते. त्या वेळी अत्यंत सूक्ष्मातिसूक्ष्म वाटणारे परिवर्तन, काळाच्या ओघात महाकाय रूप धारण करते.

उदाहरणादाखल माणसाचे हात बघूया! आपल्या हाताला पाच बोटे असतात. आता हाताला पाचच बोटे का असतात? सहा का नाही? दहा का नाही? किंवा तीनच का नाहीत? इतकेच नव्हे तर माणसाचा अंगठा हाही अत्यंत वैशिष्ट्यपूर्ण आहे. चारही बोटांच्या तो समोर येतो. पण माणसाला पाच बोटे आहेत, याचा उगम उत्क्रांतीच्या प्रक्रियेत आहे.

डेव्होनिअन माशाला प्राचीन काळात त्याच्या परात पाच हाडे होती आणि माणूस हा या माशापासून प्राचीन काळात उत्क्रांत झालेला आहे. जर त्या माशाला सहा हाडे असती तर कदाचित् आपल्याला सहा बोटे असती.

(आपली दशमान पद्धती आणि तिचा उगमही आपल्या हातांना दहा बोटे आहेत म्हणून निर्माण झालेली आहे. जर आपल्याला १२ बोटे असती तर ती दशमानाऐवजी, द्वादशमान पद्धती झाली असती.)

आपल्या रंग, रूप, ठेवण, प्रतिकार यंत्रणा, शरीरातील रासायनिक प्रक्रिया या सर्व गोष्टी प्राचीन काळात जीन्समध्ये जे सूक्ष्म बदल घडून आले, त्याचेच प्रतिबिंब आहे.

माणूस ज्या प्राण्यांपासून उत्क्रांत झाला, ते अतिप्राचीन काळी आकाराने आणि बुद्धीनेही अत्यंत लहान होते. पृथ्वीवर त्या काळी महाकाय प्राण्यांचे साम्राज्य होते. डायनोसॉरस होते, प्रचंड उडणाऱ्या पाली होत्या. पाण्यातही प्रचंड आकाराचे प्राणी होते. डायनोसॉरस अतिप्रचंड होते, सारी पृथ्वी त्यांनी व्यापली होती. आजमितीस एकही डायनोसॉरस अस्तित्वात नाही. यांचा पूर्णपणे निर्वंश झाला. हा निर्वंश का झाला? नक्की कशाने झाला हे कुणालाही माहिती नाही.

काही शास्त्रज्ञांनी असे सुचवले आहे की, ६ ते ७ कोटी वर्षांपूर्वी सूर्याच्या ग्रहमालेपासून १० ते २० प्रकाशवर्षाच्या अंतरावर एका सुपरनोव्हाचा स्फोट झाला *(ताऱ्याचा स्फोट होऊन सुपरनोव्हा निर्माण झाला असावा.)* असावा. या सुपरनोव्हाचे किरण अवकाशात सर्वत्र पसरले असावेत आणि ते पृथ्वीच्या वातावरणात शिरले. येथे प्रवेश केल्यावर त्यांनी वातावरणातील नायट्रोजन जाळला असावा. परिणामत: वातावरणात नायट्रोजनची ऑक्साईड्स *(भस्मे)* तयार झाली असावीत. या नायट्रोजन ऑक्साईड्समुळे वातावरणातील ओझोनचा थर नष्ट झाला असावा. आज आपल्याला माहिती आहे की ओझोनचा थर, सूर्यप्रकाशातील जंबूपार *(अतिनील)* किरण शोषून घेतो व पृथ्वीच्या वातावरणाच्या अंतर्भागात या किरणांना प्रवेशू देत नाही.

ओझोनचा हा थर नष्ट झाल्यामुळे, पृथ्वीवरील त्या काळातील अनेक प्राणी

भाजले गेले व नष्ट झाले. हे प्राणी डायनोसॉरसचे भक्ष्य असावेत. परिणामत: डायनोसॉरसही नाश पावले.

डायनोसॉरस नष्ट झाल्यामुळे सस्तन प्राण्यांच्या विकासाला वाव मिळाला. हिमयुग आले तसे आपले पूर्वज जंगलातून जमिनीवर आले. हिमयुगात अनेक जाती नष्ट झाल्या. ज्या जगल्या, विकसित झाल्या, त्यातल्याच एका प्राणीजातीपासून माणूस विकसित झाला.

पृथ्वीवरील वातावरण इतके का बदलले, याचे केवळ अंदाजच बांधता येतात. कदाचित सूर्यापासून पृथ्वीला मिळणाऱ्या उर्जेत बदल झाला असावा. कदाचित पृथ्वीच्या कक्षेत बदल झाला असावा. कदाचित, पृथ्वीवर प्रचंड ज्वालामुखीचा स्फोट झाला असावा. त्यातून निर्माण झालेल्या धुराळ्यामुळे वर्षानुवर्षे सूर्यप्रकाश वातावरणात शिरू शकला नसेल. किंवा कदाचित सूर्याने एखाद्या महाकाय वायूमेघात प्रवेश केला असेल.

थोडक्यात असे म्हणता येईल की अवकाशात व भूपृष्ठावर घडणाऱ्या घडामोडींचा माणसाशी थेट संबंध पोहोचतो.

माणूस झाडावरून जमिनीवर उतरला आणि याच सुमारास तो दोन पायांवर चालू लागला. त्यामुळे त्याचे हात भक्ष्य शोधण्याकरता मोकळे राहू लागले. माणसाची दृष्टी चांगली होती, हाताची ठेवण वैशिष्ट्यपूर्ण होती आणि या सर्वांच्या जोडीला बुद्धीचे वरदान होते. परिणामत: माणसाने भाषा शोधली, हत्यारे निर्माण केली, अग्नीचा शोध लावला, चाकाचा शोध लावला, लिपीची निर्मिती केली. माणसाचे पृथ्वीवरील अस्तित्व बुद्धीच्या सामर्थ्यामुळे टिकले. कदाचित वेगळ्या परिस्थितीत माणसाऐवजी इतरही वेगळ्या रीतीने उत्क्रांत झाले असते, बुद्धिमान झाले असते, तर त्यांचे अधिराज्य येथे निर्माण झाले असते. कदाचित देवमासे वा बबून यांनी पृथ्वी व्यापली असती. उत्क्रांतीचे रहस्य अजूनही पूर्णपणे समजलेले नाही. आपल्याला फक्त येथील उत्क्रांतीची माहिती आहे.

अन्य ग्रहांवर जे प्राणी निर्माण झाले असतील ते आपल्यापेक्षा सर्व दृष्टीने निराळे असतील. कदाचित मेंदूच्या पेशींऐवजी तेथे अतिवाहक पेशी असतील, कदाचित तेथील मेंदूचा अवयवांशी थेट संपर्क/संबंधही नसेल, रेडिओ लहरींद्वारा मेंदू आपल्या अवयवांना आज्ञा देत असेल, आपल्यापेक्षा ते प्राणी बुद्धिमान असतील. आपल्या मेंदूत $१०^{१४}$ इतके चेतापेशींचे जोड *(कनेक्शन)* आहेत. परग्रहांवरील सजीवांमध्ये ही संख्या $१०^{३४}$ इतकी प्रचंड असू शकेल. अशा सजीवांकडून बरेच काही शिकता येईल.

दूर ग्रहांवरील सजीवांशी रेडिओ तरंगाद्वारे संपर्क साधता येईल. दुर्दैवाने माणसाने इथेही प्रदूषण केलेले आहे. काही विशिष्ट रेडिओ लहरींनी पृथ्वी इतक्या

प्रचंड प्रमाणावर व्यापली आहे, की अवकाशातून निरीक्षण केल्यास ती रेडिओ उत्सर्जनात गुरूपेक्षाही प्रभावी ठरते. माणसानेच निर्माण केलेले दूरदर्शन, रेडिओ आणि लष्करी संदेश हे या प्रदूषणाचे प्रमुख कारण आहे.

जर एखादा परग्रहवादी अवकाशातून पृथ्वीचे निरीक्षण करत असेल; तर त्याला काय दिसेल? जसजशी पृथ्वी फिरते, तसतसे तिच्यावरचे रेडिओ प्रक्षेपकही फिरतात. या परग्रहावरील निरीक्षकाला पृथ्वीवरून प्रक्षेपित होणाऱ्या संदेशाद्वारे पृथ्वीचा दिवस मोजता येईल.

या निरीक्षकाला कोणते रेडिओ संदेश दिसतील? समजतील? ऐकू येतील?

पृथ्वीवरून फार मोठ्या प्रमाणावर जे संदेश प्रक्षेपित केले जातात, त्यात निरनिराळ्या टेलीव्हिजन केंद्राच्या प्रक्षेपणांचा फार मोठा भाग असतो.

पृथ्वी फिरत आहे, त्यामुळे ती उगवताना काही संदेश प्रक्षेपित केलेले असतील, तर ती मावळताना दुसरी केंद्रे काही वेगळेच संदेश प्रक्षेपित करतील. समजा, आपला परग्रहावरील निरीक्षक हा आधुनिक तंत्रज्ञ आहे, प्रगत संस्कृतीचा नागरिक आहे, तेव्हा तो हे सर्व एकमेकांत मिसळून गेलेले संदेश वेगवेगळे करण्यात यशस्वी ठरला, तर त्याला पृथ्वीबद्दल काय माहिती मिळेल?

वारंवार टेलीव्हिजनवरून प्रक्षेपित केलेले संदेश जाहिरातीचे असतात, अमुक कफ सिरप वापरा, तमका साबण वापरा, शहाणे असल्यास अमुक साबण पावडर वापरा, तमुक टूथपेस्ट वापरा, डोके दुखते अमुक अमुक गोळी घ्या, तमके तेल वापरा इ. इ.

पुष्कळदा टेलीव्हिजन केंद्रावरून राष्ट्राध्यक्षांची लांबलचक भाषणे चालू असतात; न समजणारे, कर्णकर्कश्श संगीत चालू असते.

थोडक्यात काय कशाचा कशालाही मेळ नसणारे, इतकेच नव्हे तर अर्थहीन, भडक आपत्तीच्या बातम्या देणारे असे चित्रविचित्र संदेश आपल्या या परग्रहवासीयाला मिळतील?

पृथ्वीबद्दल त्याचे काय मत होईल?

बरं हे टेलीव्हिजन संदेश आपल्याला परत ब्रह्मास्त्रासारखे मागेही घेता येत नाहीत. त्याच्यापेक्षा वेगाने जाणारे दुसरे संदेशही पाठवता येत नाहीत. कारण या रेडिओ तरंगांचा वेग प्रकाशाच्या वेगाइतकाच असतो. १९४० साली प्रथमतः प्रक्षेपित झालेले संदेश, पृथ्वीपासून काही प्रकाशवर्षे अंतरावर पोहोचले आहेत. यापुढे करण्याजोगी गोष्ट एकच आहे. अन् ती म्हणजे चांगले टेलीव्हिजन संदेश/कार्यक्रम प्रक्षेपित करणे!

व्हॉयेजर यान सूर्याच्या ग्रहमालेच्या बाहेर गेले आहे. त्या यानात एक तबकडी ठेवली आहे. तबकडीवर ती कशी वापरायची यासंबंधी सूचनाही आहेत. माणसांविषयीची

माहिती या तबकडीवर नोंदवलेली आहे. माणसाचा मेंदू, त्याची रचना, देवमाशाचा आवाज, साठ भाषांतील जगातील विविध लोकांची अभिवादने शिकताना, हसताना, रडताना, कारागिरी करताना अशी विविध छायाचित्रे या यानातून पाठवलेली आहेत. देशोदेशीचे संगीत, वाद्ये, देवमाशाचे हृद्य गाणे सर्व त्या तबकडीवर नोंदवले आहे.

एका व्यक्तीच्या मेंदूतील, हृदयातील, स्नायूतील विद्युत तरंग आवाजाच्या लहरींमध्ये रूपांतरीत करून तबकडीवर नोंदवले आहेत. जणू काही व्यक्तीच्या भावना आणि विचार व्हॉयेजरमधून आपण अवकाशात पाठवले आहेत.

पण हे यान पाठवायचे कारण तरी काय? आपण नाशवंत आहोत. आपले ज्ञान, पुस्तके, संगणक कालांतराने नष्ट होणार आहेत.

आपण निर्माण केलेल्या रचना नष्ट होणार आहेत. ऊन, पाऊस, वारा, वादळ यांमुळे पृथ्वीवर सतत उत्पात घडत असतात. मानवी ज्ञान हे नष्ट होणार आहे; पण व्हॉयेजरच्या धातूच्या तबकडीवर नोंदवलेले संदेश त्यामानाने बराच काळ टिकतील. या पृथ्वीवरील या चिमुकल्या जगात मानवाने केलेल्या प्रगतीचे तरंग व्हॉयेजर आपल्या उदरात साठवून स्थलकालाच्या प्रचंड पोकळीत शिरले आहे. चुकून-माकून ते कुणाच्या हाती लागले तर तेथील प्रगत सृष्टीला माणूस काय आहे, पृथ्वीवर काय आहे, हे समजू शकेल.

दुर्दैव एवढेच, की व्हॉयेजरचा वेग फार कमी आहे. दूरदर्शन प्रक्षेपित संदेशांचा वेग प्रचंड आहे. काही तासांपूर्वी प्रक्षेपित केलेले संदेश व्हॉयेजरला मागे टाकून सूर्यमालेच्या बाहेर केव्हाच गेलेले असतील. चार वर्षांत ते अल्फा सेंच्युरीत प्रवेश करतील. तिथे जर कुणी ऐकणारा असेल तर त्याला आपल्या लक्षावधी वर्षांच्या उत्क्रांतीची माहिती मिळेल. जडातून चैतन्यात प्रवेशलेल्या जीवसृष्टीची माहिती होईल.

आज विज्ञानाने आपल्याला अफाट दारे खुली केलेली आहेत. ती कशी उघडायची व कोठे वापरायची हे ठरवणे आपल्या हातात आहे. विद्ध्वंसक संघर्ष का विधायक प्रगती हे शेवटी आपण ठरवायचे आहे. अन् यात जर आपण यशस्वी झालो, तर या अंतराळ साम्राज्याचे एक प्रगत घटक म्हणून आपण पृथ्वीवासी समजले जाऊ!

◆

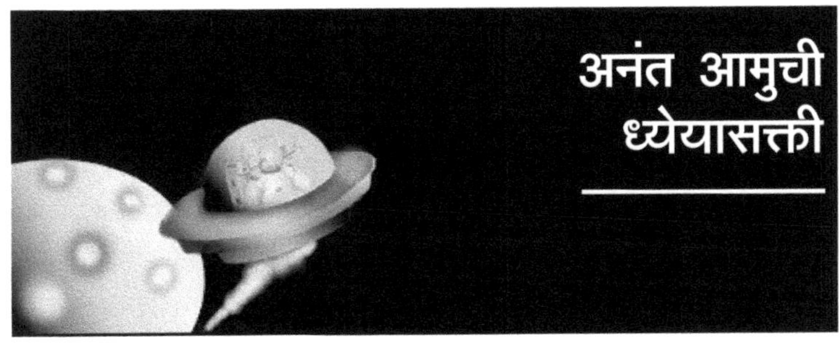

अनंत आमुची ध्येयासक्ती

पायोनियर १०, ११ व व्हॉयेजर १ व २ ही अवकाशयाने ताऱ्यांकडे पाठवली आहेत. अंतराळातील दोन ताऱ्यांमधील अंतरे प्रचंड आहेत, त्यामानाने आपण पाठवलेली याने ही अतिशय कमी वेगाने जाणारी व जुन्या तंत्रज्ञानावर आधारलेली आहेत; पण भविष्यकाळात जसजशी प्रगती होईल, तसतशी याने अधिक वेगाने जातील आणि अंतराळातील अंतरे काटू शकतील. यापुढील काळात, काही विशिष्ट उद्दिष्टे ठरवूनच अंतराळ-प्रवास सुरू होईल आणि कालांतराने त्यातून मानवी प्रवासी प्रवास करतील.

आपल्या आकाशगंगेत पृथ्वीपेक्षाही लक्षावधी वर्षांपूर्वीचे जुने ग्रह असतील, काही अब्जावधी वर्षे जुने असतील. पृथ्वीच्या इतक्या वर्षांच्या आयुष्यात या पृथ्वीवर कुणीही परग्रहवासी, अवकाशवासी आले नसतील का? पृथ्वीवर जीवन उत्क्रांत होत असताना, ते अवकाशातून कुणीही न्याहाळले नसेल? इथे इतक्या वर्षांत एकही अवकाशयान आले नसेल? अशा कल्पना मनात येणे अत्यंत साहजिकच आहे. पण बरोबर असे घडले असेल का? असे ठोस पुरावे मिळाले आहेत का? पुराव्याअभावी कुणीतरी काहीतरी पाहिले, हे खरे मानणे बरोबर नाही.

त्या दृष्टिकोनातून पाहिले तर कुणी परग्रहवासियांनी पृथ्वीला भेट दिल्याचे पुरावे अजूनपर्यंततरी मिळाले नाहीत. खरोखर अशी एखादी घटना घडायला हवी होती. एखादी गुंतागुंतीची लिपी, किंवा एखादी गुरूकिल्ली मिळायला हवी होती.

१८०१ साली जोसेफ फुरिअर[१] हा फ्रान्समधील प्रशासकीय विभागाचा प्रमुख होता. त्याच्या इलाख्यातील शाळांची तपासणी करत असताना एक ११ वर्षांचा चुणचुणीत मुलगा त्याच्या नजरेत भरला. त्या मुलाची प्रगल्भ बुद्धिमत्ता आणि पौर्वात्य भाषांवरील त्याचे प्रभुत्व, यामुळे त्यांची वाखाणणी बुद्धिमंतांमध्ये झालीच होती. फुरिअरने त्याला घरी बोलावले. फुरिअरने नेपोलियन मोहिमेच्या वेळी अनेक इजिप्शियन कलाकृती गोळा केल्या होत्या. त्यामध्ये तेथील प्राचीन चित्रलिपीतील लिखाणाचेही नमुने होते. त्या मुलाने फुरिअरला त्याचा अर्थ विचारला, तेव्हा

‘कुणालाही तो ज्ञात नाही,’ असे फुरिअरने त्याला सांगितले. त्या मुलाचे नाव होते जीन फ्रॅनकॉईस चॅम्पोलियन! लिपीविषयी वाटणाऱ्या कुतूहलापोटी तो मोठेपणी प्रख्यात लिपीतज्ज्ञ बनला आणि प्राचीन इजिप्तच्या शिलालेखांच्या अवशेषांच्या अभ्यासात तो गढून गेला. नेपोलियनने इजिप्तमधील अनेक शिलालेख, ताम्रपट फ्रान्समध्ये आणले होते. कालांतराने ते पाश्चिमात्त्य संशोधकांना उपलब्ध झाले. त्या मोहिमांचे तपशील तरुण चेम्पोलियनने आत्मसात केले आणि मोठेपणी त्याने बालपणीची त्याची महत्त्वाकांक्षा पूर्ण केली. त्याने इजिप्तची चित्रलिपी उकलली आणि ती वाचण्यात व त्याचा अर्थ लावण्यात तो यशस्वी झाला. एखाद्या दूरच्या ग्रहावरील संस्कृतीशी ओळख करून घ्यावी, तशी त्याने इजिप्तची ओळख पुन्हा एकवार जगाला करून दिली.

भारतीय प्राचीन इतिहासालाही एखाद्या चॅम्पोलियनची गरज आहे. मोहेंजोदडो आणि हडप्पा येथे सापडलेल्या मुद्रांवरील लिपी, तिचे गूढ उकलले जाण्याची वाट पाहात आहे. ही लिपी जर सर्वानुमते वाचली गेली, त्याचा नि:संदिग्ध अर्थ लागला तर भारतीय उपखंडातील अति प्राचीन, वैदिक, महाभारतकालीन इतिहास, तेथील राजे, त्यांची नावे, त्यांचे कालखंड आणि प्राचीन भारतातील त्यांचे स्थान यातील संगती स्पष्ट होईल.

मोहेंजोदडो, हडप्पा कालीबंगन, लोथरा, इ. उत्खननातील असंख्य पुरावे खुणावत आहेत. बेट द्वारका रावांसारख्या महान पुरातत्त्व संशोधकामुळे संशोधनाला दिशा देण्यासाठी सज्ज आहे, तर दुसरीकडे महाभारत, हरिविजय, उपनिषदे, वेद हे प्रचंड वाङ्मय, ग्रंथ, तत्कालीन सामाजिक परिस्थिती, राजकीय वास्तव यांची माहिती करून देण्यासाठी उभे आहे. गरज आहे ती दोघांमधील दुवा साधण्याची. खापराच्या भांड्यावरील, मुद्रांवरील लिपी ही भारतीय संस्कृतीला स्वत:चीच ओळख पुन्हा एकवार करून देऊ शकते. ते राजे कोण? ते व्यापारी कुठले? त्यांचे प्राचीन ग्रंथातील स्थान, संदर्भ उकलून देऊ शकते. गरज आहे ती अशाच एखाद्या भारतीय चॅम्पोलियनची, जो या अज्ञातवासात गेलेल्या लिपीचा अर्थ उकलेल. भारतीय संस्कृतीला पुन:श्च तिच्या प्राचीन रूपाची खरी ओळख पटवून घेईल. आज ती भौतिक पुराव्याच्या सांगातीने मूकपणे उभी आहे.

इजिप्तमधील देंडेरा येथील कारनाकच्या भिंतीवर कोरलेले लेख चॅम्पोलियनने अत्यंत लीलयेने वाचून काढले. त्याच्या आधीच्या बऱ्याच संशोधकांनी प्रयत्न केले होते; पण ते यशस्वी झाले नाहीत. काहींना ती पक्षांचे आकार वापरून बनवलेली सांकेतिक लिपी वाटली.

काहींना इजिप्त ही प्राचीन चीनची वसाहत वाटली, तर काहींना याच्या बरोबर उलटे वाटले होते. त्या लिपीचा अर्थ लावण्यात प्रचंड गोंधळ होता. काहींनी ते

शिलालेख 'पटकन वाचूनच टाकले होते.' म्हणजे त्यांना जसे वाटले तसे त्यांनी वाचले आणि कारण काय सांगितले की, 'पटकन वाचल्यामुळे चिकित्सा करून, अर्थ काढून वाचण्यातील चुका टळतात, मिळणारे निष्कर्षही बरे असतात.' आजही, बेलगाम तर्काने परग्रहवासियांचे अस्तित्व शोधणाऱ्या हौशी संशोधकांनीही, अनेक तज्ज्ञांना याच पद्धतीने घाबरवले आहे.

चॅम्पोलियनने ती चित्रलिपी आहे ही कल्पना मुळातूनच अव्हेरली. थॉमस यंग या हुषार भौतिक शास्त्रज्ञाची त्याने या कामी मदत घेतली आणि त्याने ती लिपी कशी उकळला ते पाहा.

१७९९ मध्ये नाईल नदीच्या तीरावरील रशिद या नगराची तटबंदीची डागडुजी करत असताना हा एक शिलालेख सापडला होता. युरोपियनांनी अरबी भाषेच्या ज्ञानाअभावी त्याला 'रोझेटा' असे नाव दिले. प्रत्यक्षात ती प्राचीन देवळाची शिळा होती आणि त्यावर तीन वेगवेगळ्या प्रकारच्या लिखाणातून, एकच मजकूर लिहिला होता. वरती चित्रलिपीतला मजकूर होता. मधोमध सामान्य जनतेच्या वापरातील ग्रीक भाषेतला जोडून लिहिलेला धावत्या लिपीतला लेख होता, तर सर्वांत खाली प्राचीन ग्रीकमधला लेख होता. हा लेखच तो शिलालेख वाचण्याची जणू गुरूकिल्ली होती.

चॅम्पोलियन हा प्राचीन ग्रीक लिपीचा तज्ज्ञ होता. त्याने तो शिलालेख वाचला. ख्रिस्तपूर्व १९६ मध्ये वसंतऋतूत 'टोलेमी व्ही एपिफेन्स'च्या राज्यरोहण *(राज्याभिषेक)* प्रसंगाची स्मृती जागृत ठेवण्यासाठी तो लेख कोरला होता. त्या प्रसंगी राजाने तुरुंगातून कैदी सोडले, कर सवलती जाहीर केल्या, देवळांना देणग्या दिल्या. बंडखोरांना क्षमा केली. राज्याचे सैनिक दल सज्ज केले. थोडक्यात म्हणजे आधुनिक युगातील राज्यकर्ते, जेव्हा त्यांना सत्तेवर टिकून राहायचे असेल, तेव्हा जे जे करतात ते ते त्याने केले.

ग्रीक ग्रंथामधून टोलेमीचा उल्लेख बऱ्याच वेळा आला आहे. तसाच साधारणत: त्याच ठिकाणी, चित्रलिपीतही अंडाकृतीमध्ये चिन्हांचा समूह आला आहे. तो समूह म्हणजे टोलेमी *(Ptolemy)*. त्याने असेही गृहीत धरले, की जर असे असेल, तर ती चित्रलिपी नाही, सांकेतिक लिपी नाही. श्लेषार्थ दर्शवणारीही लिपी नाही, तर ती चिन्हे म्हणजे चक्क अक्षरे आहेत. चॅम्पोलियनने ग्रीक शब्द आणि चित्रलिपीतील प्रत्येक चिन्ह मोजले. त्यांची संगती बरीचशी जुळली. ग्रीक लिपीतल्या शब्दांची संख्या प्रत्यक्षात कमीच होती. त्यावरून ती चित्रलिपी नसावी व स्वर व्यंजनयुक्त लिपी असावी, असा निष्कर्ष चॅम्पोलियनने काढला *(चित्रलिपी असल्यास चित्राच्या चिन्हातून वाक्ये लिहिली जातात. त्यामुळे थोड्या चित्रांमधूनही बरीच वाक्ये मांडली जाऊ शकतात. परिणामत: चित्रांची संख्या कमी असते. उदा. चिनी किंवा जपानी कांजी)*.

पण कुठले चिन्ह म्हणजे कोणते अक्षर हे कसे ठरवायचे? सुदैवाने अजूनही

काही पुरावे उपलब्ध होते. फिले *(Philae)* या ठिकाणी सापडलेल्या स्तंभावर *(ओबेलिस्क = शिरोभागी निमूळता होत गेलेला स्तंभ)* क्लिओपात्रा हे ग्रीक नाव होते. तेही चित्रलिपीत होते. टोलेमीचे स्पेलिंग होते Ptolemy आणि क्लिओपात्राचे स्पेलिंग आहे Cleopatra. टोलेमीचे पहिले अक्षर आहे P आणि क्लिओपात्राच्या पाचव्या स्थानावरही P ही दोन्ही चिन्हे समान होती. चौरसाकार होती. त्यामुळे ते अक्षर P आहे हे कळले. Ptolemy मधील चौथे अक्षर आहे L (एल्). ते लायन म्हणजे सिंहाकृतीने दाखवले होते. क्लिओपात्रा Cleopatra मध्ये दुसरे अक्षर लायन आहे (एल L) आणि शिलालेखातील लिपीतही सिंह आहे. Cleopatra मधील 'a' हा ईगल म्हणजे गरूड आहे *(चिन्हाकृती)*. तो Cleopatra या नावात दोनदा आला आहे. अशा रितीने एक सुस्पष्ट रचना समोर येत गेली. इजिप्तची ही लिपी ही बऱ्याच प्रमाणात साधी, अक्षराऐवजी चिन्हे दर्शवणारी सांकेतिक लिपी होती; पण प्रत्येक चिन्ह म्हणजे अक्षर किंवा शब्दावयव नव्हता.

काही चित्ररूप शब्दप्रयोग होते. Ptolemy चा शेवटचा भाग म्हणजे 'अमर' *(Ptah)* या 'देवाला प्रिय' अशा अर्थी होता *(अशोकाच्याही प्रत्येक शिलालेखात 'देवांना प्रिय असा अशोक' असा उल्लेख आहे. अशोक इ.स. पूर्व दुसऱ्या शतकात होता)*. क्लिओपात्राच्या शेवटी *(ISIS)* अशी खूण होती *(अर्धवर्तुळ व अंडाकृती आकारांची)*. याचा अर्थ आयसिसची मुलगी असा होतो. त्याच लेखात काही कल्पनाचित्रे आहेत *(म्हणजे या चित्रातून कल्पना किंवा विचार मांडता येतो)*. ती लिपी आता पूर्णपणे उकलली गेली आहे. आता असे वाटते, की हे सर्व सहजगत्या घडून आलेले आहे; पण ती पूर्णपणे उकलण्यासाठी कित्येक शतके जावी लागली. किती तर अथक परिश्रम करावे लागले.

इजिप्तच्या राजांनी आपल्या नावाकरता कोरलेल्या चिन्हांमुळे ही लिपी दोन हजार वर्षांनी वाचणे सुलभ झाले. जणू काही त्या राजांनी त्या लिपीकरताच ते शिलालेख कोरले होते. चॅम्पोलियनने ते सहज वाचले. लहानपणी कुतूहलाने त्यानेच फुरिअरला विचारलेल्या प्रश्नांची उत्तरे त्यानेच शोधली. किती विलक्षण आनंद झाला असेल त्याला? कित्येक युगांपासून एक स्तब्ध आणि प्राचीनतेच्या आवरणाखाली लपलेल्या संस्कृतीची ओळख त्याने जगाला घडवली. या प्राचीन संस्कृतीचा इतिहास, राजकारण, वैद्यकशास्त्र, जादू, धर्म, तत्त्वज्ञान या सर्व दालनांची आधुनिक जगाला नव्याने ओळख झाली.

आज आपण पुन्हा एकदा अशाच प्राचीन वैशिष्ट्यपूर्ण संस्कृतीच्या संदेशाची वाट पहात आहोत. त्यांचे प्राचीनत्व कालाच्या परिणामात नाही तर स्थळकाळातही त्या प्राचीन आहेत *(आपल्या पृथ्वीपासून त्या कैक प्रकाशवर्षे दूर आहेत)*. जर अशाच एखाद्या अंतराळ सृष्टीचा संदेश आपल्याला मिळाला, तर तो आपल्याला

चॅम्पोलिअनने शोधलेल्या लिपीचा नमुना

PTOLEMY (टोलेमी) CLEOPATRA (क्लिओपात्रा)

P = Square

L = Lion

A = Eagle

Daughter of ISIS (डॉटर ऑफ आयसिस) = semicircle

Cartouches = (कारटूश)

(ह्या आकृतीमध्ये राजघराण्यातील लोकांची नावे लिहीत असत.)

समजण्याची शक्यता कितपत आहे?

परग्रहावरील संदेश हा गुंतागुंतीचा, कमालीचे सातत्य दर्शवणारा अत्यंत वेगळा आणि प्रगल्भतेची चुणूक दर्शवणारा असेल. हे परग्रहांवरील सजीव आपल्याला समजण्याजोगेच संदेश पाठवतील. पण कसे? इजिप्त आणि ग्रीक शीलालेखांप्रमाणे, अंतराळातही असे सर्वमान्य शिलालेख असतील का? या बाबतीत आपण एक गोष्ट गृहीत धरू शकतो की, त्या संस्कृती कितीही वेगळ्या असल्या तरी ही परिभाषा, सर्वांना ज्ञात असणारी असेल आणि ती भाषा म्हणजे शास्त्र आणि गणिताची भाषा! कारण निसर्गाचे नियम सर्वत्र सारखेच आहेत. दूरवरील ताऱ्यांची आणि दीर्घिकांची वर्णपटरचना, सूर्याच्या वर्णपटरचनेप्रमाणेच आहेत. विश्वात सर्वत्र तीच रासायनिक मूलद्रव्ये आढळून येतात. अणूतील प्रारणांच्या शोषण किंवा उत्सर्जनाचे नियमही सर्वत्र सारखेच आहेत *(क्वान्टम मेकानिक्स म्हणजे उर्जा अखंडपणे प्रक्षेपित न होता उर्जाखंडानी प्रक्षेपित होते हे सांगणारे, ऊर्जेचे गणतीशास्त्र सर्वत्र सारखेच आहे.).*

पृथ्वीवर सफरचंदे वरून खाली पडतात. जे गुरुत्वाकर्षणाचे नियम या कृतीला कारणीभूत होतात, तेच नियम अंतराळयानांना, ताऱ्यांना, ग्रहांना लागू होतात. त्याच नियमानुसार दीर्घिका एकमेकांभोवती फिरतात. निसर्गाची रचना, आकृतिबंध सर्वत्र सारखा आहे. त्यामुळेच आपल्यासारख्या नुकत्याच जन्मलेल्या संस्कृतीला पाठवला गेलेला संदेश हा सहजपणे उकलला जाईल, असे मानण्यास हरकत नाही.

आपल्या सूर्याच्या ग्रहमालेत प्रगत तांत्रिक जीवसृष्टी व संस्कृती असेल किंवा एखाद्या ग्रहावर तशी संस्कृती असेल, अशी फारशी अपेक्षा आपण धरू नये. जर एखादी संस्कृती आपल्यापेक्षा १०,००० वर्षांनी मागे असेल, तर तिच्यापाशी प्रगत तंत्रज्ञान अजिबात नसेल. जर ती आपल्या किंचित पुढे असेल, तर एव्हाना त्यांचा प्रतिनिधी आपल्यापर्यंत पोहोचायला हवा; कारण आपण सूर्याच्या ग्रहमालेचा वेध घेण्यास सुरुवात केलीच आहे.

अंतराळातील अन्य जीवसृष्टींशी संवाद साधण्यासाठी आपल्याला काही प्रणालींची आवश्यकता आहे. अशी प्रणाली महागडी असून चालणार नाही. कारण त्याद्वारे माहितीची, ज्ञानाची प्रचंड देवाण-घेवाण थोड्याशा खर्चात करता आली पाहिजे. त्याचबरोबर अशी प्रणाली वेगाने काम करणारीही असली पाहिजे.

अशी एखादी प्रणाली अस्तित्वात आहे का? आहे! तिचे नाव आहे रेडिओ ॲस्ट्रॉनॉमी किंवा रेडिओ खगोलशास्त्र. म्हणजेच, रेडिओ लहरींद्वारा अवकाशात संदेश पाठवणे वा ऐकणे. रेडिओ लहरींचे संदेश इथून पाठवणे हे सहजगत्या शक्य आहे. त्याचप्रमाणे ते सर्वसमावेशक तंत्रज्ञान आहे; कारण विश्वातील कोणत्याही ग्रहावरील वातावरण– त्या वातावरणाचा घटक काहीही असो– रेडिओ लहरींकरता पारदर्शक असते. अवकाशातील पोकळीतील वायूतून अथवा दोन ताऱ्यांच्यामधील

वायूमधून रेडिओ लहरींचे संदेश शोषले जाऊ शकत नाहीत किंवा ते विखुरले जात नाहीत. पल्सार आणि क्वासारच्या रूपाने निसर्गानेच असे स्रोत निर्माण केले आहेत *(पल्सार : कंपनशून्य खगोल – Pulsating stars)*. हे तारे स्वतःच्या केंद्रबिंदूभोवती *(अक्षाभोवती)* प्रचंड वेगाने फिरत असतात व सातत्याने रेडिओलहरी उत्सर्जित करतात. त्यांची तुलना दीपगृहावरती लावलेल्या फिरत्या दिव्याशी किंवा विमानांकरता ठेवलेल्या झोत-दिव्याशी करता येईल. लांबून त्या दिव्याकडे पाहाणाऱ्याला तो दिवा उघडझाप करताना भासेल. पल्सारमधून ठराविक कालाने असेच रेडिओ लहरींचे झोत पाठवले जातात.

क्वासार *(Quasi stellar objects)* हे तारे क्ष-किरण व गॅमा किरणांचे प्रचंड प्रमाणावर उत्सर्जन करत असतात. विद्युत चुंबकीय लहरींचा फार मोठा भाग रेडिओ लहरींनी व्यापलेला आहे. त्यामुळे ज्या जीवसृष्टीला हा वर्णपट कळला. तिला रेडिओ लहरी समजणारच.

याव्यतिरिक्त अन्य काही तंत्रज्ञाने आहेत की, ज्यायोगे अंतराळातील संदेश पाठवले जाऊ शकतील. उदाहणार्थ, ऑप्टीकल किंवा प्रकाशशास्त्र, लेसर किंवा केंद्रीकृत केलेले प्रकाशकिरण, पल्स न्युट्रिनो किंवा अति लघुकणांच्याद्वारे पाठवलेले झोत, मॉड्युलेटेड ग्रॅव्हिटी किंवा गुरुत्वाकर्षणीय लहरींमध्ये बदल किंवा असे काही तंत्रज्ञान की जे पुढील हजार वर्षेही आपण शोधू शकणार नाही. अवकाशातील प्रगत संस्कृतींनी असे अन्यही काही तंत्रज्ञान शोधून काढले असेल; पण त्या सर्व तंत्रज्ञानात रेडिओ लहरींचे तंत्रज्ञान सोपे आहे, सुलभ आहे, वेगवान आहे.

अवकाशातून आलेले संदेश ऐकण्यासाठी आपल्यासारख्या मागासलेल्या जीवसृष्टी या रेडिओतंत्रज्ञानाचाच मार्ग अवलंबतील, हे प्रगत जीवसृष्टींना माहिती असेल.

कदाचित त्याकरता त्यांना त्यांच्या रेडिओ दुर्बिणी, त्यांच्या प्राचीन संग्रहालयातून बाहेर काढाव्या लागतील. जर असा रेडिओ संदेश मिळालाच तर निदान रेडिओ खगोलशास्त्रावर आपण त्यांच्याशी नक्कीच बोलू शकू.

पण खरोखरीच तेथे अंतराळात कुणी बोलण्याजोगे आहे का? केवळ एकट्या आपल्याच आकाशगंगेत १×१०^{१२} तारे आहेत, त्यात केवळ आपल्याच ग्रहावर जीवसृष्टी असेल?

असेही असू शकेल की असे तंत्रज्ञान विकसित करणारी जीवसृष्टी ही एक, सहज नैसर्गिक घटना असेल? अन् आपली आकाशगंगा ही जीवसृष्टींनी ओथंबून भरली असेल?

कदाचित अशीही शक्यता असेल, की जेव्हा आपण खिडकीतून आकाश न्याहाळत असू, त्या वेळी सहज डोळ्यांनी दिसणाऱ्या एखाद्या ताऱ्यांच्या ग्रहावरून असे रेडिओ संदेश प्रक्षेपितही होत असतील.

कदाचित एखाद्या चांदण्या रात्री किंवा निरभ्र आकाश न्याहाळात असू, तेव्हा

आकाशातील एखाद्या मंद तारकेच्या ग्रहांच्या सृष्टीतून कुणीतरी शांतपणे सूर्यालाही एक तारा म्हणून न्याहाळत असेल. केवढा विलक्षण विचार आहे ना हा?

हे खरंच असेल कशावरून? कदाचित तांत्रिक ज्ञानाने प्रगत झालेल्या जीवसृष्टी उत्क्रांत होण्यामध्ये बरेच अडथळे असतील? कदाचित प्रयोगशाळेत काचेच्या नळीत जीव अथवा डीएनए *(डिऑक्सिरायबोज केंद्रकाम्ल)* निर्माण करणे जितके सोपे वाटते, तितके ते नसेल. कदाचित प्रगत सजीव उत्क्रांत होणे ही एक अशक्यप्राय गोष्ट असेल किंवा कदाचित असे सजीव निर्माण झाले असतीलही; पण माणूस उत्क्रांत होणे हा निव्वळ योगायोग असेल. हा योगायोग केवळ पृथ्वीवर शीतयुगात *(हिमयुगात)* डायनोसॉरस नष्ट झाल्यामुळे घडून आला असेल. किंवा अशा अगणित जीवसृष्टी निर्माणही झाल्या असतील; पण त्या अस्थिर असतील. कदाचित त्यातील काही दुबळ्या सृष्टी या लोभ, साम्राज्यलोलुपता, आण्विक युद्धे यामुळे नष्टही झाल्या असतील.

खरोखर ही संशयरत्नमाला संपणार नाही का? त्याला काही ठोस उत्तर नाही का?

संख्याशास्त्राच्यायोगे अशा किती जीवसृष्टी असतील हे वर्तवता येते. आता आपण असे गृहीत धरू की ह्या जीवसृष्टी आहेत व त्या प्रगत आहेत. प्रगत जीवसृष्टींची व्याख्या अशी आहे की ज्यांना रेडिओ तंत्रज्ञान वापरता येते. म्हणजेच रेडिओ लहरी प्रक्षेपित करता येतात. त्या 'N' आहेत.

N_o आकाशगंगेतील तारे.

f_p असे तारे की ज्यांना, त्यांच्या स्वत:च्या ग्रहमाला आहेत.

n_e जीवसृष्टी निर्माण होण्याजोगे ग्रह.

f_l ज्या ग्रहांवर जीवसृष्टी आहे असे ग्रह.

f_i ज्यांच्यावर प्रगत जीव उत्क्रांत झाले आहेत असे ग्रह.

f_c ज्या ग्रहांवर संपर्काचे प्रगत तंत्रज्ञान निर्माण झाले आहे.

f_L ज्या ग्रहांच्या आयुष्यकाळात प्रगत जीवसृष्टी आहेतच.

$N = N_o f_p n_e f_l f_i f_c f_L$

शास्त्रज्ञांच्या मते N_o ही संख्या ४ × १०^११ इतकी असावी. यातील बहुतेक

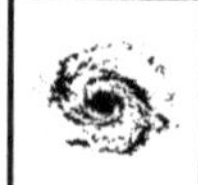

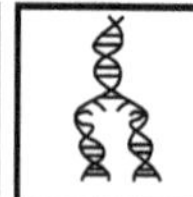
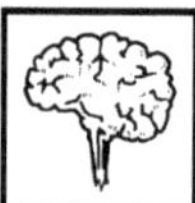

$N_o \times f_p \times n_e \times f_l \times f_i \times f_c \times f_L = N$

तारे हे दीर्घायुषी आहेत. अब्जावधी वर्षे ते प्रकाशात राहतील आणि जवळपासच्या ताऱ्यांना उत्क्रांतीकरता आवश्यक ती सर्व शक्ती पुरवू शकतील.

तारे निर्माण होत असताना, त्यांच्याबरोबर ग्रहही साथीला जन्म घेतात, असे पुरावे आढळून आले आहेत. गुरू, शनि, युरेनस आणि अनेक युगुल ताऱ्यांच्या अभ्यासावरून हे आढळून आले आहे. बहुतेक ताऱ्यांना त्यांची ग्रहमाला असावी. ज्या ताऱ्यांना त्यांची ग्रहमाला आहे, अशा f_p ताऱ्यांची शक्यता एक तृतीयांश इतकी आहे *(N च्या तुलनेने)*. म्हणून ग्रहमाला असलेल्या तारकांची संख्या ही

$N.f_p \cong$ १.३×१०[११] इतकी होईल.

जर प्रत्येक ग्रहमालेत आपल्यासारखेच १० ग्रह आहेत असे गृहीत धरले तर ती संख्या १×१०[१२] पेक्षा जास्त असेल.

पृथ्वीप्रमाणेच जिथे जीवन उत्क्रांत होऊ शकेल, असेही काही ग्रह सूर्याच्या ग्रहमालेत आहेत. उदा. मंगळ, गुरू, टायटन. एकदा जीवन उत्क्रांत झाले की ते सभोवतालच्या पर्यावरणाशी जुळवून घेते. जीवन उत्क्रांत होण्यासाठी योग्य अशा अनेक ग्रहमाला असतील. त्यांची संख्या आपण n_e= २ अशा सांगू. त्यामुळे अशा ग्रहांची संख्या $N.f_p n_e \cong$ ३×१०[११] इतकी होते.

संशोधनांअंती असे सिद्ध झाले आहे की, स्वत:च्या प्रतिमा *(बनवतील)* बनवू शकतील, असे रेणू निर्माण होणे, ही विश्वातील एक नैसर्गिक घटना आहे. जीवनाला आवश्यक असणारे रेणू बनणे या गोष्टीची शक्यता $f_l \cong$ १/३ मानता येते. ज्या ग्रहांवर जीवन प्रत्यक्षात अवतरले, अशा ग्रहांची संख्या $N.f_p n_e f_l \cong$ १×१०[११] इतकी होते. आपली गणती अजून संपलेली नाही. f_i आणि f_c गृहीत धरणे इतके सोपे नाही. आपल्यासारखी प्रगत जीवसृष्टी निर्माण होण्यासाठी अनेक गोष्टी घडाव्या लागतात; पण दुसरी शक्यता अशीही आहे की, अनेक जीवसृष्टी या आपल्यापेक्षा वेगळ्या मार्गाने उत्क्रांत होऊ शकतात.

जर या सर्व गोष्टींचा विचार केला व मोठे जीव उत्क्रांत होण्याची शक्यता पडताळली, तर $f_i \times f_c$ = १/१०० ही संख्या घेता येईल. म्हणून, ज्या ग्रहांवर प्रगत जीवसृष्टी निर्माण झाल्या असतील त्यांची संख्या ही :

$N.f_p n_e f_l f_i f_c \cong$ १×१०[९] इतकी असेल.

आज ही तंत्रज्ञानाने प्रगत जीवसृष्टी असणाची शक्यता आपण f_L इतकी धरली आहे.

एखाद्या ग्रहाच्या आयुष्याचा किती भाग त्यावर जीवसृष्टी असू शकते? पृथ्वीच्या अब्जावधी वर्षांच्या आयुष्यात फक्त काही काळ, काही हजार वर्षेच येथे प्रगत जीवसृष्टी नांदत आहे. आपल्यापुरती f_L ही संख्या १/१०[८] पेक्षा लहान आहे. जर

ही सृष्टी नष्ट झाली आणि सूर्य नष्ट होईपर्यंत पुन्हा इथे कुठलीही जैविक सृष्टी निर्माण झाली नाही, तर $N = N_o f_p f_l f_i f_c f_L \cong$ १०

जर अशा संस्कृती किंवा जीवसृष्टी एका टप्प्यापर्यंत येऊन नष्ट होणार असतील, तर येथे आपले बोलणे ऐकण्यासाठी आपल्याव्यतिरिक्त कुणीही नाही.

क्वचितच अशी सृष्टी निर्माण होणार आणि अशी सृष्टी काळाच्या प्रवाहात एकाएकी स्वत:ला झोकून देत आत्मघात करून नष्ट होणार.

आता अन्य पर्यायांचा विचार करू. एक विचार असा की, अशा सृष्टी निर्माण झाल्या आणि त्यांनी स्वत:ला नष्ट होऊ दिले नाही, काही अडथळे आलेच तर त्यांनी अब्जावधी वर्षांच्या उत्क्रांतीनंतर ते नष्ट केले. प्रदीर्घ समृद्ध आयुष्य जगत असतील अशा जीवसृष्टी बाल्यावस्थेतून प्रौढावस्थेत गेल्या असतील तर $f_L \cong$ १/१०० आणि $N =$ १०^{७} होईल. म्हणजेच खगोलशास्त्र, जीवशास्त्र आणि रसायनशास्त्रा यांसारखी अनेक शास्त्रे, असे सर्व घटक किंवा त्या घटकांची शक्यता, किंवा त्या घटकातील बदल किंवा संकटे, उत्पात, त्यातून उद्‌भवलेल्या परिस्थितीवर मात करून अशा जीवसृष्टी जगल्याच, तर सरतेशेवटी आपल्याला राजकारण आणि अर्थव्यवस्था या दोन अनिश्चितता दर्शविणारे घटक प्रगत जीवसृष्टीच्या नाशास कारणीभूत होतात. विश्वात, किती ग्रहांवर जीवसृष्टी अस्तित्वात असेल, हे वर्तवताना किंवा याविषयी अंदाज बांधताना रसायनशास्त्र, खगोलशास्त्र उत्क्रांतीसारख्या घटकांमुळेच अंदाज बांधणे कठीण आहे असे वाटले होते. पण शेवटी माणूस किंवा मानवी विचार हाच सरतेशेवटी अशा प्रकारचे अंदाज बांधताना महत्त्वाचा ठरतो का? तर तंत्रज्ञानात विकसित झालेल्या जीवसृष्टी आण्विक अथवा तत्सम युद्धे खेळून कशावरून नष्ट झाल्या नसतील? जर असे आत्मघात टाळले गेले असतील, तर ही आकाशगंगा कितीतरी जीवसृष्टींनी त्यांच्या संदेशांनी भरलेली आहे.

हे अंदाज विलक्षण आहेत, रोमांचकारी आहेत. या अंदाजावरून असे लक्षात येते की, कुणीतरी प्रगत तंत्रज्ञानाचा उपयोग करून टिकून राहिले आहे. हे कळण्यासाठी ते संदेश उकलले जाण्याचीही गरज नाही. म्हणजेच तंत्रज्ञानाच्या बाल्यावस्थेतून, आत्मघात टाळून, प्रगत अवस्थेकडे जाणे शक्य आहे. केवळ इतकीच गोष्ट, अन्य संस्कृतीचा वेध घेण्याचा प्रयत्न करण्यासाठी पुरेशी आहे. त्यातील संदेश काहीही असोत.

जर आपल्या आकाशगंगेत लक्षावधी जीवसृष्टी पसरल्या असतील, तर सर्वांत जवळची जीवसृष्टी ही २०० प्रकाशवर्ष दूर असेल *(प्रकाशाच्या वेगाने पाठवलेला संदेश तेथे पोहोचण्याकरता दोनशे वर्षे लागतील.)*. म्हणजे पेशवाईत विचारलेल्या प्रश्नाचे उत्तर आज मिळाल्यासारखे होईल; पण आपली जीवसृष्टी, ही रेडिओ तंत्रज्ञानाच्या बाल्यावस्थेत असल्यामुळे संदेश पाठवण्यापेक्षा संदेश ऐकणे, जास्त

सोपे आहे. आपल्यापेक्षा तंत्रज्ञानात पुढे असलेल्या जीवसृष्टी बरोबर उलट वागतील म्हणजेच त्या संदेश पाठवतील! अत्यंत ठळक तारकापुंजाच्या छायाचित्रातील लहानशा ठिपक्यातही अगणित तारे असतात. त्यातल्या नेमक्या कोणत्या ताऱ्यापाशी जीवसृष्टी असेल? कोणत्या दिशेने आपण आपली रेडिओ दुर्बिण रोकली म्हणजे संदेश प्राप्त होतील?

अशा लक्षावधी तारकांपैकी आतापर्यंत आपण फक्त काही हजार तारेच अभ्यासले आहेत. अजून खूप प्रयत्न बाकी आहेत.

सन १५२१मध्ये मध्य मेक्सिकोमधील ॲझटेक संस्कृतीच्या लक्षावधी लोकांचा केवळ चारशे युरोपियनांनी समूळ नाश केला होता. कारण काय तर युरोपियनांची तत्कालीन शस्त्रास्त्रे ही ॲझटेक्सच्या मानाने प्रगत होती. ॲझटेकचे ज्ञान नव्या जगात अपुरे होते. त्यांना बंदुका, तोफा इ. कशाचेही ज्ञान नव्हते. तसे पाहिले तर तांत्रिक ज्ञानातील ही तफावत काही फार नव्हती. युरोपियनांपेक्षा ते काही शतकेच मागे होते.

आकाशगंगेतील आपली संस्कृती अशीच अत्यंत मागासलेली आहे. पृथ्वीवर ज्याप्रमाणे प्रगत आणि अप्रगत संस्कृतीमध्ये युद्धे झाल्यानंतर, अप्रगत संस्कृती नामशेष झाल्या, त्याचप्रमाणे त्याच न्यायाने मोजले असता आपली पृथ्वी एव्हाना नामशेष झाली असती. पण असे झाले नाही. कदाचित परगृहांवरील जीवसृष्टी या अधिक सुसंस्कृत असतील किंवा कदाचित आपली सृष्टी कधी कुणी शोधलीच नसेल.

एका बाजूला आपण असा दावा करत आहोत, की तंत्रज्ञान आत्मसात केलेल्या वसाहतींचा फार छोटा, थोडासा भाग, जरी आकाशगंगेत टिकून राहिला तरी आकाशगंगेत आतापर्यंत बऱ्याच जीवसृष्टी असल्या पाहिजेत. आपणाकडे आज याने आहेत आणि माणसाला अवकाशात पाठविता येईल का, हे शोधही चालू आहे. दुसऱ्या बाजूने आपण असेही म्हणत आहोत, की पृथ्वीवर कुणी येऊन गेल्याचा पुरावा अजून तरी सापडत नाही. या बोलण्यात विसंगती वाटते नाही? कारण आपल्यापेक्षा विकसित जीवसृष्टी नक्कीच अन्य जीवसृष्टींचा वेध घेण्यासाठी प्रयत्न करत असतील. पृथ्वीच्या आजवरील आयुष्यात कुणीच कसे इथे आले नाही? कदाचित आले असेल, पण त्यांना येथे भेट देण्यासाठी कुणी नसेलच. कदाचित काही वसाहतींनी आत्मघात करून घेऊन त्या नष्ट झाल्या असतील, कदाचित अवकाश-प्रवास, तोही अत्यंत वेगाने वाटतो तेवढा सुरक्षित नसेल. कदाचित ती लोकं (?) इथे आलीही असतील, पण बाल्यावस्थेतील संस्कृतींना त्रास होऊ द्यायचा नाही, असा वैश्विक संकेत असेल. कदाचित अशा जीवसृष्टी आपल्यावर नजर ठेवूनही असतील.

पण याव्यतिरिक्तही एक सिद्धांत मांडता येईल, तो असा की, दोनशे प्रकाशवर्षांपूर्वी तरी एखादे अवकाश यान प्रवासाला निघाले असेल, तरी अवकाश यानातून लक्षात येईल की अशी कोणतीही मानवीय रचना त्या वेळी आपण पृथ्वीवर निर्माण केली नव्हती. रेडिओ प्रसारणसुद्धा दोनशे वर्षांपूर्वी अस्तित्वात नव्हते! त्यामुळे अवकाशयानातील त्या प्रवाशांच्या दृष्टीने आजुबाजूचे सर्वच ग्रह, तारे हे संशोधन करण्याच्या लायकीचे होते. त्यांना पृथ्वी विशेष वाटावी, असे काही पृथ्वीवर तेव्हा नव्हते व नाही. जर त्याच वेळी जवळपास सुपरनोव्हाचा स्फोट होणार असेल, तर निश्चितपणे ते अंतराळवीर आपले यान त्या दिशेकडे वळवतील किंवा वळवले असेल. पृथ्वीकडे येण्याचे त्यांना काही कारणच नाही *(सुपरनोव्हा हा स्फोट पावणारा तारा आहे, त्याच्या अंतर्यामी, उष्णतामान एकदम प्रचंड होते. अणूंचे विभाजन होते. हेलियम आणि न्यूट्रॉन या एकत्रीकरणातून नवीन मूलद्रव्ये निर्माण होतात.)*.

नुकत्याच जन्मलेल्या, तंत्रज्ञान आत्मसात केलेल्या जीवसृष्टी हळूहळू जवळपासच्या ताऱ्यांना भेट देण्यासाठी सुरुवात करतील. कदाचित काहींजवळ स्वत:चे ग्रह नसतील. काही ग्रह हे विषारी वायूंचे असतील, तर काही वायूंनी व्यापलेले असतील. काही ग्रह आधीच कुणीतरी व्यापलेले असतील, तर काहींवर राहण्याजोगे वातावरण निर्माण करावे लागले असेल. क्वचित एखादा ग्रह वसाहत करण्याजोगा मिळतही असेल; पण तेथील स्रोत वापरून यान पुन्हा तयार करणे ही एक प्रदीर्घ प्रक्रिया असेल. इतकी की, त्यांची दुसरी पिढी ही मोहीम हाती घेईल.

काळाच्या ओघात या जीवसृष्टींना, आणखी काही जीवसृष्टींची ओळख पटेल. कदाचित स्वतंत्रपणे उत्क्रांत होणाऱ्या नव्या वसाहती या, एकमेकांकडे दुर्लक्ष करतील. कदाचित एकमेकांना अवकाश मोहिमांमध्ये सहाय्य करतील. कदाचित एखादी जीवसृष्टी आपली दखलही न घेता राहात असेल. कोणत्याही संस्कृतीला, स्वत:ची लोकसंख्या मर्यादित ठेवल्याशिवाय अस्तित्व टिकवणे कठीण आहे. प्रचंड लोकसंख्येस आपले सारे ज्ञान हे पोट भरण्यापुरेतच मर्यादित ठेवावे लागते. कारण कुठल्याही ग्रहावर, जर सजीव असतील तर ते सजीव, प्रचंड प्रमाणात वाढतील आणि शक्तीचे सारे स्रोत ते संपवतील *(लोकसंख्येची समस्या ही खरे तर परकीय जीवसृष्टीपेक्षा भारतासारख्या बलाढ्य देशाला जास्त भेडसावत आहे)*. म्हणजेच याची दुसरी बाजू अशी आहे की, प्रगत आणि अवकाश संशोधन मोहिमा हाती घेणाऱ्या जीवसृष्टींनी त्यांच्या लोकसंख्येवर नियंत्रण ठेवले असणार. त्यांची लोकसंख्या अत्यंत कमी असणार. लोकसंख्या-वाढीचा वेगही शून्यवत असणार. साहजिकच त्यांच्याकडे अन्य ग्रहांवर जाऊन वस्ती करण्याइतकी लोकसंख्याच नसणार. लक्षावधी वर्षांपूर्वी जर एखाद्या अवकाश-संशोधन करत विहार करणाऱ्या संस्कृतीने आपल्यापासून फक्त २०० प्रकाशवर्षांपूर्वी येण्यासाठी प्रस्थान ठेवले

असेल, तर आता त्यांची याने सूर्याच्या ग्रहमालेत प्रवेश करतील.

पण त्याहीपेक्षा दूर असणारी, संस्कृती किंवा जीवसृष्टी इथे येण्यासाठी, खूपच मोठा कालावधी जावा लागेल. लक्षावधी वर्षांची जुनी संस्कृती याचा अर्थ काय? आपल्यापाशी काही दशकेच रेडिओ दुर्बिणी आणि अवकाश याने आहेत. आणि आपली संस्कृती केवळ काही सहस्त्रकेच जुनी आहे. मनुष्य या पृथ्वीवर काही लाख वर्षांपूर्वीच उत्क्रांत झालेला आहे. आपल्या प्रगतीचा दर पाहता लक्षावधी वर्षे जुनी असलेली संस्कृती वा जीवसृष्टी ही आपल्यापेक्षा कितीतरी पटीने पुढे गेलेली असेल. आपण त्यांच्यापुढे अर्भकावस्थेत आहोत. तेव्हा आपल्याला त्यांचे अस्तित्व तरी ओळखता येईल का? आणि इतक्या पुढारलेल्या संस्कृतीला अवकाशात जिथे तिथे वसाहत करण्याची गरज तरी भासेल का? त्यात त्यांना रस तरी असेल का?

मानवी आयुष्याला एक मर्यादा आहे. ज्ञान, शास्त्र व तंत्रज्ञानाच्या प्रचंड प्रगतीमुळे ही मर्यादा जर ओलांडली गेली असेल तर?

आपण अवकाश मोहिमांमध्ये इतका रस का घेतो? कदाचित मानवी जीवनाची शृंखला, हा वारसा अबाधित राहावा, म्हणून तर नव्हे?

कदाचित तसे असेल तर तंत्रज्ञानाच्या प्रचंड प्रगतीमुळे, अमरत्व गाठलेल्या संस्कृतीला, अवकाश-प्रवास ही संकल्पनाच बालीश वाटेल.

या प्रचंड अवकाशात इतके तारे आहेत की कदाचित येथे एखादी जीवसृष्टी येईपर्यंत तिचा उद्देशच बदलला असेल *(व ती दुसरीकडे वळली असेल.)*. कदाचित ती अशा रूपात उत्क्रांत झाली असेल की तिचे अस्तित्वही आपण ओळखू शकणार नाही.

कोणत्याही विज्ञानकथांमधून परग्रहवासी हे जवळ जवळ आपल्याइतकेच शक्तिशाली मानले जातात. फार तर त्यांची शस्त्रास्त्रे थोडी फार वेगळी असतात. पण शक्यतोवर, विज्ञानकथांमधून आपण व ते जवळ जवळ तुल्यबळ दाखवले जातात. खरं तर अंतराळातील दोन वसाहती एकाच पातळीवर येऊन एकमेकांशी टक्कर घेतील, ही अशक्यप्राय गोष्ट आहे. कोणत्याही युद्धात एक दुसरीवर निर्विवाद विजय मिळवेल.

जर एखाद्या प्रगत संस्कृतीने आपल्यापर्यंत यायचेच ठरवले, तर त्याबद्दल आपण काहीही करू शकत नाही. त्यांचे तंत्रज्ञान आणि शास्त्र आपल्यापेक्षा फार पुढे असेल आणि अशी जीवसृष्टी आपल्यावर हल्ला करेल असे मानणे वा, त्यांच्या हेतूबद्दल भीती बाळगणे, यात काही अर्थ नाही. कारण इतकी वर्षे अशी एखादी संस्कृती शिल्लक आहे, याचा अर्थच असा की ती इतरांबरोबर स्वत:ला सांभाळून जगायला शिकली आहे.

कदाचित परग्रहावरील जीवसृष्टीबद्दल वाटणारी आपली भीती, हे आपल्याच

मागासलेपणाचे द्योतक असेल. कदाचित माणसाच्या आक्रमक साम्राज्यवादी पार्श्वभूमीमुळे आपल्यात अपराधी भावना असेल; पण दुसऱ्या संस्कृतीशी, जीवसृष्टीशी टकराव झाल्यानंतर आपण समजूतदार बनू.

समजा, आपल्याला रेडिओद्वारा संदेश मिळाले आणि आपल्याला ते भीतीदायक वाटले, तर त्यांना उत्तर देण्याची कोणतीही जबाबदारी आपल्यावर नाही; पण जर त्या संदेशामध्ये काही माहिती असेल, ते संदेश उपयुक्त असतील, तर परग्रहावरील कला, संगीत, राजकारण हे आपल्याला समजेल; पण अशा प्रकारच्या प्रयोगांना लागणारा पैसा कुठल्याही राष्ट्राच्या नेतृत्वाकडून मिळणे कठीण आहे. वानगीदाखल हेच उदाहरण घ्या, १९७८ मध्ये ब्रिटीश संरक्षण खात्याच्या प्रवक्त्याने लंडन ऑब्झर्वरला दिलेली ही माहिती होती. 'अंतराळातून आलेले कोणतेही संदेश ही बीबीसी आणि पोस्ट खात्याची जबाबदारी आहे! अवैधानिक संदेशांचा पाठपुरावा करणे, ते नष्ट करणे, ही त्यांची जबाबदारी आहे.'

अवकाश-संशोधन ही अशी मोहीम आहे की, जिथे अपयश आले तरीसुद्धा, त्यातून काहीतरी नवीन ज्ञानच मिळेल. आपण दीर्घिकेतील ताऱ्यांचा शोध घेतला आणि त्यातून काहीही निष्पन्न झाले नाही तरी आपल्याला एक गोष्ट ही खचितच समजेल. ती ही, की आपली संस्कृती ही अपवादात्मक आहे. मग आपल्या असे लक्षात येईल की या छोट्याशा ग्रहावर जडातून चैतन्य कसे निर्माण झाले, त्यामुळे मनुष्यजन्माचे अनमोल मोल लक्षात येईल आणि जर आपण या शोध मोहिमेत यशस्वी झालो तर आपले सारे जीवनच बदलले जाईल.

□

तळटीप

१. 'फुरिअर ॲनालिसिस' ही गणितातील शाखा प्रसिद्धीस आणणारा हाच तो फुरिअर.

◆

विश्वाचे आर्त

या वसुंधरेची बाजू कोण मांडणार? या विश्वाचा शोध आता कुठे लागला आहे. यापूर्वी अनेक वर्षे पृथ्वीसारखी दुसरी जागा नाही, असेच आपल्याला वाटत होते. आपण उत्क्रांत झाल्यापासून आजपर्यंत बराच काळ लोटला. त्यामानाने फारच थोड्या कालावधीत माणसाच्या हे लक्षात आले, की पृथ्वी ही विश्वाचा केंद्रबिंदू नाही, विश्वाचा तो हेतूही नाही, तर या अफाट विश्वाच्या सागरातील लक्षावधी दीर्घिका व ताऱ्यांच्या समूहातील एक छोटासा बिंदू आहे.

माणसाला आज या अफाट विश्वाचाच आपण भाग आहोत, याची जाणीव झालेली आहे. 'पिंडी ते ब्रह्मांडी' या उक्तीचा शब्दश: अर्थ अत्यंत सार्थ आहे, याची जाणीवही त्याला झाली आहे. अंतराळातील ताऱ्यांच्या स्फोटातील राखेपासून आपण बनलो आहोत. मानवी जीवनाचा जन्म, उत्क्रांती, या घटना दूरवर घडलेल्या विश्वातील घटनांशी जोडल्या गेल्या आहेत.

आपण या विश्वाचे वारस आहोत. तंत्रज्ञानाचा शोध लागल्यापासून ते आतापर्यंत या नगण्य कालावधीत आपण अनेक भयानक गोष्टींचा साठा केला आहे. लढाया, युद्धे, संहारक शस्त्रांचे साठे, राजकीय पुढाऱ्यांपुढे शरणागती, अन्य राष्ट्रांचा तिरस्कार यामुळे आपले अस्तित्व धोक्यात येण्याचा संभव आहे. पण ही झाली नाण्याची एक बाजू. दुसरी बाजू काय आहे?

दुसरी बाजू अशी आहे की, माणसाला भावना आहेत, त्या तो दर्शवतो. वात्सल्य, माया, लहान मुलांबद्दल वाटणारे प्रेम तो दर्शवतो. त्यांच्या भविष्याची चिंता त्याला वाटते. इतिहासाचे आकलन करून घेण्याचा प्रयत्न तो करतो. त्याला निसर्गदत्त प्रगल्भ बुद्धिमत्ता मिळाली आहे. त्याच्या सातत्याने होणाऱ्या समृद्धीचे खरे कारण बुद्धिमत्ताच आहे. तेच आपले शस्त्र आहे. मानवी स्वभावाच्या या पैलूपैकी कोणता पैलू टिकेल, हे सांगणे कठीण आहे. जर माणसाने मनाचा संकुचितपणा सोडला नाही आणि आपले विश्व आपल्या देशापुरते, एखाद्या भूभागापुरतेच मर्यादित ठेवले तर कठीण अवस्था निर्माण होईल.

अवकाशातून पृथ्वी न्याहाळताना देशादेशांमधील मानवनिर्मित सीमारेषा स्पष्ट दिसत नाहीत. धर्मांधता, अंधश्रद्धा, वर्णभेद या साऱ्यांना काही स्थानच उरत नाही.

या विश्वातील आपला प्रवास प्रदीर्घ आहे, भव्य आहे. तेथे अशी काही स्थाने, आहेत की जेथे चैतन्य कधी निर्माणच झाले नाही, तर अशा काही जागा आहेत की जेथे ते निर्माण होऊन वैश्विक उत्क्रांतीमध्ये बेचिराख झाले.

आपण सुदैवी आहोत, जिवंत आहोत. शक्तिशाली आहोत. म्हणूनच मानवी जगाचे, या पृथ्वीचे कल्याण आपल्याच हातात आहे. जर या पृथ्वीबद्दल आपण बोलायचे नाही तर कुणी बोलायचे? किंबहुना, या पृथ्वीची बाजू घेऊन बोलणे हे आपले कर्तव्य आहे. माणसाने अवकाश-मोहिमांद्वारे प्रचंड कार्य हाती घेतले आहे. जर त्यात आपण यशस्वी झालो तर एखाद्या भूप्रदेशावर जाऊन वसाहती थाटण्याजोगे ते महत्त्वाचे आहे. या पृथ्वीची कास आपण सोडणार आहोत. आपला मेंदू हा सरपटणाऱ्या प्राण्यांपेक्षा फार प्रगल्भ आहे. बुद्धीच्या सामर्थ्यावर प्राण्यांमध्ये निसर्गत: असलेली आक्रमक भावना आपण नियंत्रित करू शकतो. आपण ताऱ्यांकडून येणारे संदेश ऐकण्यासाठी सज्ज झालो आहोत; पण अजूनही आपली प्रचंड शक्ती ही युद्धे खेळण्यात, युद्धाचे बेत आखण्यात, युद्धाकरता शस्त्रास्त्रे बनवण्यातच खर्च होते.

एकमेकांवर प्रचंड अविश्वास दर्शवला जातो. परस्परांबद्दल कमालीचा तिरस्कार दर्शवतो. अजूनही पृथ्वीवरील मनुष्यजातीबद्दल, पर्यावरणाबद्दल, वातावरणाबद्दल, सजीव सृष्टीबद्दल यत्किंचितही जबाबदारीची जाणीव न ठेवता राष्ट्रे, मृत्यूला कवटाळण्याकरता सज्ज होत आहेत आणि जे आपण करत आहोत ते इतके भयानक आहे की, त्याचा विचार करणेच आपण सोडून दिले आहे.

विचार करू शकणाऱ्या कुठल्याही माणसाला अणुयुद्धाची भीती वाटते आणि तरीही प्रत्येक प्रगत राष्ट्र आण्विक युद्धाची तयारी करत आहे. विनाशाची ही एक मन खिन्न करणारी शृंखलाच आहे. अमेरिकेने प्रथम अणुबॉम्ब बनवला, तो जर्मनीवर मात करण्यासाठी. अमेरिकेकडे आहे म्हणून रशियाकडेही आहे. तसेच फ्रान्स, ब्रिटन, भारत, चीन, पाकिस्तान, म्हणजे काय, विसाव्या शतकाच्या अखेरीस जगातील अनेक राष्ट्रांकडे आण्विक शस्त्रे तयार आहेत.

ती बनवणे सोपे आहे. दुसऱ्या महायुद्धातील परंपरागत बॉम्बना 'ब्लॉक ब्लस्टर' म्हणत. ते २० टीएनटी इतक्या क्षमतेचे होते. एखाद्या शहराचा भाग उद्ध्वस्त करण्याची ताकद त्या बॉम्बमध्ये असे.

दुसऱ्या महायुद्धात सर्व शहरांवर टाकलेल्या बॉम्बची क्षमता जेवढी होती, तेवढा विध्वंस करण्याची शक्ती आज निर्माण केलेल्या एका बॉम्बमध्येच असते. आज जगात हजारो आण्विक अस्त्रे आहेत. अनेक अतिविकसित देशांनी एकमेकांवर आपली आण्विक क्षेपणास्त्रे रोखलेली आहेत. दुसऱ्या महायुद्धात, सहा वर्षांत

केलेल्या बॉम्बफेकीमुळे जेवढा विनाश झाला असेल, तेवढा विनाश ही आजची संहारक शस्त्रे केवळ काही तासात करतील. केवळ एखाद्या दुपारी सर्व पृथ्वी नष्ट करण्याची ताकद या अस्त्रांमध्ये आहे.

आण्विक हल्ल्यांनंतर येणाऱ्या स्फोट किंवा धक्कालहरींमुळे मृत्यूचे भयंकर तांडव निर्माण होऊ शकते. ही लाट कित्येक किलोमीटरच्या परिघात पसरते. त्यातून निर्माण होणारे गॅमा किरण, न्यूट्रॉन हे जवळपासच्या सगळ्यांना अक्षरश: भाजून, होरपळून टाकतात, टाकू शकतात. जर आण्विक युद्ध झालेच तर हिरोशिमावर टाकलेल्या बॉम्बच्या लक्षावधी पटीने शक्तिशाली बॉम्ब फेकले जातील. सगळेच जण काही बॉम्बस्फोटाने मरणार नाहीत, तर काही जण त्यातून निर्माण होणाऱ्या प्रारणांमुळे, उत्सर्जित किरणांमुळे मरतील. काही उत्सर्जित किरणे ही फार काळ टिकत नाहीत. ९० टक्के स्ट्रॉन्शियम हे किरणोत्सर्गी मुलद्रव्य ९६ वर्षांनी नष्ट होते, तर ९० टक्के सिझियम-१३७ हे १०० वर्षांत नष्ट होते, तर ९० टक्के आयोडिन-१३१ हे एका महिन्यात! त्यातूनही जे जगतील त्यांची अवस्था भयानक असेल. आण्विक युद्धामुळे हवेच्या वरील थरातील नायट्रोजन जळून जाईल. नायट्रोजनची भस्मे *(ऑक्साईड)* तयार होतील. त्यामुळे वातावरणातील ओझोन मोठ्या प्रमाणावर नष्ट होईल. परिणामत: जंबूपार *(अतिनील)* किरणे प्रचंड प्रमाणात वातावरणात प्रवेशतील *(किरणोत्सर्गी मूलद्रव्यातून प्रारणे बाहेर पडत असतात. किरणोत्सर्गामुळे कालांतराने त्यातील किरणोत्सर्गाचा गुणधर्म नष्ट होतो व या मूलद्रव्याचे रूपांतर स्थिर मूलद्रव्यात होते. एखाद्या मूलद्रव्याचा हा गुणधर्म किती काळाने नष्ट होणार, हे मोजण्यासाठी T म्हणजे Half life period व* τ *(टाऊ) म्हणजे Mean life period काढतात. Half life period म्हणजे त्या मूलद्रव्यातील सुरुवातीची जितकी अणुकेंद्रे (किरणोत्सर्गी) असतील, त्याच्या निम्मी अणुकेंद्रे शिल्लक राहण्याचा कालावधी.).*

कातडीच्या कर्करोगाचे प्रमाण वाढेल. पृथ्वीवरील वातावरण, पर्यावरण कशा पद्धतीने बदलेल हे सांगता येणार नाही. बरेचसे जीवाणू नष्ट होतील, पिकांचा नाश होईल. कुठले जीवाणू कसे नष्ट होतील, हे सांगता येणार नाही. पर्यावरणाचा समतोल बिघडेल. निसर्गाच्या या पर्यावरणाच्या पायापाशी जीवाणू आहेत, तर शिखरापाशी आपण! आण्विक युद्धानंतर उडालेल्या धुळीमुळे, पृथ्वीचे तापमान थोडेसे घटेल व ती थंड होईल. त्यामुळेही निसर्गात प्रचंड बदल घडेल. किरणोत्सर्गामुळे पक्षी, पिके, कीटक, माणसाच्या पेशीतील डीएनए *(डीऑक्सिरायबोज केंद्रकाम्ल रेणू)* मध्ये न सांगता येण्याजोगे बदल घडतील. रोगप्रतिकारक शक्तीमध्ये बदल होईल. नवजात बालकांवर काय परिणाम होईल ते सांगता येत नाही.

युद्धामुळे अपरिमित हानी होईल. प्रियजनांचा विरह, शोक, अपंगत्व, निरनिराळ्या

व्याधींचा प्रादुर्भाव, वैद्यकीय उपचारांचा अभाव निर्माण होईल आणि हा सर्वनाश कशाकरता? त्यातून हाती काय येणार? काहीच नाही. जे ज्ञान आपल्याला वाचवू शकते, तेच ज्ञान आपल्याला वाचवू शकणार नाही! खरं तर ज्ञानाइतके पवित्र दुसरे काहीही नाही. ज्ञानासारखे परम ध्येय नाही. त्या ज्ञानाचा विज्ञान हा एक चमकदार पैलू आहे. त्या ज्ञानाचे जतन आणि सामान्य जनांकरता त्याचा उपयोग, हेच वैज्ञानिकांचे उद्दिष्ट राहिले पाहिजे. आज राजसत्तेला जाब विचारण्याचे धैर्य वैज्ञानिकांत नाही. किंबहुना, वैज्ञानिकांचे संशोधन-कार्य, हे राजसत्तेच्या मर्जीमुळे मिळणाऱ्या पैशातून चालते. ही स्थिती बदलणे आवश्यक आहे. वैज्ञानिकांचे शोध-कार्य, तपश्चर्या ही समाजाभिमुखच असायला हवी आणि ती तशी निर्माण व्हावी म्हणून समाजानेही वैज्ञानिकांची दखल घ्यायला हवी.

अन्यथा हे राजकारण, सत्ताकारण, टोकाचा राष्ट्रवाद, आक्रमक साम्राज्यवाद व ते टिकवण्यासाठी युद्धाचा अग्नी भडकवला जातो; पण त्यात आहुति पडते ती जनसामान्यांची! हे सारे विश्व, ही पृथ्वी माणसांसाठी आहे, पर्यावरणासाठी आहे. माणूस हा त्या जीवनाचा मूलभूत घटक आहे. मानवी जीवन फुलवणे, एक शाश्वत मूल्य आहे! आपण सारेच या पृथ्वीच्या माणूस नावाच्या कुळाचे घटक आहोत. येथील लाखो वर्षांच्या उत्क्रांतीनंतर जन्माला आलेल्या संस्कृतीचे घटक आहोत. याचे विस्मरण जगाला पडत आहे. गौतम बुद्धापासून म. गांधीपर्यंत कुठल्याही महामानवाच्या शिकवणीचे संस्कार आज आमच्या समस्यांना सामोरे जाण्याकरता अपुरे पडू लागले आहेत.

हितसंबंधाचे राजकारण, बलाढ्यांचे राजकारण, पैशासाठी राजकारण आणि मग त्यातून उद्‌भवलेल्या आसूरी शक्तीतून, पाशवी महत्त्वाकांक्षेतून निर्माण झालेली महायुद्धे जर घडू लागली, तर ही पृथ्वी नष्ट व्हायला कितीसा वेळ लागेल?

राष्ट्रे चिथवली जातात. रक्त सांडण्याची भाषा बोलू लागतात. वाढते विज्ञान, शास्त्र यामुळे होणारी हानीही अपरिमित असते. मोठे युद्ध होण्यासाठी, बहुसंख्यांच्या भावना भडकाव्या लागतात. हल्ली संपर्काची सर्व साधने उदा. दूरचित्रवाणी रेडिओ इ. सत्ताधीशांच्या ताब्यात असल्यामुळे हेही सोपे जाते.

मानवी मेंदूत सुसंस्कृत भावना आणि पाशवी भावनांचा संघर्ष सदैव चालू असतो. कारण मानवी मेंदूची रचनाच त्याला कारणीभूत आहे. उत्क्रांतीसमयी माणसाच्या मेंदूचा आतील भाग हा सरपटणाऱ्या प्राण्यांच्या मेंदूएवढाच होता. त्यामुळे जगण्यासाठी आवश्यक असलेला मूलभूत संघर्ष इतकेच तो करू शकत होता. त्यात जीवनसंघर्षासाठी आवश्यक तो आक्रमकवाद, 'जीवो जीवस्य जीवनम्' हा न्याय, भक्ष्यावर हल्ला या सर्व कृती अंतर्भूत होत्या; पण जसजसा मानवी मेंदू उत्क्रांत होऊ लागला, तसतसे तो वात्सल्य, प्रेम, इतरांबद्दल सहानुभूती, विचारशक्ती

या सर्व भावनांची केंद्रे विकसित होऊ लागली. आजही माणसाच्या मेंदूत हे दोन्ही भाग अस्तित्वात असतात आणि हा संघर्ष मानवी मनात अजूनही चालू असतो.

विज्ञानतंत्रज्ञानाची प्रगती जसजशी होऊ लागली, तसतशी संहारक अस्त्रेही अधिकाधिक संहारक होऊ लागली. एकेका अस्त्राने लाखो लोक मरू शकतात. आपण खरोखरीच इतक्या झपाट्याने सुधारलो आहोत? युद्धाच्या कारणांचा अभ्यास करण्याचे खरे धाडस आपण दाखवले आहे का? प्रत्येक राष्ट्राने अण्वस्त्रधारक बनण्यासाठी स्वत:चे कारण शोधले आहे. त्याचबरोबर युद्धाचे खरे कारण व त्याचे परिणाम जनतेसमोर येऊ नयेत, याची काळजीही प्रत्येक राष्ट्र घेते.

शस्त्रास्त्रांची ही लढाई, ही जीवघेणी स्पर्धा आपण अंतराळातील निरीक्षकाला कशी समजावून सांगणार? क्षेपणास्त्रे, न्यूट्रॉन बॉम्ब, आंतरखंडीय क्षेपणास्त्रे, अधिक शक्तिशाली लांब पल्ल्यांची क्षेपणास्त्रे या सर्वांचे कोणते समर्थन आपल्याकडे आहे? आपण असे म्हणणार का, की जगभर रोखलेल्या इतक्या सहस्त्र क्षेपणास्त्रांमुळे मानवी जीवन अधिक समृद्ध होणार आहे? किंवा आपले राष्ट्र समृद्ध होणार आहे? *(अमेरिकेच्या बाबतीत हा प्रश्न अचूकपणे लागू पडतो).*

या पृथ्वीबाबत आपली काहीच बांधीलकी नाही? राजकीय नेतृत्व हे, राष्ट्र अण्वस्त्रधारी होण्याची कशी आवश्यकता आहे, हे नेहमीच सांगत आले आहे. प्रत्येक देशात हीच स्थिती आहे. पण माणूस या समूहाची बाजू कोण मांडणार? या पृथ्वीच्या बाजूने कोण बोलणार? मानवी मेंदूचे दोन तृतीयांश वस्तुमान हे मेंदूच्या बाह्य पटलात असते *(सेरेब्रल कॉरटेक्स)*. मेंदूचा हा भाग समज, आंतरिक प्रेरणा, विचार करण्याची शक्ती या कामी गुंतलेला असतो. माणूस हा सामाजिक प्राणी म्हणूनच उत्क्रांत झाला आहे. आपल्याला सुहृदांचा सहवास आवडतो. आपण आपल्या लोकांची काळजी घेतो. एकमेकांना सहकार्य करतो. दुसऱ्याचे हित, त्याचा आनंद याचा आपण प्रथम विचार करतो. निसर्ग, त्याच्या रचना, सृष्टीतील रचनांचा उलगडा, आपण फार प्रगल्भतेने केला आहे. एकमेकांबरोबर काम करण्याची आपली इच्छा असते. ते कसे करावे याची क्षमता व जाणीवही आपल्यामध्ये असते.

जर आपण आण्विक युद्धाने, आपल्या नवनिर्मित संस्कृतीच्या विनाशाचा विचार करू शकलो, तर ही संस्कृती नष्ट होणार नाही. आण्विक युद्धे टळतील. हा विचार आपण का करू नये? वैश्विक दृष्टिकोनातून पाहिल्यास पृथ्वीवरील संस्कृती ही तिच्यासमोर असलेल्या, अनेक ध्येयांमध्ये, कसोटीमध्ये अनुत्तीर्ण झाल्याचे जाणवेल. उदा. या ग्रहावरील सर्वांची सुरक्षितता, त्यांचे कल्याण! या दृष्टीने आपले प्रयत्न अपुरे आहेत आणि यासाठी प्रत्येक देशातील अज्ञान, अंधश्रद्धा, हानीकारक रूढी, मूलभूत अर्थव्यवस्था, राजकीय, आर्थिक, धार्मिक संस्था यामध्ये योग्य ते बदल घडवून आणणे हे आवश्यक नाही का? पण या सर्वांची काळजी वाटल्याने

किंबहुना, ते बदलणे अवघड वाटल्याने आपण अणुयुद्धाच्या मूळप्रश्नाचे गांभीर्यच कमी करण्याचा प्रयत्न करतो.

आतापर्यंत सुदैवाने पूर्ण अणूयुद्ध झालेले नाही. यावरून असा निष्कर्ष काढला गेला आहे, की जणू काही ते पुन्हा कधीही होणारच नाही; पण असे हे युद्ध एकदाच होऊ शकते आणि त्यानंतर मात्र युद्धांचे संख्याशास्त्र बदलायला खूपच उशीर झालेला असेल. त्या वेळी मात्र या सगळ्याचा विचार करण्याची वेळ निघून गेलेली असेल. सारी पृथ्वीच आण्विक युद्धाकरता ओलीस म्हणून धरली आहे. म्हणूनच मानवी अस्तित्वाकरता आवश्यक असलेले तत्त्वज्ञान, तंत्रज्ञान, शास्त्र हे आपण शिकलेच पाहिजे. आण्विक युद्ध व परंपरागत युद्ध याविषयी आपल्याला माहिती असलीच पाहिजे. आपण आपली बाजू धैर्याने मांडलीच पाहिजे. हे सर्व कठीण आहे. पण आईनस्टाईनवर, जेव्हा आरोप केले गेले की त्याची सूचना अव्यवहारिक आहे, तेव्हा तो म्हणायचा की मग दुसरा पर्याय काय आहे?

माणसाच्या मेंदूत एकाच वेळी नांदणाऱ्या वेगवेगळ्या भावना दर्शविणाऱ्या, मेंदूच्या कोणत्या जाणिवा विकसित करायच्या, हे सर्वस्वी आपल्याच हातात आहे. शास्त्रज्ञांच्या मते ज्या समाजातील मुलांवर, तान्या अर्भकांवर प्रेम केले जाते, त्यांच्यावर वात्सल्याचा, मायेचा वर्षाव होतो, त्यांना प्रेमाने कुरवाळले जाते, त्यांच्याशी आपुलकीचा संवाद साधला जातो, त्या समाजातील मुले ही विचारी व अहिंसक बनतात.

याउलट मुलांकडे दुर्लक्ष होते. राग, हिंसा, शिक्षा, कमालीच्या शिस्तीचा बडगा उगारला जातो, त्या समाजात हिंसक वृत्ती वाढते. अजूनही मानवी स्वभावाचे संपूर्ण आकलन आपल्याला झालेले नाही. खरोखरीच जर मानवी स्वभाव आणि माणसाचा इतिहास, त्याचा भूतकाळ व त्याचे बालपण यांचा इतका परस्परसंबंध असेल, तर आशेचा किरण अजूनही डोकावतो आहे. शोषण, अत्याचार, वर्णभेद हे मग मूलत: माणूस स्वप्रयत्नाने कमी करू शकतो. आज जग सर्व बाजूंनी बदलते आहे. गेल्या दोनशे वर्षांत गुलामगिरीची संकल्पना नष्ट झाली आहे. स्त्रिया प्रथमच शिकत आहेत, पुढे येत आहेत. शास्त्र-तंत्रज्ञानाच्या शोधांमुळे नवनवीन बदल घडून येत आहेत.

ताऱ्यांच्या केंद्रस्थानी अणू बनत असतात. प्रत्येक क्षणी असंख्य विश्वे निर्माण होतात, आपण अशा विश्वात राहातो, की ज्या ठिकाणी सूर्यप्रकाश आणि विद्युतप्रवाहामुळे जीवनाचा जन्म झाला आहे; आकाशगंगेतील स्फोटातून निर्माण झालेल्या पदार्थातून जैविक सृष्टी बनली आहे, जेथे अब्जावधी वर्षांतून दीर्घिका बनली आहे.

विज्ञानाच्या अभ्यासामुळे अंधश्रद्धांना तडा जातो. निसर्गाच्या प्रत्येक पैलूत काहीतरी रहस्य हे दडलेलेच असते. रहस्यामुळे आपण चकित होतो. हे रहस्य विज्ञानाच्या अभ्यासामुळेच समजते. जेव्हा काहीजण या विश्वाचे वेध घेण्यास नकार देतात, तेव्हा ते सत्य नाकारत असतात. वेळप्रसंगी स्वत:ची मते, पूर्वग्रह बाजूला

सारूनही, जे या विश्वाची रचना समजून घेण्याचा प्रयत्न करत असतात, तेच या रहस्याचा भेद करू शकतात. या पृथ्वीवर मनुष्यप्राण्याखेरीज अन्य कुठलाही प्राणी हा विज्ञानाचा, शास्त्राचा अभ्यासक नाही! आतापर्यंत लावलेल्या शोधांपैकी विज्ञान हा शोध १०० टक्के माणसाने लावला आहे. उत्क्रांतीतून निर्माण झालेल्या मानवी मेंदूने विज्ञान हा सर्वांत मोठा शोध लावला आहे. हे विज्ञान अचूकच आहे असे नाही. त्याचा दुरुपयोगही केला जाऊ शकतो; पण हा शोध म्हणजे एक साधन आहे. हे साधन प्रवाही आहे, त्यातल्या त्यात अचूक आहे. त्यातील चुका, त्रुटी ते स्वत:च कमी करत जाते.

या शास्त्रात कुठलेही अंतिम सत्य नाही. सर्व गृहीतके, आराखडे, अंदाज हे पुराव्याच्या कठोर परीक्षेत उत्तीर्ण व्हावेच लागतात. सत्ताधीशांच्या, धनवानांच्या मतांना हे शास्त्र किंमत देत नाही. सत्याशी फटकून जे आहे, ज्या गोष्टी वास्तवाला धरून नाहीत, त्या त्याज्य कराव्याच लागतात.

हे विश्व जसे आहे, तसेच ते समजून घ्यायचे आहे. आपल्याला ते जसे असावे असे वाटते आणि प्रत्यक्षात ते कसे आहे, या दोहोंतला फरक लक्षात घेतलाच पाहिजे. माणसाने निर्मिलेली आधुनिक विज्ञानधिष्ठित संस्कृती कानामागून येऊन तिखट झाली आहे. ४५ कोटी वर्षांच्या उत्क्रांतीनंतर अवतरलेल्या या संस्कृतीने स्वत:लाच शाश्वत सत्य समजल्याचे जाहीर केले आहे. अत्यंत झपाट्याने बदलणाऱ्या जगात ही वृत्ती, केवळ आत्मघातालाच निमंत्रण देणारी ठरू शकते.

कुठलेही राष्ट्र, राज्य, धर्म, संस्था, आर्थिक, सामाजिक सत्ता, विद्वान किंवा वैज्ञानिक यापैकी कुणालाच ही संस्कृती कशी टिकून राहील, या प्रश्नाचे उत्तर माहीत नाही. त्या प्रश्नाचे उत्तर शोधणे हे आपले कर्तव्य आहे.

आयोनिया या बेटावर, २००० वर्षांपूर्वी अलेक्झांड्रिया वाचनालय होते. तेथे गणित, भौतिक, जीवशास्त्र, भूगोल, वैद्यकशास्त्र, साहित्य आणि खगोलशास्त्र यांचा नियोजित अभ्यास सुरू झाला होता. या वाचनालयाला टोलेमी या ग्रीक राजांचा राजाश्रय होता.

अलेक्झांड्रियाला मोठे प्रकाशन भांडार होते. तेथे ग्रीक भाषेतील जवळ जवळ सर्व ग्रंथ होते. आशिया, आफ्रिका, पर्शिया, भारत या ठिकाणांहून टोलेमी राजांनी ग्रंथ मागविले होते. अथेन्सकडूनही टोलेमी (३) ने ग्रंथ मागवले होते. राज्याच्या संपत्तीचा बराचसा भाग त्याने ग्रंथसंभार वाढवण्यात व्यस्त केला होता.

त्याच काळात एरॅटोस्थिन्सने पृथ्वीचा आकार मोजला आणि असे अनुमान काढले की, भारत हा स्पेनपासून पश्चिमेकडून समुद्रमार्गे गेल्यास लागेल. हिपॅरचसने अंदाज बांधला की तारे निर्माण होतात, शतकातून आकाशात हळूहळू फिरत नंतर नष्ट होतात. त्याने ताऱ्यांची स्थिती व तेजस्विता मांडण्याचा प्रयत्न केला.

युक्लीडने भूमितीच्या अनेत सिद्धांताचा शोध लावला. तीच भूमिती आजमितीसही शिकवली जाते. केप्लर, न्यूटन व आईनस्टाईनने याच भूमितीचा वापर केला होता. अलेक्झांड्रियाला जगातून अनेक लोक शिक्षणासाठी येत. आधुनिक विज्ञानाची बीजे तिथे रुजली होती. बंदरातून व्यापारी व्यापारासाठी येत. ग्रीक, इजिप्शियन, अरब, सिरीयन, हिब्रू, पारशी, फिनिशियन, इटालियन, गॉल, आयबेरियन, न्यूबियन सारेच तेथे येत. तेथेच कल्पनांची देवाण-घेवाण होत असे.

आधुनिक विज्ञानाची बीजे तेथे रोवली जाऊनसुद्धा विज्ञानाचा वृक्ष तेथे का फोफावला नाही? आणि त्यानंतर हजार दीडहजार वर्षांनी युरोपियन देशात तो का फोफावला?

अलेक्झांड्रियाच्या शास्त्रज्ञांनी, तत्त्वज्ञांनी, राजसत्तेविरुद्ध गांभीर्याने आवाज कधीच उठवला नव्हता. ताऱ्यांच्या प्रकाशाबद्दल शंका, कुशंका प्रश्न विचारले गेले; पण गुलामांच्या हक्काबद्दल कधीही चर्चा झाल्या नाहीत; की गुलामी रद्द करण्याचे प्रयत्नही झाले नाहीत. तसे प्रयत्न केले गेले नाहीत. शास्त्र व शिक्षण या दोन्ही गोष्टी हा विशिष्ट वर्गाचाच ठेवा होता. त्या शहरातील प्रचंड जनसमूहाला त्या शोधांशी काहीही देणेघेणे नव्हते. जे काही शोध लागले ते लोकांपर्यंत कधीही पोहोचले नाहीत. सामान्य जनतेला ते कुणीही समजावून सांगितले नाहीत. त्या शोधांचा फायदाही त्यांना रोजच्या व्यवहारात कधी झाला नाही. यंत्रशास्त्र आणि वाफेवर चालणाऱ्या यंत्रांचे तंत्रज्ञान जनतेला कुणीही समजावले नाही. ते ज्ञान फक्त शस्त्रास्त्रे अचूक बनवण्यासाठी वापरले गेले. यंत्राची मानवी जीवनासाठी उपयुक्त असलेली क्षमता, त्या शास्त्रज्ञांना कधीही समजली नाही. त्यामुळे त्या काळातील शोधांचा व्यवहारात प्रत्यक्ष उपयोग करून घेण्याचे प्रयत्नही कधी झाले नाहीत.

अलेक्झांड्रियात विज्ञानाचा, शास्त्राचा उपयोग समाजातील अंधश्रद्धा, रूढी बदलण्याकरता कधीही झाला नाही. बहुसंख्य समाजाचे त्या विज्ञानाकडे लक्षही गेले नाही आणि त्यामुळे ते संग्रहालय जाळण्यासाठी जेव्हा तेथे जमाव जमला, तेव्हा त्याला थोपविण्यासाठी कुणीही पुढे आले नाही.

अलेक्झांड्रियातील शेवटच्या शास्त्रज्ञाचे, गणिततज्ज्ञाचे नाव होते हिपाशिया. तिचा जन्म इसवीसन ३७० मध्ये झाला. ज्या काळी स्त्रियांना कुठलेही स्वातंत्र्य नव्हते, त्यांच्याकडे केवळ वस्तू म्हणून पाहिले जायचे, त्या पुरुषप्रधान संस्कृतीमध्ये ती मुक्तपणे संचार करत असे. ती अतिशय सुंदर होती. तिला अनेकांनी मागणी घातली होती; पण तिने नकार दिला होता.

ती रोमन राज्यकर्त्याची मैत्रीण होती, म्हणून ती सायरिल या धर्मगुरूला अजिबात आवडायची नाही. त्यातून ती शास्त्राची अभ्यासक होती, जे धर्मशास्त्राच्या विरोधी होते. तिने जीवावर उदार होऊन शास्त्र शिकवण्याचे काम केले; पण इ.स. ४१५ मध्ये सायरिलच्या धर्मांध अनुयायांनी तिच्यावर हल्ला केला आणि तिचा अनन्वित छळ

करून तिला ठार मारले. तिचे नाव इतिहासातून पुसले आणि सायरिलला संत बनविले.

अलेक्झांड्रियाचे वैभव ही क्षीण आठवण आहे. हिपाशियाच्या मृत्यूनंतर अलेक्झांड्रियाही नष्ट झाले. तेथील शोध, कल्पना सर्व काही नष्ट झाले. जणू काही सारी संस्कृतीच बिथरली होती. हा तोटा कधीही न भरून येण्याजोगा होता.

अलेक्झांड्रियाच्या इतिहासाची जाणीव तेथील फारच थोड्या लोकांना आहे. जगभर जवळ जवळ हीच परिस्थिती आहे. आपले भूतकाळाशी असलेले संबंध फारच क्षीण आहेत. ४०,००० पिढ्यांच्या कर्तृत्वावर मानवी जीवनकार्य उभे आहे. हा आपल्याला मिळालेला वारसा आहे. शिलालेख, ताम्रपट, जुने ग्रंथ, पोथ्या, जुन्या विटांवरील लेख यावरून फारच थोडा इतिहास आपल्याला समजला आहे आणि त्यात मिळालेल्या माहितीच्या आधारावरच, आपल्याला आपले पूर्वज कसे होते, याची थोडीशी झलक मिळालेली आहे.

आज अलेक्झांड्रियाच्या जवळच होरेम्बचे स्फिंक्स उभे आहे आणि त्याच्या जवळच एक मायक्रोव्हेव मनोरा उभा आहे *(लघुलहरी) (स्फिंक्स = मानवी मस्तक व सिंहाचे शरीर असलेली कलाकृती, शिल्प.)*. त्या दोघांमधून मानवी इतिहासाचा एक अतूट धागा जातो. तो धागा आहे काळाचा!

मानवी इतिहास हा फक्त काही सहस्त्रकांचा आहे, तरी तो काळाच्या पडद्याआड आहे. पण या विश्वाचा जन्मापासूनचा इतिहास हा अब्जावधी वर्षांचा आहे. तरीसुद्धा माणसाने बुद्धीच्या सामर्थ्यावर तो समजून घेण्याचा प्रयत्न केला आहे. किंचितसा!

कोणे एके काळी, या विश्वात एक नुसतीच पोकळी होती. अथांग, असीम आणि अंधकारमय. तेव्हा तारे नव्हते, दीर्घिका नव्हत्या, तेजोमेघ नव्हते, जिकडे बघावे तिकडे फक्त अंधकार होता, न संपणारा. त्या पोकळीत थोडेसे हायड्रोजनचे अणू होते, कुठे कुठे वायूंचे बुडबुडे होते. गोठत जाणारे हायड्रोजन अणूंचे थेंब, सूर्यापेक्षाही प्रचंड, तेथेच प्रथम अग्नि चेतला. ताऱ्यांची पहिली पिढी जन्माला आली. विश्वात प्रकाशाचा जन्म झाला; पण हा प्रकाश जाणून घेण्यासाठी तेथे कुणीच नव्हते! चैतन्य नव्हते.

त्या वैश्विक होमात प्रथमत: जड मूलद्रव्ये निर्माण झाली. हायड्रोजनच्या राखेतून भावी ताऱ्यांची सामग्री निर्माण झाली. त्या ताऱ्यांची इंधने कालांतराने संपली. प्रचंड स्फोटामुळे त्यांची मूलद्रव्ये परत वायुरूपात गेली. आता ताऱ्यांच्या मधील पोकळीत अनेक मूलद्रव्याच्या पावसाचे थेंब बनत होते. ताऱ्यांची पुढील पिढी जन्माला येत होती. त्या थेंबातून आसपास लहान लहान गोलक निर्माण झाले.

त्यातच पाषाण आणि लोखंडानी बनलेला ग्रह होता! ती पृथ्वी होती. कधी कधी थंडावत, तर कधी उबदार बनत. पृथ्वीने मिथेन, अमोनिया, पाणी आणि हायड्रोजनला स्वत:च्या अंतर्भागातून मुक्त केले आणि त्यातूनच वातावरणाचे आवरण व सागर निर्माण केले.

सूर्यप्रकाशाने पृथ्वीला न्हाऊन टाकले. वादळे निर्माण केली. उष्ण बनवले, विजाचा कडकडाट निर्माण केला. ज्वालामुखीतील लाव्हारस बरसू लागला. वातावरणातील, प्राथमिक अवस्थेतील रेणू त्यामुळे अस्ताव्यस्त झाले. विस्कळीत झाले. पुन्हा एकत्र आले आणि अधिक गुंतागुंतीचे रेणू निर्माण झाले. ते त्या सागरात विरघळले. कालांतराने एक उबदार विरळ द्रावण तयार झाले. त्यातील काही रेणू एकत्र आले. चिखलाच्या पृष्ठभागावर रेणूंच्या गुंतागुतीच्या क्लिष्ट रासायनिक क्रिया चालू झाल्या आणि अचानक एके दिवशी एक रेणू उठला, त्याने अक्षरश: योगायोगाने आजूबाजूच्या द्रावणातील रेणूरूपी, सामग्रीतून स्वत:ची ओबडधोबड प्रतिमा बनवली.

जसजसा काळ व्यतीत होत गेला, तसतसे युगामागून युगांनी अनेक रेणूंनी, स्वत:ची बऱ्यापैकी अचूक प्रतिमा बनवायला सुरुवात केली. जी रचना पुढील प्रतिमा बनवण्यासाठी योग्य होती. ती निसर्गाच्या परीक्षेत उत्तीर्ण झाली. कालांतराने प्राथमिक रेणूंचे ते द्रावण आता विरळ होऊ लागले. नवनवीन निर्माण होणाऱ्या रेणूंनी ते संपविण्यास सुरुवात केली. हळूहळू कुणालाही, कसलाही ठावठिकाणा न लागता सजीव चैतन्य निर्माण झाले. एकपेशीय वनस्पती निर्माण झाल्या, सजीवांनी स्वत:चे अन्न निर्माण करायला सुरुवात केली. प्रकाशसंश्लेषणाने वातावरण बदलले. लिंगनिर्मिती झाली. एकेकाळचे एकपेशीय स्वतंत्र सजीव एकमेकांशी बांधले गेले आणि स्वत:ची खास कामे करू लागले *(मानवी पेशीतील मायटोकोंड्रिया हा एकेकाळी स्वतंत्ररित्या अस्तित्वात होता. कालांतराने त्याने पेशीत स्थान पटकावले आणि तिचे उर्जास्रोत बनला असावा.)*.

सजीवांना रस, चव, वास घेण्याची, ग्रहण करण्याची क्षमता निर्माण झाली. एकपेशीय प्राण्यांची अनेकपेशीय वसाहतींमध्ये उत्क्रांती झाली. कालांतराने त्यातूनच अवयवांची निर्मिती झाली. डोळे आणि कान निर्माण झाले. हे विश्व आता रस, नाद, स्वाद, गंध, दृश्य अशा पंचेंद्रियांनी युक्त झाले. जमीन ही सजीवांना आधार देते, हे प्राणी सृष्टीला व वनस्पतींना समजले. सजीव रांगू लागेल, सरपटू लागले, रडू लागले, चालू लागले, रानातून वस्ती करून राहू लागले, गर्जना करू लागले, लहान लहान कीटक निर्माण झाले. प्राणी निर्माण झाले. त्यांच्या धमन्यातून द्रव वाहत होते. उत्क्रांतीच्या परीक्षेतून ते उत्तीर्ण झाले होते.

अन् एके दिवशी, झाडावरून उड्या मारता मारता त्यातलाच एक जीव झाडावरून खाली आला, उभा राहिला, चालू लागला, त्याने स्वत:ला शस्त्राचा उपयोग शिकवला. इतर प्राण्यांना पाळू लागला. झाडे लावू लागला, अग्नि निर्माण करू लागला आणि त्याने एकदा भाषेचा शोध लावला.

अंतराळातील ताऱ्यांच्या राखेतूनच चैतन्य निर्माण झाले. प्रचंड वेगाने त्याने कला, शास्त्रे शोधली, शहरे निर्माण केली, अवकाशात याने पाठवली, ग्रह-ताऱ्यांकडे याने पाठवली. १५ अब्जांच्या वैश्विक उत्क्रांतीच्या कालावधीनंतर अंतराळाच्या

पोकळीतील हायड्रोजनचे अणू या वरील उल्लेखलेल्या काही गोष्टी करू शकतात. हे सर्व वर्णन जरा काव्याप्रमाणे वाटत असेल नाही? पण हे सत्य आहे. विज्ञानाने उकलेले हे वैश्विक उत्क्रांतीचे वर्णन आहे.

मानवाची निर्मिती कठीण आहे. अन् ती आपल्याला धोकादायकही आहे; पण उत्क्रांतीमुळे एक गोष्ट स्पष्ट झाली आहे, अन् ती ही की हायड्रोजनच्या विश्वव्यापी कारखान्यातील हे प्राणी *(पृथ्वीवरील मानव प्राणी)* हे येथे वास्तव्यासाठीच जन्माला आले आहेत.

विश्वात अन्यत्र कुठेही, कुठेतरी अशाच प्रकारचे आश्चर्यकारक बदल होऊन चैतन्य जन्माला आले असेल आणि म्हणूनच आकाशातून त्याचा आपण वेध घेत आहोत. भिन्न भिन्न संस्कृतीची स्मारके भिन्न आहेत. पृथ्वीवरील वेगवेगळ्या समाजांच्या संस्कृती भिन्न आहेत; पण अंतराळातून पाहाणाऱ्याच्या दृष्टीने हा पुरावा फारच वरवरचा आहे.

या विश्वात कदाचित अनंत जीवसृष्टी असतीलही; पण डार्विनच्या सिद्धांतानुसार एक गोष्ट नक्की आहे. ती म्हणजे 'माणूस' अन्य कुठल्याही ग्रहावर नसणार. तो येथेच आहे. याच लहानशा ग्रहावर, आपली माणूस ही जात अत्यंत दुर्मिळ आहे आणि ती संकटात आहे. वैश्विक दृष्टिकोनातून पाहिल्यास आपल्यातील प्रत्येकजण दुर्मिळ आहे, अनमोल आहे. जरी एखाद्या माणसाची मते पटत नसतील, तरी त्याला जगू द्या. कारण अब्जावधी दीर्घिकांमधून शोधले, तरी असा माणूस तुम्हाला आढळणार नाही!

आपण या मानवी कुलाचे सभासद आहोत, याची प्रचीती म्हणजे मानवी इतिहास आहे. माणसाची पहिली निष्ठा ही स्वत:शीच असते. त्यानंतर ती आपले कुटुंबीय, आपला समाज, शहर, राज्य, राष्ट्र अशी विस्तारत जाते. आपण ज्यांच्यावर प्रेम करतो, त्या सुहृदांच्या परिघाची व्याप्ती आपण वाढवली आहे. जर आपल्याला माणूस म्हणून आपले अस्तित्व अबाधित ठेवायचे असेल, तर आपल्याला आपल्या निष्ठेची व्याख्या बदलावी लागेल. भिन्न भिन्न राष्ट्रांमध्ये भिन्न भिन्न तऱ्हेचा समाज राहतो. तेव्हा हे विश्वचि माझे घर, ही संकल्पना उरात बाळगावी लागेल.

राज्यकर्त्यांना ही कल्पना निश्चितच आवडणार नाही. त्यांना त्यांच्या हातातील सत्ता निघून जाण्याची भीती वाटेल. फितुरी, राष्ट्रद्रोह असे आरोपही या विचारांकरिता केले जातील. श्रीमंत राष्ट्रांना आपल्या संपत्तीचे वाटप गरिबांमध्ये करावे लागेल. पण हे विश्व किंवा काहीही नाही, हे दोनच शेवटचे पर्याय आपल्यासमोर आहेत.

लाखो वर्षांपूर्वी पृथ्वीवर माणूस नव्हता. पुढील लाखो वर्षांत येथे कोण असेल? अब्जावधी वर्षांच्या या पृथ्वीच्या आयुष्यात आत्तापर्यंत पृथ्वीच्या बाहेर कुणीही गेलेले नाही; पण आज छोटीशी मानवरहित याने अवकाशात भरारी मारण्यासाठी बाहेर पडली आहेत. सूर्याच्या ग्रहमालेच्या बाहेरही गेली आहेत. जर आपली संस्कृती टिकली तर दोन गोष्टींकरता आपण नावारूपाला येऊ. एक म्हणजे

शास्त्राच्या, विज्ञानाच्या यौवनावस्थेत आपण आत्मघात टाळू शकतो म्हणून, अन् दुसरे म्हणजे आपण आपल्या युगात ताऱ्यांच्या दिशेने प्रवास सुरू केला म्हणून!

आपल्या समोरील हे दोन्हीही पर्याय विचित्र आहेत. ताऱ्यांच्या दिशेने सोडण्यासाठी जी अवकाशयाने बनवली आहेत. त्यांचाच उपयोग अण्वस्त्रे बनवण्यासाठीही होऊ शकतो. अवकाश यानांकरता लागणारी अणुऊर्जा बनवण्याचे तंत्रज्ञान आणि अण्वस्त्रांना लागणारी ऊर्जा बनवण्याचे तंत्रज्ञान एकच आहे. शत्रूवर क्षेपणास्त्रे टाकण्यासाठी जे रेडिओ संदेश द्यावे लागतात, ते पाठवण्याचे तंत्रज्ञान आणि परग्रहावरील जीवसृष्टीकडून येणारे संदेश ऐकण्याकरता लागणारे तंत्रज्ञान एकच आहे. जर आपण हे तंत्रज्ञान स्वत:लाच नष्ट करण्यासाठी वापरले, तर आकाशात ग्रहताऱ्यांपर्यंत जाऊच शकणार नाही. जर आपण अंतराळ संशोधनाच्या मोहिमेत यशस्वी झालो तर साऱ्या मानवजातीकरता ज्ञानभांडार खुले होऊ शकते. आपली पृथ्वी आपण आणि इतर सजीव सृष्टी याबाबत बरेच ज्ञान आपल्याला मिळू शकते. आपल्या राष्ट्रनिष्ठेच्या भिंती हादरतील. आपल्याला वैश्विक दृष्टिकोन मिळेल.

ह्या मोहिमांकरता आवश्यक असलेली धडाडी, उमेद आणि लढण्याकरता आवश्यक असलेली मनोवृत्ती ही जवळ जवळ सारखीच आहे. ह्या मोहिमांकरता लागणारे तंत्रज्ञान, व्यवस्थापन व ज्ञान आणि युद्धे जिंकण्यासाठी आवश्यक असलेली मनोवृत्ती एकच आहे. जर खरोखरीच अण्वस्त्र युद्धाऐवजी अण्वस्त्रांचे नि:शस्त्रीकरण झाले तर अण्वस्त्रे बनवण्यासाठी लागणारी सारी शक्ती, वेळ, पैसा हा अवकाश शोधमोहिमांकरता उपयुक्त ठरेल.

विकसित राष्ट्रांच्या एकंदर खर्चाच्या अंदाजपत्रकांपैकी बराचसा भाग हा संरक्षणाकरता खर्च होतो. त्यामानाने अवकाश-मोहिमांकरता लागणारा खर्च अवाढव्य नाही. युद्धाच्या मोहिमांकरता लागणारा खर्च, अंतराळ मोहिमांकरताही करता येतो. साधारण: ३६ लक्ष वर्षांपूर्वी टांझानियाला एक ज्वालामुखी जागृत झाला होता. त्याच राखेत एका मानवसदृश प्राण्यांच्या पावलांचे ठसे मिळाले आहेत. साधारणत: पृथ्वीपासून ३८०,००० कि.मी. अंतरावर अशाच एका निर्जन स्थळी माणसाने स्वत:च्या पावलांचे ठसे उमटवले आहेत. पृथ्वीबाहेर चंद्रावर! आपण १५ अब्ज, ४.६ अब्ज आणि ३.६ लक्ष वर्षांच्या कालावधीत बराच प्रवास केला. ज्या विश्वाला आत्मप्रचीती आली, जाणीव झाली, त्या विश्वाचा आपण अंश आहोत. आता कुठे आपण आपले मूळ, ताऱ्यांचा वेध, अणूंची उत्क्रांती इथे निर्माण झालेले चैतन्य, या साऱ्यांचा आपण गंभीर विचार करायला सुरुवात केली आहे. माणसाची निष्ठा, आत्मीयता सजीव आणि पृथ्वीप्रतीच आहे. साहजिकच पृथ्वीसाठी, पृथ्वीकरता, तिच्यावतीने आपणच बोलणार आहोत. त्याचप्रमाणे ज्या प्राचीन व अथांग विश्वाने आपल्याला जन्म दिला, त्या विश्वाशी आपले अस्तित्व आपले नाते अबाधित ठेवण्यासाठीही आपण बांधील आहोत.

◆

परिशिष्ट १

चॅम्पोलियनने शोधलेली लिपी ही इ.स.पू. १९६ मध्ये होती. भारतातील प्राचीन लिपी ज्यामधील एक ब्राम्ही लिपी आहे. ती अशोकाच्या शिलालेखातून सापडते. मोहेंजोदडो व हडाप्पा मुद्रांवरील लिपी ही त्यापूर्वीच कित्येक शतके आधी कोरलेली आहे. ती इ.स.पू. २८०० वर्षांपूर्वीपासून व काही ठिकाणी त्याही पूर्वीच्या मुद्रा सापडल्या आहेत. त्या लिपीचे सर्वमान्य वाचन अजून झालेले नाही; पण ती भाषा संस्कृत होती, हे जवळ जवळ सर्वांनाच मान्य आहे. त्याच काळातील *(इ.स.पू. ३००० ते ३८००)* काही शिलालेख टेल्लोह *(लगाश)* पण सापडले आहेत. श्री. ए. बी. वालावलकरांनी ती लिपी उकलली व तो शिलालेख वाचला आहे. तो खालीलप्रमाणे 'मारी माल II IIII' आहे. सिरीयाची प्राचीन राजधानी मारी नावाचे नदीकाठचे बंदर होते. माल म्हणजे पश्चिम दिशा. त्या मुद्रांवर त्रिशूल आहे. वरूण जलदेवतेचे ते त्रिशूल आहे. तशाच प्रकारे ते त्रिशूल सिंधू संस्कृतीच्या मुद्रांवरही सापडले आहे.

पण अजूनही सिंधू सरस्वतीच्या उत्खनात सापडलेल्या मुद्रांवरील लिपीचे वाचन झाले नाही. इतर लिपींमध्ये चिन्हाचा वापर चित्रांकरता, कल्पनांकरता होता; पण प्राचीन वैदिक काळातील लिपी ही पुष्कळशी मानवीय उच्चारावर *(स्वरांवर)* आधारित आहे. अक्षरांचे स्वर आणि व्यंजनांनी युक्त शब्द, शब्दसंच, अर्थपूर्ण समूह म्हणजे वाक्य. यावर ही लिपी आधारित होती.

पाच प्रकारच्या व्यंजनाचा उल्लेख असतो.

कंठ्य = कंठातून आलेली.
तालव्य = ज्यांचा उच्चार करताना टाळूला जीभ लागते.
मूधर्न्य = जीभेशिवाय ज्यांचा उच्चार होत नाही.
दंत्य = ज्यांचा उच्चार करताना जीभ दाताला लावावीच लागते.
ओष्ठ्य = ओठांचा एकमेकांना स्पर्श झाल्याशिवाय ज्यांचा उच्चार होत नाही.

सर्व भारतीय लिपीमध्ये त्यातील प्रत्येक व्यंजनाला तसेच प्रत्येक स्वराला वेगळे चिन्ह आहे. चाणक्यकालीन ब्राह्मीपासून त्याही पूर्वीच्या 'माहेश्वरी' या वैदिक लिपीतही अशीच मूळ चिन्हे आहेत.

वैदिक ऋषींना लिहिता येत नव्हते हा समजही आता खोटा ठरला आहे. लिख या रूपाचा एकही धातू ऋग्वेद वैदिक संहितामधून आढळला नाही तर 'कोरले' या अर्थाचा 'तक्ष' शब्द आलेला आहे. ''हे अश्वारूढ इंद्रा, आम्ही गौतम कुळातील, तुझ्या स्तुतीपर एक नवे रचित ईशस्तोत्र कोरत आहोत.'' किंवा यजुर्वेदाच्या तैतरिय संहितेत खालील उल्लेख आहे.

'ओल्या मातीच्या अशा फळीवर *(तुकड्यावर) (की ज्यावर शब्द कोरलेले आहेत)* तीन कोरलेल्या रेघाचे चिन्ह काढले आहे, जे देवाचे चिन्ह आहे' *(यजुर्वेद तैतरिय).* अजून एक उल्लेख पहा. 'धातूची सुई, चांदी, सोनं किंवा शिशाची बनवली होती' *(यजुर्वेद वाजसहीता).* या उल्लेखावरून आता असे मानले जाते की लिपी ऋग्वेद कालात होती.

वैदिकांनी आवाजाचे स्त्रोत आत्मा आणि बुद्धी *(परा)* हे मानले होते. हे दोन्ही मनाच्या प्रतलावर दृश्य चित्रे निर्माण करतात *(मन पश्यन्ती).* मन शरीरातील अग्निरूपी ऊर्जा प्रज्वलित करते *(शरीर मध्यमा)* जेथे ऐकू न येणारा स्वरयुक्त ध्वनी निर्माण होतो, जे शरीर हृदयाच्या स्पंदनातून मदत घेते आणि मुखावाटे पाच प्रकारचे आवाज *(वैखरी)* निर्माण करते.

आणि या आवाजाच्या प्रत्येक प्रकाराला एक चिन्ह देऊन प्राचीन भारतीयांची मानवी स्वरावर आधारित लिपी बनली. सर्व भारतीय लिपीमध्ये त्याच स्वर व्यंजनांना स्वतंत्र चिन्हे आहेत. स्थलकालानुसार भाषांमधील चिन्हे बदलली; पण ती आवाजनिर्मित चिन्हे आहेत, हे समान सूत्र भारतीय लिपीमध्ये आहे.

◆

परिशिष्ट २

यापूर्वीही प्राचीन काळी ज्ञानाधिष्ठीत संस्कृती या भारतात उभी होती.

भारतातील अतिप्राचीन विद्यापीठांमधूनही ज्ञानाची दारे उघडली गेली होती. अत्यंत प्राचीन विद्यापीठ म्हणून काशीचा उल्लेख करता येईल. इ.स.पू. १००० वर्षांपासून येथे विद्येचे पीठ होते ते आजतागायत चालू आहे. तेथील अभ्यासक्रमात ४,६ वेदांगे *(शिक्षा, व्याकरण, द्वंद्व, निरुक्त ज्योतिष आणि कल्प)* इतिहास, पुराण व लोकायत या विषयांचा समावेश असे. हे लोकायताचे तत्त्वज्ञान म्हणजे चार्वाक पंथीयांच्या जवळ जाणारे तत्त्वज्ञान आहे. प्राचीन भारतीय तत्त्वज्ञानातील हे एकच तत्त्वज्ञान असे आहे की ते या विश्वाची उत्पत्ती ही अचेतन जडाच्या संघातून झाली असे मानते. तसेच चेतना किंवा चैतन्य हेही अचेतन जडाच्या संघातून निर्माण झाले असे मानते. पापपुण्य, पुनर्जन्म, ईश्वरनिर्मित जग, अंधश्रद्धा, कर्मकांड या कल्पना अव्हेरते. पुराव्याने सिद्ध होणारे, पंचेंद्रियांना ज्याची अनुभूती होईल, तेच विचार व त्याच कल्पनांचा अंगिकार करावा याविषयी आग्रही असते. आधुनिक विज्ञानाच्या फार जवळून जाणाऱ्या या प्राचीन भारतीय तत्त्वज्ञानाचा अंगिकार तर भारतीयांनी केला नाहीच; उलट 'ऋण कृत्वा धृत पिबेत' असे चार्वाक सांगतो, अशी त्याची संभावना मात्र केली. चार्वाकचा उल्लेख महाभारतात आहे. चाणक्याने लोकायत हे अभ्यास करण्याचे शास्त्र आहे. दर्शन आहे असा उल्लेख 'कौटिल्लीय अर्थशास्त्रात' केलेला आहे.

चार्वाकाचे तत्त्वज्ञान हजार वर्षे काळाच्या पुढे होते. ते जनसामान्यांना कधीच पटले नाही. त्यामुळे प्राचीन भारत इतिहास काळापर्यंत कर्मकांडे आणि अंधश्रद्धेत गुरफटत गेला.

इ.स.पू. ८०० ते इ. स. ४०० म्हणजे जवळ जवळ ८०० वर्षे तक्षशीला विद्यापीठाने ज्ञानदानाचा होम तेवत ठेवला होता. एखादी संस्था ८०० वर्षे चालणे हीच मुळी एक आश्चर्याची गोष्ट आहे. प्राचीन अलेक्झांड्रिया हे फक्त १०० वर्षे टिकले आणि भारताच्या प्राचीन इतिहासाच्या अज्ञानापोटी अनेक पाश्चात्त्य इतिहासकार

अलेक्झांड्रियाला प्राचीन आद्य विद्यापीठ म्हणून ओळखतात.

तक्षशीलेचे उल्लेख रामायण व महाभारतात आहेत. तेथे वैद्यक, धनुर्विद्या, स्थापत्यकला व शिल्पकला हे विषय शिकवले जात. हे त्या विद्यापीठाचे खास वैशिष्ट्य होते. तक्ष या धातूचा अर्थच कोरणे असा होतो. तक्षशीला ही डोंगरांच्या मधोमध खोऱ्यात वसवली होती. नावाप्रमाणेच ती खडकातून कोरून काढली होती. तक्षशीलेचे अवशेष रावळपिंडीच्या वायव्येस २० मैलांवर सराई कला नावाच्या रेल्वे जंक्शनच्या ईशान्येस सापडले आहेत. जीवक हा तेथील प्रसिद्ध वैद्य इ.स.पू. ६ व्या शतकात म्हणजे गौतमाच्या समकालीन होता. तो उत्तम प्रकारे शस्त्रक्रिया करत असे. त्याने गौतम बुद्ध, बिंबिसार आणि चंद्रप्रद्योत यांना भयंकर दुखण्यातून मुक्त केले अशी माहिती विनय पिटकात आहे.

तक्षशीलेचा नाश मध्य अशियातील अलताई डोंगरातील रानटी हूणांनी केला. चीनच्या भिंतीमुळे हुणांच्या स्वाऱ्या, भारताकडे वळल्या आणि इ.स. ४५० ते ५०० च्या सुमारास तक्षशीलेचा पूर्ण नाश झाला.

प्राचीन भारतीय ज्ञानाचे एक द्वार बंद झाले. इ.स.पू. विद्यापीठात अयोध्या *(इ.स. ६००)* व गुणशीला *(इ.स.पू. ५००)* ही अति प्राचीन विद्यापीठे येतात. असा उल्लेख आहे की तेथे स्त्रियांना ६४ कला शिकवत. कुंडीनुपूर *(इ.स.पू. ६वे शतक)* काळाच्या प्रवाहात ही विद्यापीठे नष्ट झाली. काही आक्रमकांच्या हल्ल्यामुळे नष्ट झाली. विद्यापीठांच्या नाशाने भारतातील शिस्तबद्ध ज्ञानसाधनेचा अस्त झाला.

◆

परिशिष्ट ३

ऋग्वेदाच्या दहाव्या मंडलात *(१०.१२९)* सुप्रसिद्ध नासदीय सूक्त येते. या सूक्ताचे ऋषी आहेत प्रजापति परमश्रेष्ठी. याच सूक्तात, उत्पत्ती, स्थिती आणि लय अनेक वेळा चालू असावी, असा विषय आहे.

तम आसीत्तमसा गूळ्हमग्रेऽ प्रकेतं सलीलं सर्वमा इदम्
तुच्छयेनाभ्वपिहितं यदासीत्तपसस्तन्महिनाजायतैकम् ।।

अर्थ = सृष्टीच्या प्रारंभी अप्रकाशित अस्तित्व अंधारातच जाणिवेच्या पार दडून होते *(ब्रहन आणि माया)*. यांचे अविभाज्य अस्तित्व तरंगरूपात सर्वत्र अस्तित्वात झाले. त्याने सर्व *(विश्व)* स्वत:त सामावून घेतले. ते स्वत:च्या अत्युच्च तापमानामुळे अस्तित्वात आले.

इयंविसृष्टीर्यत आबभूव यदि व दधे यदि वा न
यो अस्याध्यक्ष: परमे व्योमन्त्सो अंग वेद यदि वा न वेद ।।

अर्थ = ही विविधतेने नटलेली सृष्टी कुठून अस्तित्वात आली? तिला तो *(परमेश्वर)* धारण करतो की नाही? अंतरिक्षाच्या पलीकडे असलेल्या या सृष्टीच्या नियंत्याला *(सर्व सृष्टीवर नजर ठेवून असलेल्या अध्यक्षाला)* तरी *(या सृष्टीच्या निर्मितीचे स्थितीचे आणि लयाचे गूढ)* माहीत आहे की नाही?

या सूक्ताचा व आधुनिक विज्ञानाने निर्माण केलेल्या प्रश्नाचा संदर्भ सारखाच वाटतो. तो म्हणजे विश्वाच्या आरंभाच्या स्थितीत महास्फोटाच्या पूर्वी, नंतर अस्तित्वात आलेल्या सृष्टीच्या आराखडा अस्तित्वात होता का? विश्वाच्या त्या स्थितीला सापेक्षतावादाचे नियम लागू पडतील का पुंजयामिकाचे (Quantum Mechanics)? ऋग्वेदकालीन ऋषींनी आपल्या प्रतिभेने विश्वोत्पत्तीचा मूलभूत विचार मांडला, हीच खरी प्राचीन भारतीय विज्ञानाची सुरुवात आहे.

◆

संदर्भ ग्रंथ

१) वेदांची ओळख	डॉ. प्र. वि. पाठक
२) Scientists of India	Shri Dilip M. Salwi
३) Scientific Nagari Phonography	श्री. ल. श्री. वाकणकर
४) मागोवा	श्री. नरहर कुरुंदकर
५) भारतातील प्राचीन विद्यापीठे	श्री. मो. दि. पराडकर
६) प्राचीन भारतीय विद्यापीठे	श्री. ना. गो. तवकर
७) ऋग्वेद	श्री. सिद्धेश्वरशास्त्री चित्राव
८) भास्कराचार्यांचे बीजगणित व त्याचा अनुवाद	श्री. शं. के. अभ्यंकर
९) Fundamentals of Physics	Halliday, Resnick, Walker
१०) Differential Equations with Applications and Historical Notes	George E. Simmon
११) जागर	श्री. नरहर कुरुंदकर
१२) ज्ञानेश्वरी	श्री. नानामहाराजसाखरे प्रत
१३) लोकायत	डॉ. स. रा. गाडगीळ
१४) Concise Medical Physiology	Dr. Sujit K. Chaudhuri
१५) Laboratory Manual & Journal of Physiology	Dr. V. G. Ranade
१६) Brocas Brain	Dr. Carl Sagan
१७) Astrophysical Journal	Vol 393
१८) पुराभिलेख विद्या	डॉ. शोभना गोखले
१९) Brief History of Time	Stephens Hawkings

◆

www.ingramcontent.com/pod-product-compliance
Ingram Content Group UK Ltd.
Pitfield, Milton Keynes, MK11 3LW, UK
UKHW021701190726
13853UKWH00001B/393